员工岗位技能培训系列教材

电客车司机（初级）

哈尔滨地铁集团有限公司　编

西南交通大学出版社
·成 都·

图书在版编目（CIP）数据

电客车司机：初级／哈尔滨地铁集团有限公司编．—成都：西南交通大学出版社，2019.8
员工岗位技能培训系列教材
ISBN 978-7-5643-7038-1

Ⅰ.①电… Ⅱ.①哈… Ⅲ.①城市铁路－轨道交通－列车－驾驶员－技术培训－教材 Ⅳ.①U239.5

中国版本图书馆 CIP 数据核字（2019）第 168327 号

员工岗位技能培训系列教材

Diankeche Siji（Chuji）

电客车司机（初级）

哈尔滨地铁集团有限公司　编

责任编辑	李　伟
特邀编辑	傅莉萍
封面设计	毕　强

出版发行	西南交通大学出版社 （四川省成都市金牛区二环路北一段 111 号 西南交通大学创新大厦 21 楼）
邮政编码	610031
发行部电话	028-87600564　028-87600533
官网	http://www.xnjdcbs.com
印刷	四川煤田地质制图印刷厂

成品尺寸	210 mm×285 mm
印张	20.25　　插页　1
字数	605 千
版次	2019 年 8 月第 1 版
印次	2019 年 8 月第 1 次
定价	62.00 元
书号	ISBN 978-7-5643-7038-1

课件咨询电话：028-87600533
图书如有印装质量问题　本社负责退换
版权所有　盗版必究　举报电话：028-87600562

哈尔滨地铁集团有限公司培训系列教材编写委员会

主　任	马柏成	姜庆滨			
副主任	刘宝玉				
主　编	范国荣				
副主编	苏雪芳				
委　员	孟　晔	丁　晶	王玉斌	封玉德	张玉库
	沙天瑜	邹永志	王　皓	王英龙	毕　强
	耿占东	朱松滨	李学友	李春辉	崔　敏
	李文博	公严鸿	吴文冠	王龙云	张　磊
	孟祥龙	关苹苹	张艺天	姜海波	吕博瑶
	倪世钱	汪新华	刘炳强	刘宇博	杨　钊
	张雁艳				
评审专家组	李广俊	樊德亮	黄旭虹	王春玲	杨永芝
	徐金薇	张琼燕	曹新康	蒋红梅	岳战威
	柴宇飞	王松海			

本书编写人员

主　编　吴文冠

主　审　王　皓

哈尔滨地铁编写人员　　王衍超　陈朕嵩　韩壮飞

合作院校　　齐齐哈尔技师学院

院校编写人员　　郭伟荣　刘永奇

序

2008年，哈尔滨地铁开工建设。10年间，我们走过了一条奋斗者的创业之路，企业的人才培养也必须紧跟发展定位，向标准化、规范化方向努力。培养"老员工"的与时俱进和更新知识势在必行；培养"新员工"的高端起步和新技术应用是当务之急。企业倾其情、尽其能抓员工教育；员工把培训作为前进的动力、改变自我的平台、提升技能的手段和实现人生价值的途径。

城市轨道交通作用的发挥，依靠系统安全和高效运营。城市轨道交通系统设备先进、结构复杂，高新技术应用越来越普及，要保障这一庞大系统的安全稳定，必须依靠与之相协调的高素质人才。轨道交通行业员工队伍中2/3以上是技术工人，他们是企业的主体，他们的素质直接关系到企业的生存和发展。因此，企业只有拥有一支高素质的技能人才队伍，培养一批技术过硬、技艺精湛的能工巧匠，才能确保安全生产，提高工作效率，提升非正常情况下的应急处理能力。

岗位技能培训是人才培养的重要途径，是提高企业核心竞争力的重要手段，而岗位技能培训的过程和结果，需要相应的培训教材作支撑。哈尔滨地铁集团有限公司通过几年的工作实践，深感编写具有企业设备设施和运营组织特点、满足岗位技能培养需要、确定合作院校教学大纲的教材的重要性。为适应目前"校企合作，工学结合"的人才培养模式，我们围绕哈尔滨地铁的重点专业、重点岗位，采取企校联合的办法，编写了哈尔滨地铁集团员工岗位技能培训系列教材（共12册）。后续我们将持续更新，做到各岗位、各等级全覆盖。在编写教材的过程中，我们组织了一批轨道交通职业院校的教师和地铁一线的专业工程师对教材进行了认真编撰，各设备厂商也积极参与，大家建言献策，群策群力，共谋地铁人才教育之道。

这套教材的主要特色如下：

（1）以哈尔滨地铁规章规程为主，以通用基础知识为辅，突出哈尔滨地铁设备的特征，注重理论与实操相结合，适用于员工入门培训及初级岗位技能培训。

（2）采用模块化的编写方式，结合岗位特点，将知识点重新梳理、整合，做到了教学目的明确、教学重点突出。

（3）结合哈尔滨地铁应急处置、故障分析、典型案例等方面的处理经验，并配以大量现场设备图片、处理程序、操作流程图等进行详细解说，做到理论与现场相结合，实现上岗零对接。

（4）注重"学练"结合。教材中每个模块、每个项目、每个知识点都提炼出相应的习题，给出了测试要点，做到学考统一。

在迈向新征程之际，所有参与企业教育的工作者，将多年的经验和所得凝聚成这套系列教材，借鉴了同行业的思路，受益于上海、宁波、重庆等同行业的指导。尽管这套教材有很多不完善之处，也有不成熟的想法，但在蹒跚之中，我们必须要走出一条管理者的创新之路。

谨以此书，献给为哈尔滨地铁事业奉献青春年华的所有建设者，献给默默工作在一线的广大员工，献给未来与企业共发展的奋斗者！

范国荣
2019 年 7 月

前　言

为适应哈尔滨地铁轨道交通网络化运营快速发展的需要，加速培养企业急需的高技能人才，让企业员工的岗位培训更加规范，并使员工能够尽快掌握技能，胜任岗位作业要求，哈尔滨地铁集团有限公司开展了企业生产类员工岗位和技能培训标准化教材的编制工作。

本书在保持原哈尔滨地铁电客车驾驶培训教材的基础上，结合地铁运营实际需要出发，突出应用性和实践性，注重培养电客车司机在运营过程中具备及时、正确处理各种突发事件的能力。电客车司机作为地铁运营安全的最后一道防线，其工作质量直接影响列车的安全和地铁运营公司的整体服务水平。对于电客车司机来说，遇到各种突发现象时应急处理能力是其核心的职业能力，需要认真学习、反复演练和牢固掌握。

本书采用项目教学，以哈尔滨地铁电客车驾驶工作任务为项目内容，以完成典型工作任务的逻辑顺序为线索，实现学习结构向工作结构的转化。

本书用于哈尔滨地铁电客车司机岗前培训及在岗培训，也可作为其他城市轨道交通企业员工、大中专院校学生的培训和学习教材，还可供其他相关人员学习参考。

编　者
2019 年 5 月

目录

项目一　电客车司机入职应知

模块一　轨道交通行车设备与运营安全管理的基本要求 ················ 2
模块二　电客车司机应知词汇 ··· 8
模块三　电客车司机应知标识、表格 ······································· 13
模块训练 ·· 17

项目二　车辆基础知识

模块一　基本设计数据 ·· 20
模块二　车辆结构设计 ·· 26
模块三　车辆电气装置 ·· 33
模块四　高压设备 ·· 57
模块五　转向架 ·· 61
模块六　车门系统 ·· 67
模块七　牵引及制动设备 ··· 71
模块八　信号系统 ·· 75
模块九　辅助设备 ·· 94
模块十　通信设备 ·· 96
模块十一　PSL 盘操作功能 ·· 104
模块训练 ·· 106

项目三　电客车司机日常作业

模块一　电客车司机职责及相关定义 ······································· 109

模块二	电客车司机服务标准规范	112
模块三	出/退勤规定	117
模块四	交/接班作业	119
模块五	整备作业	121
模块六	电客车出/入段/场	132
模块训练		133

项目四 太平桥车辆段行车组织

模块一	车辆段概况	135
模块二	车辆段技术设备	137
模块三	车辆段行车组织工作	149
模块四	车辆段内调车作业	155
模块五	车辆段内调试作业	177
模块六	其他列车运行作业	182
模块七	太平桥车辆段非正常行车组织	184
模块训练		187

项目五 正线行车组织

模块一	正线技术设备	190
模块二	正线行车组织工作	198
模块三	非正常情况下的行车组织	206
模块四	信号显示	213
模块五	正线作业	218
模块训练		227

项目六 车辆故障应急处理

模块一	紧急制动故障	230
模块二	受电弓降弓	232
模块三	列车 110 V 故障	234
模块四	牵引系统故障	235
模块五	制动系统故障	240
模块六	全列车空调机组不工作	245
模块七	乘客信息显示系统和广播系统故障	246
模块八	辅助系统故障	247
模块九	车门故障	249

模块十　　TCMS 网络故障	255
模块十一　DMI 屏故障	256
模块十二　MVB 网络故障	258
模块十三　车载电台故障	259
模块训练	260

项目七　运营安全及突发事件应急处理

第一部分　运营事故事件调查处理规则及电客车司机作业安全准则 263
- 模块一　运营事故事件调查处理规则 263
- 模块二　电客车司机作业安全准则 269

第二部分　突发事件应急处置 273
- 模块三　处理突发事件总则 273

第三部分　运营中信号、供电设备发生故障的应急处理 275
- 模块四　运营中列车到站后不能按时发车的应急处理程序 275
- 模块五　运营中发生牵引供电中断故障时司机的应急处理程序 275
- 模块六　当进路防护信号机显示停车信号（包括显示不清或显示不正确）的应急处理程序 276
- 模块七　接触网悬挂异物或附近有异物的应急处理程序 276
- 模块八　当接触网停电时司机的应急处理程序 277
- 模块九　接触网塌网事故的应急处理程序 277
- 模块十　正线运营列车进站不能对标停车的应急处理程序 278
- 模块十一　列车清客/疏散的应急处理程序 279
- 模块十二　列车救援的处理程序 280
- 模块十三　列车退行时的应急处理程序 286
- 模块十四　有障碍物侵入限界时司机的应急处理程序 286

第四部分　意外伤亡应急处理 287
- 模块十五　列车撞、轧人时的应急处理程序 287

第五部分　运营中列车车门、站台门发生突发事件应急处理 289
- 模块十六　逃生门操作程序 289
- 模块十七　司机室门不能打开的应急处理程序 290
- 模块十八　运营中列车车门故障的应急处理程序 290
- 模块十九　发生错开车门事件的应急处理程序 291
- 模块二十　站台门故障时司机的应急处理程序 291
- 模块二十一　站台门与车门间滞留乘客时司机的应急处理程序 292

第六部分　公共安全事件应急处理 294
- 模块二十二　人员擅自进入隧道（线路）的应急处理程序 294

　　　　模块二十三　乘客报警时的应急处理程序……………………………………………………294
　　　　模块二十四　列车发生劫持人质事件司机的应急处理程序…………………………………295
　　　　模块二十五　列车发生爆炸灾害时司机的应急处理程序………………………………………295
　　　　模块二十六　发生毒气事件时司机的应急处理程序……………………………………………296
　　　　模块二十七　乘客打架的应急处理程序…………………………………………………………297

　　第七部分　恶劣天气与自然灾害应急处理…………………………………………………………298
　　　　模块二十八　发生水灾时司机的应急处理程序…………………………………………………298
　　　　模块二十九　发生地震灾害时司机的应急处理程序……………………………………………298

　　第八部分　火灾应急处理………………………………………………………………………………300
　　　　模块三十　正线运营列车火灾的应急处理程序…………………………………………………300
　　　　模块三十一　车站发生火灾的应急处理程序……………………………………………………301
　　　　模块三十二　隧道发生火灾的应急处理程序……………………………………………………301

　　第九部分　运营中列车发生事故应急处理…………………………………………………………302
　　　　模块三十三　正线运营列车脱轨时司机的应急处理程序………………………………………302
　　　　模块三十四　列车冲突的应急处理程序…………………………………………………………302
　　　　模块三十五　列车挤岔的应急处理程序…………………………………………………………303

　　第十部分　车辆段/停车场突发事件应急处理………………………………………………………304
　　　　模块三十六　车辆段/停车场内发生火灾、爆炸的应急处理程序……………………………304
　　　　模块三十七　车辆段/停车场内车辆挤岔的应急处理程序……………………………………304
　　　　模块三十八　车辆段/停车场内车辆脱轨的应急处理程序……………………………………305
　　　　模块三十九　车辆段/停车场内接触网停电的应急处理程序…………………………………305
　　　　模块四十　车辆段/停车场内撞/轧人时的应急处理程序………………………………………306
　　　　模块四十一　车辆段/停车场内接触网悬挂异物的应急处理程序……………………………306
　　　　模块四十二　车辆段/停车场内接触网挂冰的应急处理程序…………………………………307
　　　　模块四十三　车辆段/停车场内接触网塌网事故的应急处理程序……………………………307
　　　　模块训练……………………………………………………………………………………………307

参考文献………………………………………………………………………………………………………310

　　附录　哈尔滨地铁1号线线路图和车场线路………………………………………………………311

项目一　电客车司机入职应知

课程导入

本项目对哈尔滨地铁交通运营相关专用词汇、标识、表格进行了全面介绍，重点描述了电客车司机工作时的台账、标识及线路标志。

能力目标

（1）掌握城轨交通运营相关专用词汇。
（2）掌握电客车司机应知标识和表格。

学习任务

（1）掌握哈尔滨地铁司机应知词汇及定义。
（2）掌握线路标志及作用。
（3）掌握警冲标设置地点及作用。

模块一　轨道交通行车设备与运营安全管理的基本要求

任务书

（1）了解行车设备在城市轨道交通运营中的作用。
（2）了解运营安全管理的基本要求。

一、行车设备在城市轨道交通运营中的作用

城市轨道交通系统作为现代化城市的重要基础设施，可以迅速、舒适、安全、便利地在城市范围内运送旅客，以满足市民的出行需要。它包括地铁、城市快速铁路、轻轨、独轨等交通系统。各类城市轨道交通运输系统都是由各种先进的设施、设备组成的，这里我们主要介绍这些设施、设备的功能及行车设备对保障电客车司机安全驾驶列车的重要性。

行车设备主要由车辆、线路、车站、车场、轨道、道岔、地面信号、列车自动控制系统、通信系统、供电设备及机电设备构成。作为电客车司机，必须掌握和了解这些行车设备的基本知识，更好地利用这些设备来确保行车安全。

（一）车　辆

城市轨道交通车辆一般指的是城市公共交通的旅客运载工具，它不仅要保证车辆运行的安全、准点、舒适、快捷，而且要为乘客提供良好的服务条件，使乘客乘车舒适、方便，同时还考虑对城市景观和环境的影响。按照车辆自重、载客量及运营速度的不同，城市轨道交通车辆可分为 A 型、B 型、C 型和低地板轻轨车。目前，哈尔滨地铁运用的车辆为地铁列车，采用四动两拖 6 辆编组的形式，列车总长 119 080 mm（车钩连接面）：=Tc* Mp1*M1*M2*Mp2*Tc=。其中："Tc"车为带有一个司机室的拖车，"Mp"车为带受电弓的动车，"M"车为不带受电弓的动车，"*"为半永久型牵引杆，"="为半自动车钩。

（二）线　路

线路是城市轨道交通的重要组成部分，其内涵是保证轨道交通在安全、快速的前提下，确定列车在城市三维空间中的走向。哈尔滨地铁 1 号线线路分为正线、辅助线、车场线等。1 号线辅助线包括存车线、渡线、安全线、出段线、入段线、出场线、入场线等。

（三）车　站

车站是吸引客流和疏散客流，为乘客提供乘降车服务的基本设施。哈尔滨地铁 1 号线全线 18 座车站均为地下车站，主体结构主要由站厅层、设备层（西大桥站、铁路局站、医大一院站）、站台层构成。西大桥站、铁路局站、博物馆站（含 2 号线站台层）、医大一院站为地下三层车站，其他车站均为地下两层车站。

（四）车辆段

车辆段又称为车辆停放及维修基地，是车辆停放、保养、修理的专门场所。

太平桥车辆段内设运用组合库、检修组合库、内燃调机及特种车库，均为尽端式车库。段内线路按作业目的、功能分为运用线，包括牵出线、洗车线、机走线、机待线、试车线、停车列检线；检修线，包括镟轮线、定修线、临修线、厂架修线、月检线、静调线、内燃调机及特种车线；其他线，包括材料线、平板车线等。试车线有效长 1 220 m。太平桥车辆段经由出/入段线分别与太平桥站及交通学院站接轨，与正线分界，以 XJD1、XJD2 进段信号机为界限。

（五）轨　道

轨道是由钢轨、轨枕、连接件、道床、道岔和其他附属设备等不同力学性质材料组成的构筑物。它的作用是通过道床将载荷传递到路基上去。其主要部件如下：

1. 钢　轨

钢轨是轨道结构的重要组成部分，是轨道的基本承重结构。钢轨是用来引导轨道车辆的行驶，并将所承受的载荷传到轨枕、道床及路基上去，也为车轮的滚动提供最小阻力接触面。目前，哈尔滨地铁正线及辅助线采用 60 kg/m 钢轨，太平桥车辆段采用 50 kg/m 钢轨，标准轨距为 1 435 mm。

2. 轨　枕

轨枕是轨下基础部件之一，它的功能是支承钢轨，保持轨距和方向，并将钢轨对它的各向压力传递、分散到道床上。轨枕按其材料可分为木枕和预应力混凝土轨枕两种。

3. 道　床

道床铺设在路基之上，轨枕之下。道床一般分为有砟道床和无砟道床两种。目前，哈尔滨地铁线路地面采用有砟道床中的碎石道床铺设，而隧道采用无砟结构。

4. 道　岔

道岔是一种使机车车辆从一股道转入另一股道的线路连接设备，也是轨道的薄弱环节之一。它的基本形式有 3 种，即线路的连接、交叉、连接与交叉的组合。常用的线路连接有各种类型的单式道岔和复式道岔；交叉有垂直交叉和菱形交叉；连接与交叉的组合有交分道岔和交叉渡线等。道岔根据辙叉角度大小，可分为 7 号、9 号、12 号等，号数越大其侧向通过能力越高。目前，哈尔滨地铁正线采用 60 kg/m 钢轨的 9 号道岔；小型基地采用 50 kg/m 钢轨的 7 号道岔（试车线为 60 kg/m 钢轨），与其接轨的道岔为 60 kg/m 的 9 号道岔。

（六）信　号

信号系统是保证列车运行安全和提高线路通过能力的重要设施，从设备上讲是信号、联锁、闭塞等设备的总称。信号可分为视觉信号和听觉信号两大类。视觉信号主要包括信号机、信号牌、各类表示器、徒手信号等。视觉信号的颜色基本定义为红色——停车;黄色——减速运行;绿色——按规定速度运行;白色——调车信号。

哈尔滨地铁1号线正线信号系统采用列车自动控制系统(ATC),包括计算机联锁(SSI)、列车自动防护(ATP)、列车自动运行(ATO)和列车自动监控(ATS)等子系统。太平桥车辆段设备采用TYJL-Ⅱ型微机联锁控制系统。

(七)通信系统

为了迅速、准确、可靠地传递和交换语音、图像、数据信息,城市轨道交通的通信系统是个独立完整的指挥行车的内部通信网。通信网由光纤数字传输系统、数字电话交换系统、闭路电视监控系统、无线通信系统以及车站广播系统等组成。

哈尔滨地铁通信系统主要包括传输系统、电源系统、无线系统、公务电话系统、专用电话系统、专用闭路电视监视系统、时钟系统、乘客信息系统、办公数据网络系统等。专用电话系统具备单呼、组呼、群呼、紧急呼叫、录音、站间电话模拟备份等功能,能够为行车调度员、设备(维修)、设备(操作)与各车站行车值班员行车指挥、运营管理提供通信条件。公务电话系统已与哈尔滨市公用电话网连接,能够为地铁各部门人员提供语音、数据、传真等通信服务,同时具备网管及计费等功能。专用无线系统能够为行车调度员、行车值班员等固定用户与列车司机等移动用户提供通信手段,具备选呼、组呼、全呼、直通模式呼叫、呼入呼出限制、通话录音等功能。闭路电视监视系统在车站上下行站台、自动扶梯、自动售检票机、闸机等关键部位设置摄像机,系统具备监视、字符叠加、数字监控录像、优先级设置、录像回放等功能,满足行车调度员、列车司机、行车值班员指挥列车运行及乘客疏导的需要。广播系统具备分区广播、平行广播、优先级广播等功能,同时,当车站或车辆段/停车场库内发生火灾时,可兼作消防广播。

(八)供电系统

电能是城市轨道交通车辆电力牵引系统必需的能源,电动车辆以及为轨道交通运营服务的机电设备也都依赖并消耗电能。城市轨道交通供电电源一般取自城市电网,通过城市电网一次电力系统和轨道交通供电系统实现输送和变换,最后以适当的电流形式(直流或交流)和电压等级供给用电设备。城市轨道交通供电系统,根据用电性质的不同可分为两部分,即由牵引变电所为主的牵引供电系统和降压(动力)变电所为主的动力供电系统。地铁供电牵引系统的各部分名称及功能简述如下:

牵引变电所:供给地铁一定区段内牵引电能的变电所。

接触网:经过电动列车的受流器向电动列车供电的导电网。

回流线:用以供牵引电流返回牵引变电所的导线。

馈电线:从牵引变电所向接触网输送牵引电能的导线。

电分段:为了便于检修和缩小事故范围,将接触网分成若干段。

轨道电路:利用走行轨作为牵引电流回流的电路。

(1)哈尔滨地铁1号线牵引供电采用接触网1 500 V直流供电,地面线路采用柔性接触网,地下线路采用刚性接触网。

(2)哈尔滨地铁1号线设太平桥、电表厂主变电站,将66 kV电压降压为35 kV后,通过环网电缆向牵引降压混合变电所和降压变电所供电。

(3)设有8座牵引降压混合变电所:哈南站站、医大二院站、学府路站、铁路局站、工程大学站、哈东站站、停车场和车辆段,分别将35 kV交流电降压整流为1 500 V直流电供给接触网。

（4）设有12座降压变电所：哈达站、黑龙江大学站、理工大学站、和兴路站、西大桥站、哈工大站、博物馆站、医大一院站、烟厂站、太平桥站、交通学院站和桦树街站降压变电所，分别将35 kV电压降压为380/220 V交流电供动力、照明系统设备使用。

（5）设有5座跟随式变电所：太平桥站、哈东站站、控制中心、车辆段（2座），分别将35 kV电压降压为380/220 V交流电供动力、照明系统设备使用。

二、运营安全管理的基本要求

地铁运行是一个具有规律性的动态过程。这个动态过程中要避免各种不利因素影响，不会给正常运行造成不良后果，如人的因素、设备因素、环境因素等。而这种影响造成的后果将辐射到安全服务、营运乃至社会的各个方面。为了减少和消除由于各类因素造成的不良影响，每位参与地铁运行的工作人员必须时刻牢记"安全第一、便民第一"的运营宗旨，确立安全行车和服务乘客的思想意识，落实在各项工作之中。

（一）强化行车安全思想意识

行车安全一般是指地铁列车在运送乘客的过程中对行车人员、行车设备以及乘客产生作用和影响的安全。

地铁在社会生活、社会经济中的重要地位决定了地铁行车安全的重要性。国内外轨道交通运输都把运行管理中的行车安全放在突出位置，行车安全的质量指标成为衡量城市轨道交通管理水平的重要环节和内容。行车安全涉及企业的形象、人民生命财产安全、国家财产安全以及社会稳定，因此，强化行车安全意识，确保运行安全成为列车司机工作的重中之重，成为列车运行的永恒主题。

（二）树立社会服务意识

服务社会是我们开展地铁运行工作的依据和原因，也是地铁运输行业强化基础管理的目的所在。因而树立社会服务意识是我们在行车工作中必须确立的思想观念。

随着社会发展和人民生活水平的不断提高，地铁已经成为市民出行的重要交通工具。当前地铁有着其他交通工具无可比拟的优越性，因此，越来越多的市民选择乘坐城市地铁列车。地铁列车的运行与广大人民群众的利益紧密联系起来，社会服务成为列车运行的立足点和出发点。只有真正树立社会服务意识，真诚为乘客服务，才能树立良好的企业形象，增强企业的竞争力，使企业的经济效益不断提高，使企业职工的受益不断提高，使企业在整个社会经济的竞争中立于不败之地。

行车安全和服务社会是相辅相成、相互联系的。如果没有列车运行的安全，服务社会就将是一句空话，将成为无源之水、无根之木；而如果没有真正树立社会服务意识，缺乏为乘客服务的思想观念，就不可能切实、完整地做好行车安全工作。

（三）影响行车安全的重要因素

在地铁运营过程中，行车安全是直接关系人民生命财产、国家财产、社会安定等十分重要的大事。因此，分析和研究影响行车安全的主要因素以及确保安全行车、进行安全管理是紧迫而长期的任务。

（四）违章行车的基本分类与危害性

违章行车是指列车驾驶员在值乘、出勤或操纵列车运行的过程中与有关安全规定、运行规定、行车纪律等的要求相违背的行为。

1. 违章行车的基本分类

按照违章行车实施时的意识倾向可以把违章分为有意识的违章和无意识的违章。有意识的违章一般是指列车驾驶员在明知其行为触犯有关规定的情况下，存在侥幸心理而实施的违章；无意识的违章一般是指列车驾驶员由于在技术业务上或经验上的缺陷而产生的没有知觉的违章。

按照违章行车的后果和程度可把违章分为严重违章和一般违章。严重违章是指在违章行为的实施过程中，可能或者已经对行车安全构成威胁和影响的违章；一般违章是指在违章行为的实施过程中，没有对行车安全产生直接威胁和影响并且情节比较轻微的违章。

按照列车驾驶员值乘列车的过程可以把违章分为值乘准备阶段违章、操纵列车阶段违章和退勤收车阶段违章。值乘准备阶段违章是指列车驾驶员在出勤后至列车动车前进行各种值乘准备过程中产生的违章行为；操纵列车阶段违章是指列车驾驶员在操纵列车运行过程中产生的违章行为；退勤收车阶段违章是指列车驾驶员在退出列车运行进行各项退勤以及收车辅助工作时产生的违章行为。

2. 违章行车的危害

违章行车无论是何种类型、何种表现形式，从一开始产生就会造成不良后果与危害，所不同的只是这种不良后果与危害的程度以及损害的客体有区别。其危害性主要有以下几个方面：

① 违章行车是行车事故的源头，是行车事故的隐患、恶疾，是行车事故发生的先兆；
② 违章行车使操纵者对行车事故的后果失去应有的警惕，一次违章可能不会立即产生事故，但是在每一次行车事故中都隐藏着违章行车的痕迹；
③ 违章行车会给地铁正常的运行秩序造成紊乱，给市民的出行造成不便；
④ 违章行车给企业以及轨道交通运输的形象造成伤害。

（1）行车事故的危害性。

行车事故的发生，必然会产生相应的后果，而这种后果由于受环境影响，受事故性质的作用，从事故产生的一开始就不以人的意志、愿望而变化或终止，具有十分严重的不可预测性和危害性。

① 造成人民生命财产的损失与伤害；
② 造成国家财产的严重损失，给企业的经济效益造成损失；
③ 给地铁运输的正常秩序造成紊乱，严重影响乘客出行；
④ 严重的行车事故将会给地铁的形象以及社会造成十分恶劣的负面影响。

（2）影响行车安全的主要因素。

① 行车纪律松弛、制度执行不严。纪律松弛，出乘标准化作业不落实，责任制贯彻不力，是影响安全行车的一大顽症。
② 疲劳行车、情绪开车。睡眠不足，或受外界环境影响产生的情绪并带入运行作业中，使司机产生生理、心理的疲劳，使操纵者精力不济，精神不能集中，给安全行车造成事故隐患。
③ 业务素质不高。由于技术培训学习不够，司机业务水平不精，不能及时处理运行中的突发事件和故障。
④ 安全意识不强。司机思想波动大、情绪不稳定、责任心不强、行车纪律观念淡薄、臆测行车是造成行车事故发生的重要原因。
⑤ 行车技术设备不完善。行车设备老化、技术设备结构的不合理使之不能符合适应实际行车的需要。

⑥ 风、雪、雷、电等恶劣气候及环境的影响。风、雪、雷、电等恶劣气候对安全运行的影响是不可低估的。列车司机对气候环境变化、对突发事件的适应与处置直接影响地铁运输的安全。

⑦ 安全管理以及制度、规章的适应性存在缺陷。安全管理归根结底是对人的管理，而各项制度的建立和完善是行车安全的基础，是行车安全的依据，没有完整有效的制度与规定是制约安全行车的重要因素。

3. 行车不安全因素的控制

从安全运行管理的角度分析，行车事故的发生是由多种原因造成的，它必然包含一系列的变化——误联锁，最终导致由各种不安全因素的演变，造成行车事故的发生。因此，对行车不安全因素的控制是行车安全的重要环节。

（1）加强对列车司机违章行为的管理与控制。

分析行车事故案例表明，人的不安全行为是引起行车不安全因素和行车事故的直接原因。因此，通过对列车操纵者的教育、培训、考核、惩戒等方法，使列车操纵者对安全行车采取正确的态度。

（2）不断做好对列车操作者的技术业务培训。

操纵者的技术知识不足，特别是安全行车知识的缺乏、没有经验是引起行车不安全因素的重要原因。通过加强安全行车知识、业务技术知识的不断学习和"传、帮、带、教"的措施，使列车操纵者在技术和经验上提高，成为合格的操纵者。

（3）行车事故的发生，都留下了行车设备技术状态不良的痕迹，因而需要不断进行相关行车设备的技术改造，使行车设备功能符合运营要求。

（4）提高操纵者的适应环境变化与处置突发事件的应变能力。

由于运行环境变化和行车中经常产生突发事件，提高操作者在产生意外事件时的应变能力是防止与减少行车事故的重要因素。在不断学习的基础上，以各类预案和规定为依据，开展定期和不定期的讲解、演练与培训，增强操作者的应变意识和能力。

模块二 电客车司机应知词汇

任务书

（1）掌握哈尔滨地铁电客车司机应知词汇及定义。
（2）掌握司机驾驶电客车所采用的模式。
（3）掌握联锁关系。
（4）掌握列车时刻表与列车运行图之间的关系。

电客车司机应知词汇如表 1.2.1 所示。

表 1.2.1　电客车司机应知词汇

序号	词汇	定义
1	ATC	列车自动控制系统
2	ATO	列车自动驾驶系统
3	ATP	列车自动保护系统
4	ATS	列车自动监视系统
5	B型车	主要是按电客车车辆的外观尺寸区分。车长19 m（不含司机室）、车宽2.8 m、轴重≤14 t的地铁电客车。B2型车为接触网受电
6	CLOW	中央操作员工作站
7	DMI	ATP系统的驾驶界面
8	DTI	发车表示器
9	ESB（站台紧急停车按钮）	设于站台柱墙上，与车控室内IBP盘上的紧急停车及报警切除按钮相连通，当发现行车不安全时，可立即按压该按钮控制电客车紧急停车
10	HMI	ATS系统的人机界面
11	IBP	综合后备盘，设于车控室内
12	LCB	就地控制盒
13	LOW	车站操作员工作站
14	PSL	站台门就地控制盘
15	SSI	计算机联锁系统
16	TTE	时刻表编辑器
17	TVF风机	可逆转耐高温轴流风机
18	站台门	由屏封和门组成，将车站站台与站台轨道间分隔开，使站台成为封闭式，当列车进站开车门时，开门上下乘客，列车关门时关门

续表

序号	词汇	定义
19	备用车	准备上线替换故障列车或需要加开列车时使用的列车
20	车长	工程车开行时,由两位司机担任,一名任司机驾驶列车;另一名任车长,指挥列车运行及监视装载货物的安全,同时推进运行时负责引导瞭望
21	车辆	指包括电客车、工程车、轨道平车、检测车等在轨道上运行的设备
22	出/入/回段(场)	列车由车辆段出发,头部越过XJD1或XJD2为出段。列车由交通学院站出发沿入段线运行,头部越过XJD1,或由太平桥站出发沿出段线运行、头部越过XJD2为入(回)段。列车由停车场出发,头部越过XJC1或XJC2为出场。列车由哈达站出发沿入场线运行,头部越过XJC1,或由哈达站出发沿出场线运行,头部越过XJC2为入(回)场
23	道岔定/反位	正线道岔开通直股时为定位,开通侧股时为反位
24	电话闭塞法	因SSI故障,车站与车站之间凭电话记录办理闭塞手续,列车凭路票占用区间,司机凭车站发车手信号发车,以非限制人工驾驶(NRM)模式驾驶列车运行的一种行车方法
25	电客车	指以电能为动力,以载客运营为目的,以编组形式运行的地铁车辆
26	调车员	负责调车作业的指挥工作,按规定显示调车信号,推进运行时负责瞭望、确认信号
27	调度命令	调度员在调度指挥工作中对有关人员发出的要求完成某些行动的指令。其中,指挥行车工作的调度命令称为行车调度命令,简称行调命令,分为口头命令和书面命令
28	发车(指示)信号	行车有关人员完成一个工作任务,因距离对方较远,给对方显示"好了"信号说明任务完成了。或车站行车人员给司机显示发车信号,表示车站已具备发车条件,告知司机可以发车了。司机还要根据列车的准备情况是否决定开车,所给的信号均称为发车(指示)信号。工程车在调车作业和在正线上运行时,调车员和车长给司机的信号或行车有关人员发现安全隐患要求司机立即停车的信号等均属命令式信号,司机必须立即执行,就不能加"指示"两字
29	反方向运行	列车运行进路分为上、下行方向运行,如违反常规运行方向的称反方向运行
30	辅助线	指在正线上与正线连接的渡线、存车线、折返线、联络线及出/入场线
31	刚性接触网	将传统断面的接触网导线镶嵌在铝合金汇流排上,再悬挂于轨道上方给列车传输电能的架空线路
32	工程列车	指因运营生产的需要开行的由机车与按规定编组的车辆(包括电客车、单元车、单节车、轨道平车等)连挂而成的列车
33	关门车	临时发生空气制动机故障,而关闭截断塞门的车辆
34	轨道平车	指无动力、用于装载货物的轨道车辆,包括安装其他设备的轨道车辆
35	机车、工程车	指除电客车车组外,凡自身带有动力能独立行驶的轨道车辆,现阶段包括内燃机车、轨道牵引车、接触网检修作业车等
36	驾驶模式	司机驾驶电客车所采用的模式。哈尔滨地铁1号线电客车共有5种驾驶模式:ATO、ATP、RM、AR、NRM。ATO模式:列车自动驾驶模式;ATP模式:ATP保护的人工驾驶模式;RM:限速(25 km/h)人工驾驶模式;AR:列车自动折返模式;NRM:非限制人工驾驶模式

续表

序号	词汇	定 义
37	联锁	指信号系统中的信号机、道岔和进路之间建立一定的相互制约关系。如进路防护信号机在开放前检查进路空闲、道岔位置正确及敌对进路未建立等。信号机开放后，道岔不能动，这种相互制约的关系称为联锁
38	联锁进路行车	按始端、终端进路防护信号机构成的一条进路作为行车控制的分隔实施行车组织
39	列车	指按地铁运营需要编组的并有车次号的电客车车组、工程车、机车
40	列车运行图	根据运营时刻表铺画的运行图
41	区段行车法	将列车运行进路划分为若干固定的区段，联锁站确认连续两个或连续两个以上相关区段空闲后，在车站LOW上排列联锁进路，列车按地面信号显示行车的一种行车方法。
42	柔性接触网	在轨道上方由接触线、承力索、馈线、架空地线组成并向列车传输电能的架空线路。
43	三、二、一车距离	指调车作业时，距离停留车或停车地点的距离。三车、二车、一车分别约为60 m、40 m、20 m
44	特殊情况	指信号联锁故障人工排进路组织列车运行时，或列车开到区间因故障要退回车站等情况
45	头端墙	按列车运行方向，列车停在车站时头部对应的车站土建结构端墙
46	推进	在列车尾部驾驶室操纵列车运行，或救援列车在被救援电客车尾部推进运行
47	退行	在非正常情况下，列车与原运行方向相反运行为退行，可以推进或牵引运行
48	尾端墙	按列车运行方向，列车停在车站时尾部对应的车站土建结构端墙。
49	限界	保障地铁安全运行、限制车辆断面尺寸、限制沿线设备安装尺寸及确定的建筑结构有效净空尺寸的图形称为限界。根据不同的功能要求，限界分为车辆限界、设备限界和建筑限界
50	线路出清	线路巡视员巡查完毕或施工完毕时，施工负责人检查所有人员已携带工具及物料撤离行车或转换轨的某段线路，使该段线路可正常行车
51	信号机内方、外方	信号机防护的方面为内方，反之为外方
52	信号机前方、后方	信号机显示的一方为前方，反之为后方
53	引导员	指电客车故障需要司机在尾部驾驶室驾驶时，在电客车前端瞭望，监控列车运行速度及运行安全与司机随时保持联系，控制列车的运行及停车等由司机担任
54	运营时间、非运营时间	运营时间指首班车发车时刻至末班车终到时刻之间的时间段。非运营时刻指末班车终到时刻至次日首班车发车时刻之间的时间段，包含收车时间、施工时间、运营准备时间
55	运营时刻表	列车在车站（车辆段/停车场）出发、到达（或通过）及折返时刻的集合
56	四不放过原则	指事故（事件）调查分析和处理的基本原则，具体包括事故（事件）原因没有查清不放过，事故（事件）责任者没有严肃处理不放过，防范措施没有落实不放过，广大员工没有受到教育不放过
57	直接经济损失	指事故中直接发生的设施、设备损坏或报废的价值及事故救援、伤亡人员处理费（不含保险赔偿费用）。设备报废时按账面价值减除折旧及残值计算；破损设备按修复费用计算

续表

序号	词汇	定义
58	中断正线行车	不论事故发生在区间、车站或段场，造成运营正线双线之一（上下行线之一）不能通行后续客运列车的，即为中断正线行车。正线行车中断时间由事故发生的时间起至实际恢复列车行车条件的时间止，根据当日时刻表以进入和离开转换轨时间为划分的非运营时间扣除
59	列车	指按地铁规定编组的并有车次号的客车车组、工程车、机车，分为客运列车、其他列车两类
60	客运列车	指以运送乘客为目的而按规定辆数编成的列车，并具备规定的列车标志
61	其他列车	指回空列车、工程列车、救援列车及内燃机车单机、轨道车单机等。列车与其他调车作业的客车车组、机车、车辆、设施、设备等互相冲撞而发生的事故，按列车事故论；列车以调车方式进行摘挂或转线而发生的事故，按调车事故论
62	工程列车	指因运营生产的需要开行的由机车与按规定编组的车辆(包括客车、单元车、单节车、平板车等)连挂而成的列车
63	调试列车	指因对运营设备进行调整、试验需开行的列车
64	救援列车	指因需处理运营生产中发生的事件，担任救援任务而开行的列车
65	机车	指除客车车组外，凡自身带有动力能独立行驶的车辆
66	车辆	指含电客车、机车、平板车、作业车、检测车等在轨道上运行的设备
67	冲突	指列车、机车、车辆相互间或与设备、设施（车库、站台、车挡、脱轨设备、止轮设备等）发生冲撞导致列车、客车车组、机车、车辆、设备、设施等破损
68	脱轨	指列车、客车车组、机车、车辆车轮离开钢轨轨面（包括脱轨后又自行复轨）。每辆（台）只要脱轨1轮，即按1辆（台）计算
69	分离	指编组列车因未确认车的连接状态或车钩作用不良而发生的车辆分离（包括车钩缓冲装置破损）
70	整备作业	指列车、机车、车辆、轨道车等进行检查、试验设备功能、清扫等作业。整备作业过程中发生的行车事故，按调车事故论
71	占用线路	指停有列车、客车车组、机车、车辆的线路或已封锁的线路
72	占用区间	是指有下列情况之一的： （1）区间已进入列车； （2）封锁的区间（如安排进行施工作业等）； （3）区间已被列车取得占用的许可； （4）区间内有停留或溜入的列车、客车车组、机车、车辆（列车发出后溜入的也算）
73	向占用区间或区段错发出列车	指在采用站间电话联系法、电话闭塞法、区段行车法等人工组织行车法行车时，向占用区间或区段发出列车，开行救援列车、抢险列车时除外
74	未准备好进路	是指有下列情况之一的： （1）进路上停有车辆或有危及行车的障碍物； （2）进路上的道岔未扳、错扳、临时扳动或错误转动； （3）邻线的工程车、车辆等越出警冲标

续表

序号	词汇	定义
75	擅自改变列车运行方向行车	指在没有车载信号保护的情况下，未经行车调度允许，列车没按规定、图定的运行方向或行调指挥的行车方向运行的，并已占用或进入另一区间
76	在人工组织行车时，未办或错办行车手续发出列车	指在采用站间电话闭塞法、电话联系法、区段行车法等人工组织行车法行车时，未办理行车手续发出列车，或办理手续后的区间、区段与列车运行的区间不一致
77	冒进信号	是指有下列情况之一的： （1）车辆前端任何一部分越过固定信号显示的停车信号或规定的手信号显示地点； （2）停车车辆越过信号机或警冲标； （3）不含因紧急情况扣车、信号突变等，致使车辆采取紧急制动后越出信号机的
78	错开车门	指客车未对好站台开启车门（客车至少有一个客室门越出站台头端墙或尾端墙并打开的）或开启非站台一侧的车门
79	运行途中开门	指在客车运行过程中，因车门故障、操作失误等原因，客室车门打开
80	未停稳开门	指已载客的客运列车未停稳时，客室车门打开
81	夹人、夹物开车	指夹住人体任何部位或随身衣物开车，未造成人身任何伤害
82	挤岔	指车轮挤上道岔，使尖轨与基本轨离开或挤坏、挤过
83	应停列车在站通过	指因有关行车人员违反劳动纪律、违反规章制度致使应停载客列车在站通过。不包括列车调度按照列车运行情况临时调整变更通过的列车
84	耽误列车	指列车在区间内停车；通过列车在站内停车；列车在始发站或停车站晚开；超过运行图规定的停车时间；列车因车辆、设备设施等故障限速运行等
85	错误办理行车凭证发车	指与邻站（或相邻闭塞办理站）已办妥站间行车法手续，由于未交、错交、未拿、错拿、漏填、错填行车凭证，交于司机后，发现凭证的时间、区间、车次错误
86	调车	指除列车在正线运行，在车站、太平桥车辆基地到发以外的一切机车、车辆或列车有目的地移动
87	设备、设施超限	指设备、设施越过设备限界
88	车辆超限、装载货物超限	指客车、机车、车辆等任何一部分超出车辆限界，或装载的货物任何一部分超出车辆限界
89	未撤除防溜措施动车	指没有撤除铁鞋、止轮器动车，或没有缓解制动、手闸等动车
90	未经允许客运列车搭载乘客进入非运营线路	指载客列车未经行车调度许可，在未进行清客的情况下擅自驶入未对外运营的线路、车站、车场线，或因未计划办理进路致使载客进入非运营线路（折返线、存车线、车场线路等）
91	电客车误进供电区	指电客车升弓由无电区进入有电区，或由有电区进入无电区
92	信号升级显示	指行车信号禁止信号显示允许信号，应显示红灯或蓝灯显示黄灯、白灯、绿灯
93	运营区域	指运营正线线路、车站、控制中心、主变电所、车辆段和停车场等生产场所
94	非运营区域	指办公区域运营线路以外的运营分公司生产经营场所

模块三 电客车司机应知标识、表格

任务书

（1）掌握哈尔滨地铁线路标志种类。
（2）熟知预告标的设置地点及作用。
（3）掌握接触网终点标的设置位置。
（4）掌握电客车司机应知标识和表格。
（5）能够正确填写台账，熟练填写应知表格。

一、电客车司机应知标识

（一）停车标

列车停车位置标（简称停车标，见图1.3.1）安装在运用组合库、检修库、正线站台停车处，指引司机按照规定位置停车，列车停车位置标有良好的反光效果，便于电客车司机作业人员瞭望。

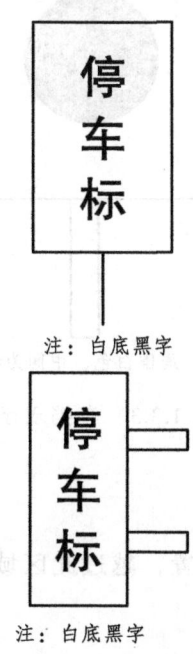

图 1.3.1 停车标

（二）预告标和站名标

这些标志设置在站前运行方向的右侧，上下行进站前均有设置，分为三类：300 m 标、200 m 标、站名标，用于提示司机列车距前方站尾端墙的距离（见图 1.3.2）。

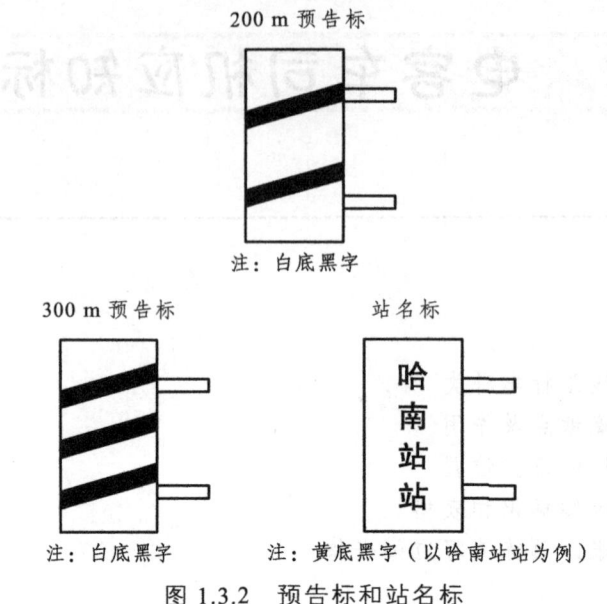

图 1.3.2 预告标和站名标

（三）车挡表示器

车挡表示器设置在线路终端的车挡上，为红色方牌（见图 1.3.3）。

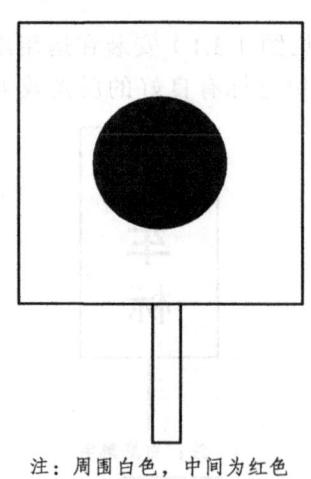

注：周围白色，中间为红色

图 1.3.3 车挡表示器

（四）接触网终点标

接触网终点标提示司机接触网终点位置，越过此区域列车将进入无电区（见图 1.3.4）。

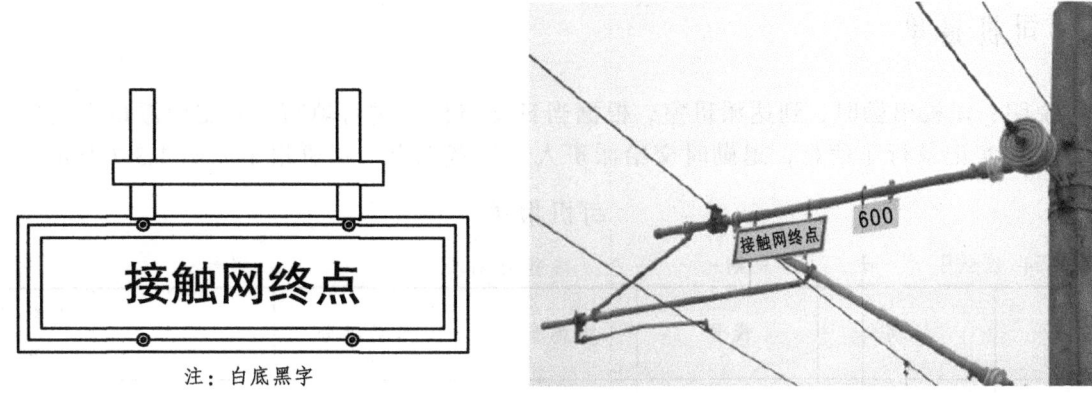

图 1.3.4　接触网终点标

（五）一度停车标

一度停车是一种安全防护措施，提示司机必须在一度停车标前停车，确认安全后再动车，一般设置在平交道口处（见图 1.3.5）。

图 1.3.5　一度停车标

（六）警冲标

警冲标是用来指示机车车辆停车时，不准向道岔方向或线路交叉点方向越过，以防止停留在该线上的机车车辆与邻线上的机车车辆发生侧面冲突的标志（见图 1.3.6）。

图 1.3.6　警冲标

二、司机报单

填写说明：司机出勤时，到达派班室，根据当日交路信息进行填写，并交由派班人员签章确认。行车过程中如实记录行车信息，退勤时交给派班人员签章保存。司机报单如图 1.3.7 所示。

司机报单

20 年 月 日 星期：   运营时刻表：   编号：

职名	姓名	代号	所属车队	出勤时分		出勤派班员/司机长
司机				出场/段时分		
司机				入场/段时分		退勤派班员/司机长
学习司机				退勤时分		
序号	车组号	车次	始发站	时间	终到站	时间
1						
2						
3						
4						
5						
6						
7						
8						
9						
10						
11						
12						
13						
14						
15						
16						
17						
18						
运行里程				司机班次		
行车记事						

图 1.3.7　司机报单

模块训练

任务训练

1. 正线信号系统的显示方式。
2. 了解正线标志标识。
3. 了解电客车司机各台账填写规范。
4. 了解运营安全管理的基本要求。

项目自测

一、填空题

1. 哈尔滨地铁1号线线路分为（　　　）、（　　　）、（　　　）。1号线辅助线包括（　　　）、（　　　）、安全线、（　　　）、入段线、（　　　）、入场线等。
2. 试车线有效长（　　　）。
3. 哈尔滨地铁正线及辅助线采用（　　　）钢轨，太平桥车辆段采用（　　　）钢轨，标准轨距为（　　　）。
4. 目前，哈尔滨地铁正线采用 60 kg/m 钢轨的（　　　）号道岔。小型基地采用 50 kg/m 钢轨的（　　　）号道岔（试车线为 60 kg/m 钢轨），与其接轨的道岔为 60 kg/m 的（　　　）号道岔。
5. 哈尔滨地铁1号线正线信号系统采用列车自动控制系统(　　　)，包括计算机联锁(　　　)、列车自动防护（　　　）、列车自动运行（　　　）和列车自动监控（　　　）等子系统。
6. 哈尔滨地铁1号线牵引供电采用接触网（　　　）直流供电，地面线路采用（　　　），地下线路采用刚性接触网。
7. 哈尔滨地铁1号线设太平桥、电表厂主变电站，将（　　　）电压降压为（　　　）后，通过环网电缆向牵引降压混合变电所和降压变电所供电。
8. 设有8座牵引降压混合变电所：哈南站站、医大二院站、学府路站、铁路局站、工程大学站、哈东站站、停车场和车辆段，分别将（　　　）交流电降压整流为（　　　）直流电供给接触网。

二、简答题

1. 联锁的定义。
2. 四不放过原则的定义。
3. 脱轨的定义。
4. 冒进信号的定义。
5. 调车的定义。
6. 画出哈尔滨地铁线路坡度标志。
7. 画出预告标的设置地点。
8. 画出警冲标的设置地点。

项目二　车辆基础知识

课程导入

该项目主要阐述了城轨交通车辆的基本构造及组成，详细阐述了城轨交通车辆机械部件的结构和原理、电气部件的结构和原理、列车自动控制（ATC）系统的作用原理及牵引供电部分；同时，对电客车司机 5 种驾驶模式的转换、PSL 盘操作功能以及通信设备司机室语音控制单元的使用方法进行了描述。通过本项目的学习，司机能够尽快掌握城轨车辆的重要技术参数，掌握地铁线路的几何尺寸，对保证安全驾驶列车起到至关重要的作用。

能力目标

（1）了解哈尔滨地铁车辆的基本构造及组成。
（2）掌握哈尔滨地铁车辆机械部件的结构和原理。
（3）掌握哈尔滨地铁车辆电气部件的结构和原理。
（4）掌握哈尔滨地铁车辆的重要技术参数。
（5）掌握地铁线路的几何尺寸。
（6）掌握电客车司机 5 种驾驶模式的转换。
（7）掌握司机室语音控制单元的使用方法。
（8）掌握车辆内应急设备的使用时机及方法。
（9）掌握 TCMS 显示屏、DMI 显示屏显示的内容。
（10）熟知列车自动控制（ATC）的作用原理。

学习任务

（1）掌握电客车客室设备。
（2）掌握 TCMS 显示屏、DMI 显示屏显示的内容。
（3）掌握车辆紧急解锁装置的安装位置。
（4）掌握哈尔滨地铁牵引供电方式及网压。
（5）掌握地铁线路的几何尺寸。
（6）掌握地铁牵引供电设备。
（7）熟知哈尔滨地铁 1 号线地铁车辆编组及车钩缓冲装置。
（8）掌握电客车司机 5 种驾驶模式的转换。

（9）掌握客车上 DMI 各模块显示的含义。

（10）掌握 PSL 盘操作功能和 DMI 各模块显示的含义。

（11）掌握灭火器在车辆内的位置。

（12）掌握手动降下受电弓的使用时机及方法。

（13）掌握车门紧急解锁装置的手动使用时机及方法。

（14）掌握 NRM 模式的使用时机及安全注意事项。

（15）掌握转向架空气制动隔离的操作步骤。

（16）熟知列车自动控制（ATC）系统的作用原理。

模块一　基本设计数据

任务书

（1）掌握城轨列车在各种条件下的运行速度。
（2）熟知车辆总体布置。

一、地铁运营基础设备技术要求

（一）车辆技术参数

列车最高运营速度为 80 km/h，平均旅行速度约为 35 km/h（以每小时走行里程计算，它是指从列车的出发站到终点站，全区间的平均速度，包括沿途各站的停留时间）。哈尔滨地铁 1 号线额定载客时可容纳 1 470 名乘客，超员载客时可容纳 1 888 名乘客。

（二）线路技术参数

线路直线的轨距是 1 435 mm。正线最小平面曲线半径为 250 m，车场最小曲线半径为 150 m。列车系统通过架空接触网供电，供电额定电压为 DC 1 500 V。

（三）车辆运行环境

1. 气候条件

在哈尔滨所遇到的气候条件下，为保证车辆能够可靠和安全运行，依据哈尔滨市气候条件确定车辆运行环境，如表 2.1.1 所示。

表 2.1.1　哈尔滨市气候条件

气候条件	平均值	最低值	最高值
环境温度	3.6 ℃	－38 ℃	36.4 ℃
相对湿度（RH）	67%		95%
平均年降雨量	530 mm		
平均年蒸发量	1 501.4 mm		
最长持续降雨天数	20 天		

续表

气候条件	平均值	最低值	最高值
最大积雪深度	41 cm		
常年平均风速	2.6 m/s		
最大风速	37 m/s		
最多风向	西南风		

2. 环境条件

车辆能承受风、沙、雨、雪、冰雹的侵袭，可在哈尔滨自然环境条件下安全运行。车辆在地下线路上运行，同时须充分考虑在冬季低温环境下，车辆在车场线、试车线上的运行。车辆在地面和库内检修及存放，停放库内应有采暖设备（温度 0 ℃ 以上）。

列车能在以下环境条件下定额运行：

海拔高度：≤1 200 m；

环境温度（遮阴处）：-25 ~ +40 ℃；

电气设备工作温度：-25 ~ +40 ℃；

相对湿度：95%。

3. 线路条件

① 车辆符合哈尔滨地铁 1 号线一、二期工程线路平、纵断面图。

② 哈尔滨地铁 1 号线车辆符合中华人民共和国国家标准《标准轨距铁路机车车辆限界》（GB 146.1—83）。

③ 车辆符合《地铁限界标准》（CJJ 96—2003）中的 B2 型车辆限界。

④ 车辆符合哈尔滨地铁 1 号线一、二期工程车辆限界的要求。

车辆适合的线路标准：

◆ 正线最小平面曲线半径：困难地段 250 m；

◆ 标准轨距：$1\,435^{+6}_{-2}$ mm；

◆ 车辆段最小平面曲线半径：150 m；

◆ 最小竖曲线半径：道内 2 000 m；

◆ 最大坡度：

◆ 正线：30‰；

◆ 辅助线：35‰；

◆ 车场线路：1.5‰；

◆ 钢轨：

◆ 类型：正线 60 kg/m；

◆ 车场线路：50 kg/m；

◆ 每辆车的平均轴重：≤14 t；

◆ 轮径：

◆ 新轮：840 mm；

◆ 半磨耗轮：805 mm；

◆ 磨耗轮：770 mm；

◆ 站台：

◆ 站台距轨面高度：1 050 mm；

- ◆ 站台有效长度：120 m；
- ◆ 站台与直线轨道中心的最小距离：1 500 mm；
- ◆ 供电条件：
- ◆ 供电方式：架空接触网；
- ◆ 供电电压（额定）：DC 1 500 V；
- ◆ 电压变化范围：DC 1 000 ~ 1 800 V；
- ◆ 再生制动时不高于：DC 1 980 V；
- ◆ 接触网隧道内最小内高度：4 040 mm；
- ◆ 地面线最小高度：4 400 mm；
- ◆ 车辆基地最大高度：5 700 m。

二、哈尔滨地铁 1 号线 B 型车辆主要技术参数

哈尔滨地铁 1 号线 B 型车辆主要技术参数如表 2.1.2 所示。

表 2.1.2　哈尔滨地铁 1 号线 B 型车辆主要技术参数

定义	乘客载荷/t				车辆载客质量/t				列车质量/t
	Tc 车	Mp 车	M1 车	M2 车	Tc 车	Mp 车	M1 车	M2 车	
空载（AW0）	0	0	0	0	31.92	33.3	33.12	32.2	195.76
坐客载荷（AW1）	2.16	2.16	2.16	2.16	34.08	35.46	35.28	34.36	208.72
定员载荷（AW2）	13.74	15.18	15.18	15.18	45.66	48.48	48.3	47.38	283.96
超员载荷（AW3）	17.64	19.5	19.5	19.5	49.56	52.8	52.62	51.7	309.04

注：每位乘客质量按 60 kg 计算。

三、列车动态特性

（1）在 AW3 载客情况下，车轮半磨耗时，在正线的平直轨道上和额定电压下的牵引性能如下：
最高运行速度：80 km/h；
平均技术速度：≥46 km/h（典型区间、不含站停时间）；
平均旅行速度：≥35 km/h；
列车速度从 0 加速到 40 km/h 的平均加速度：≥1.0 m/s^2；
列车速度从 0 加速到 80 km/h 的平均加速度：≥0.6 m/s^2；
设计/构造速度：90 km/h；
连挂速度：1 ~ 5 km/h；
通过洗车机稳定运行速度：3 ~ 5 km/h。
当两列 AW2 列车以 25 km/h 相对速度相撞时，牵引连接销被剪断，防爬器及碰撞变形能量吸收组件吸收冲击能量外，允许预设的车体变形能量吸收区发生变形，参与能量吸收。

（2）制动性能。
电制动（包括再生制动和电阻制动）是与可控制的踏面制动混合使用的。再生制动和电阻制动

能连续交替使用。如果网压上升到 DC 1 800 V，再生制动能平滑地转换到电阻制动。一旦再生制动出现故障，仅电阻制动也能满足常用制动的要求。表 2.1.3 为制动性能参数。

表 2.1.3 制动性能参数

停车制动采用弹簧制动，通过压缩空气来缓解	
常用制动冲击率	0.75 m/s^2
计算用黏着系数	0.14~0.175
电制动渐退点	0~8 km/h（可调整）

① 常用制动。

平均减速度（对所有的从 AW0 到 AW3 的负载而言）：从 80 km/h 到停车的平均减速度为 1.0 m/s^2。无故障状态下的制动原则如下：

制动应用是通过车辆控制系统来实现的。前端拖车的 VTCU（车辆及列车控制单元）提供所需的制动力信号，它是根据单车车重和整列车的制动和牵引状况计算出来的。即使在最差的条件下（电压低于 DC 1 500 V、受打滑的影响及 AW3 载荷情况下），DCU 和 EBCU 之间的信号交换也可以向每车提供 100% 的制动力（DCU 的实际制动力）。

② 紧急制动。

从紧急制动输入指令信号到停车（包括响应时间），表 2.1.4 所示的制动距离都是有效的。

表 2.1.4 有效制动距离

对于 AW0~AW2 载荷条件	制动距离	≤205 m
即紧急制动初始速度为 80 km/h，$a \leqslant 1.2$ m/s^2		
对于 AW3 载荷条件	制动距离	≤215 m
停放制动能使超载（AW3）的列车在 35‰ 坡道上制动停车；能使超载（AW0）的列车在 40‰ 坡道上制动停车		

电阻制动能力：额定负载工况，仅实施电阻制动时，列车可达到的平均减速度应不小于 0.8 m/s^2（70~5 km/h）。

发生故障时牵引系统的特性如下：

损失 25% 动力时，在超载情况下，列车可不限速，以正常运营方式保证全天运营。

损失 50% 动力时，在超载情况下，列车能在 35‰ 的坡道上起动，列车可不限速，应确保列车以正常运行方式完成单程运营。

当一列超载列车，因故障停在 35‰ 的坡道上，另一列动力完好的空车可以将其从坡底顶推到下一站，救援时所能达到的最高速度为 53 km/h。

一列 6 辆编组的空车能将另一列停在 35‰ 坡道上的 6 辆编组故障空车牵引回车辆基地，救援时所能达到的最高速度为 63 km/h。

（3）车辆总体布置。

哈尔滨地铁 1 号线列车采用四动两拖 6 辆编组的形式，列车总长 119 080 mm（车钩连接面）：=Tc* Mp1*M1*M2*Mp2*Tc=。

Tc 车是带有司机室的拖车，包括车钩在内长度为 20 500 mm；

Mp1 车是带受电弓的动车（电动升弓泵），包括车钩在内长度为 19 520 mm；

Mp2 车是带受电弓的动车（气动升弓泵），包括车钩在内长度为 19 520 mm；

M1、M2 车是不带受电弓的中间动车（车下设备不同），包括车钩在内长度为 19 520 mm。

每列车的 Tc 车两端都装有半自动车钩，其他车辆间通过半永久牵引杆连接。每辆车的每一侧有 4 套电控电动内藏门。通过车辆之间的贯通道可使车内的客流量在整车上平均分布。

（4）标记。

① 列车及车辆的端部和侧部。

车辆的一、二位端：

每种车型的一位端定义如下（另一端定义为二位端）：

Tc 车：半自动车钩处的车端为一位端；

Mp 车：远离受电弓的一端为一位端；

M1、M2 车：客室端墙内都有电器柜的为一位端，只有一个柜子的为二位端（另一个为空）。

列车的端部：

两个司机室端均称为列车的一位端，两个动力单元斜对角对称，如图 2.1.1 所示。

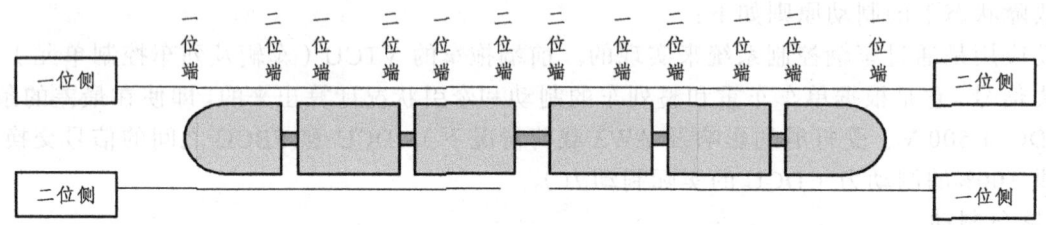

图 2.1.1　列车及车辆的端部和侧部示意图

车辆的侧部：

当观察者站在车内，面对车辆一位端时，观察者右侧的一侧为车辆的一位侧，另一侧为车辆的二位侧。

② 转向架和轴。

每辆车的转向架都分为一位转向架和二位转向架。

一位转向架在车辆的一位端，二位转向架在车辆的二位端。每辆车的 4 根轴是根据 GB/T 4549.1—2004 进行编号的。它们从最前面一位端一位轴开始，连续编号到二位端的四位轴。车轴和转向架的布置如图 2.1.2 所示。

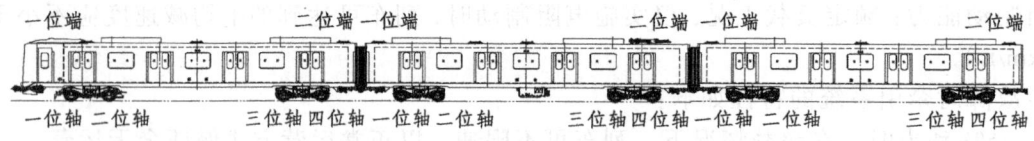

图 2.1.2　车轴和转向架的布置

③ 车门。

车门扇标识是根据列车号、车辆号、车门位及门扇进行编号的：沿着每辆车的一位侧，车门位用从 1 到 7 之间的奇数进行连续编号，沿着每辆车的二位侧，车门位用从 2 到 8 之间的偶数进行连续编号，门扇用字母 A 和 B 表示（人面对门板内侧，A 为左门扇，B 为右门扇）。"0132A"代表第 1 列的第 3 辆车的 2 号门的左门扇。

第一列车的前三辆车的车门布置如图 2.1.3 所示。

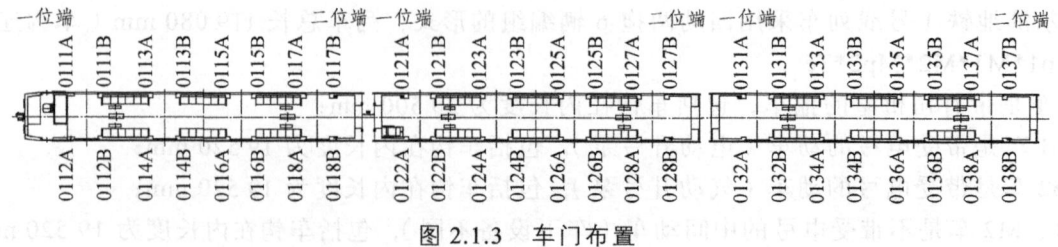

图 2.1.3　车门布置

④ 空调单元。

每辆车的车顶安装两个空调单元（A/C 单元）。

位于一位端的空调单元称为空调单元Ⅰ，位于二位端的空调单元称为空调单元Ⅱ。

（5）车组及车辆的编号。

车组编号位于 Tc 车前端雨刷罩板上，由 4 位数字组成，前两位数字为线路编号，后两位数字为车组编号。如 0105，表示哈尔滨地铁 1 号线的第 5 列车。

车辆的编号由 5 位数字组成，前两位数字为线路编号，第 3、4 位数字代表车组编号，第 5 位数字代表车辆号（1~6）。如 01053，代表哈尔滨地铁 1 号线第 5 列车中的第 3 辆车。

模块二 车辆结构设计

任务书

（1）熟知城轨交通车辆的基本构造及组成。
（2）掌握城轨交通车辆机械部件的结构和原理。
（3）掌握城轨交通车辆电气部件的结构和原理。
（4）掌握城轨交通车辆的重要技术参数。

一、车　体

车体结构为铝合金鼓形轻量化车体。车体构架采用铝合金大断面挤压型材及板材制造。司机室采用钢骨架焊接结构，具有吸能结构，外部由玻璃钢罩板包裹，车头（司机室）与车身（客室）采用可拆卸的螺栓连接结构，可实现意外撞车后司机室的整体更换。

列车通过贯通道连接在一起，贯通道上设计有折棚和位于车钩上的渡板。

列车通过车头的吸能结构和车钩系统中的压溃管吸收能量。当发生事故时，A 车前端的防爬装置能够分散和缓和碰撞力，使乘客不受伤害。

二、列车设备纵览

（一）客室设备

（1）乘客紧急报警器（见图 2.2.1）：
位于客室 3 门、6 门旁。
（2）安全锤（见图 2.2.2）：
位于客室 1 门、2 门、7 门、8 门旁。
（3）车内指示灯（见图 2.2.3）：
红色——车门切除指示灯；
黄色——车门未关好。
（4）车外指示灯（见图 2.2.4）：
红色——制动不缓解；
黄色——车门未关好。

项目二 车辆基础知识 27

图 2.2.1 乘客紧急报警器

图 2.2.2 安全锤

图 2.2.3 车门指示灯

图 2.2.4 车外指示灯

(5)内部紧急解锁装置(见图2.2.5):
每辆车内部每侧设2个紧急解锁装置,分别在3、4、5、6门旁边。
(6)外部紧急解锁装置(见图2.2.6):
每辆车外部每侧设1个紧急解锁装置,分别在3、6门外。
(7)门隔离锁(见图2.2.7):
每个车门的内外侧均设有隔离锁。

图2.2.5 内部紧急解锁装置

图2.2.6 外部紧急解锁装置

(a)转向架制动隔离塞门: 　　(b)转向架制动隔离塞门:
客室内为1、5座椅下 　　　　每节车车底一位侧有2个

图2.2.7 门隔离锁

(8)贯通道(见图2.2.8):
哈尔滨地铁的编组形式为6辆一列,每列车配备5个贯通道。贯通道位于两节车厢连接处,是连接两节车厢通道的重要组成部分,由车体框组成、折棚组成、顶板组成、护板组成、渡板组成及

踏板组成等部件组成。它具有良好的防雨、防风、防尘、隔音功能，可保证乘客能随时、安全、方便地通过。

客室其他设备如图2.2.9所示。

图2.2.8　贯通道

（a）残疾人座椅固定区　　　（b）LCD客室电视

（c）LED动态地图

图2.2.9　客室其他设备

（9）补充说明：

客室摄像头：每节车有2个，分别在3、6门前。

客室紧急照明分布：1、4、5、8门前。

灭火器分布：一列车共有14个灭火器，其中Tc车3个，分别是司机室1个，客室二位端的一、二位侧各1个；Mp1、Mp2、M1、M2车2个，分别在客室一位端一位侧、二位端二位侧，各一个。

（二）Tc车车下设备

AB箱、ACM滤波电抗器、应急通风逆变器、接地汇流箱、蓄电池、空压机、制动模块及EPAC阀都位于车下，如图2.2.10所示。

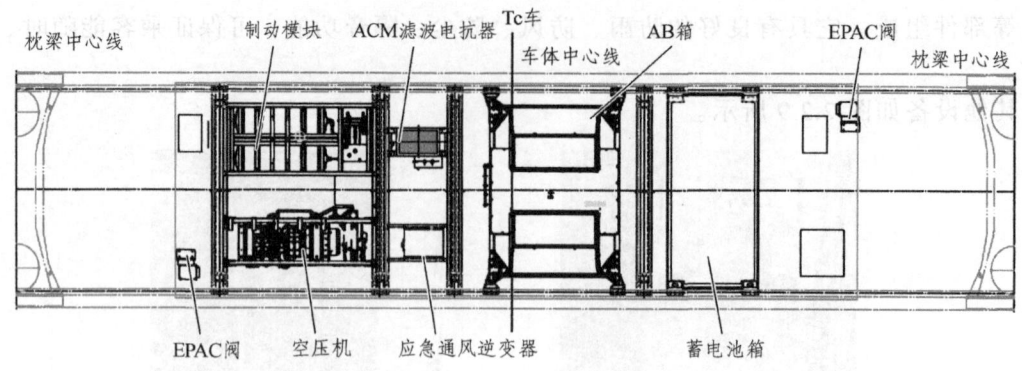

图 2.2.10 Tc 车车下设备

(三) Mp 车车下设备

PH 箱、制动电阻、MCM 滤波电抗器、应急通风逆变器、接地汇流箱、制动模块及 EPAC 阀都位于车下,如图 2.2.11 所示。

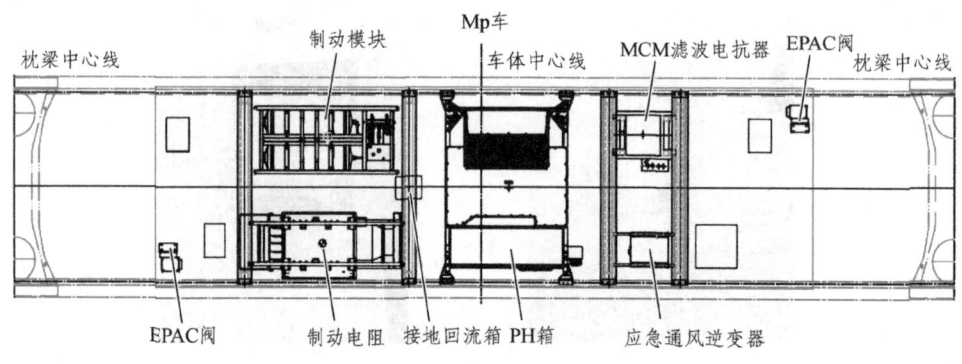

图 2.2.11 Mp 车车下设备

(四) M1 车车下设备

PA 箱、制动电阻、ACM 滤波电抗器、应急通风逆变器、接地汇流箱、辅助熔断器、制动模块及 EPAC 阀都位于车下,如图 2.2.12 所示。

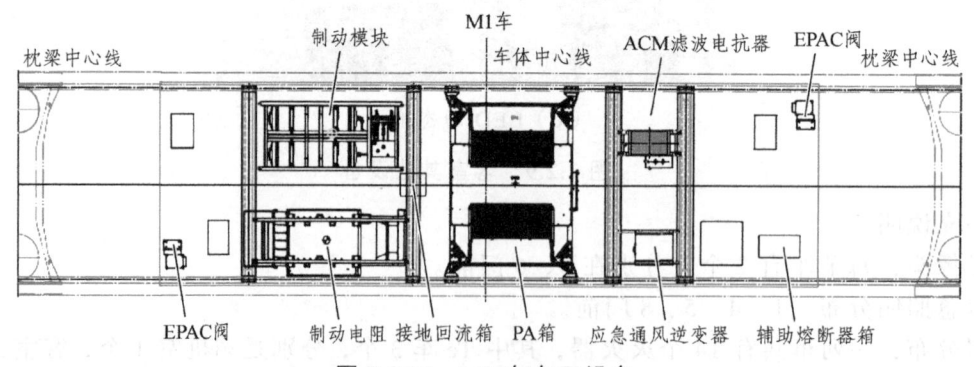

图 2.2.12 M1 车车下设备

(五) M2 车车下设备

P 箱、制动电阻、应急通风逆变器、接地汇流箱、制动模块及 EPAC 阀都位于车下,如图 2.2.13 所示。

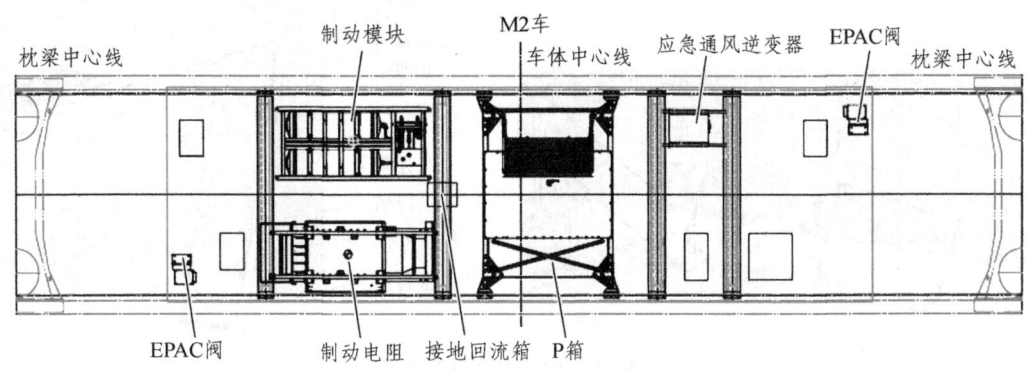

图 2.2.13 M2 车车下设备

（六）车端连接装置

（1）车钩。

哈尔滨地铁 1 号线地铁车辆为 6 辆编组，编组头尾端采用头车半自动钩缓装置，列车内部使用半永久钩缓装置。车钩配置如下所示：

=Tc*Mp*M*M*Mp*Tc=

=：头车半自动钩缓装置；

*：半永久钩缓装置。

头车用半自动钩缓装置位于列车编组的头尾端，其作用是保证车组之间的机械连接和风路的自动连接及手动分解。头车半自动钩缓装置采用 330 连挂系统、弹性胶泥缓冲系统、压溃管装置和过载保护装置。

中间半永久钩缓装置用于单元内部两车之间的连接，其作用是保证车组单元内部车辆的机械连接和风路连接，连接和分解时需要人工手动操作。中间车半永久钩缓装置采用卡环连接结构和弹性胶泥缓冲系统、压溃管装置。

（2）制动塞门罩板布置。

紧急情况下，司机可以使用钥匙打开制动塞门罩板上的检查门，操作内部的缓解手柄；需要检修缓解装置时，仅需将箱体上的 4 个安装螺钉拆下，即可将箱体拆下，进行缓解装置检修。

制动塞门罩板布置如图 2.2.14 所示。

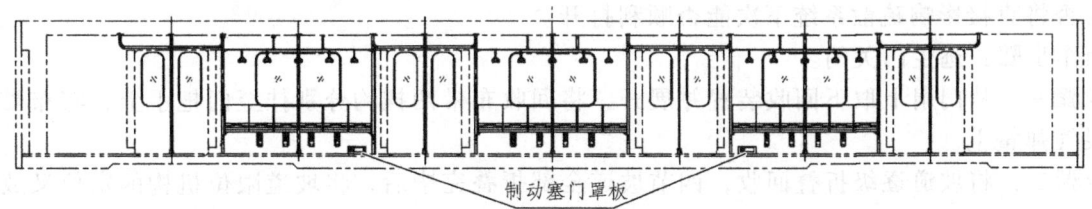

图 2.2.14 制动塞门罩板布置

（3）客室灭火器布置。

哈尔滨地铁 1 号线根据结构设计需要，将灭火器布置于客室内，并安置在墙板内部，使用卡扣结构，实现了灭火器的安装及各项使用要求。一列车共有 14 个灭火器。

（4）逃生装置。

① 使用须知。

使用前，操作者应详细了解紧急疏散梯的主要结构、动作原理，熟悉操作方法和日常检查、维护保养等知识，避免错误操作，造成人为故障，如图 2.2.15 所示。

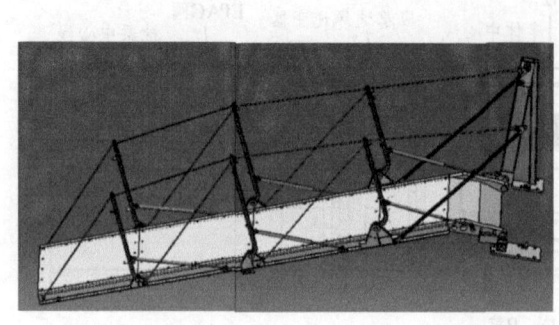 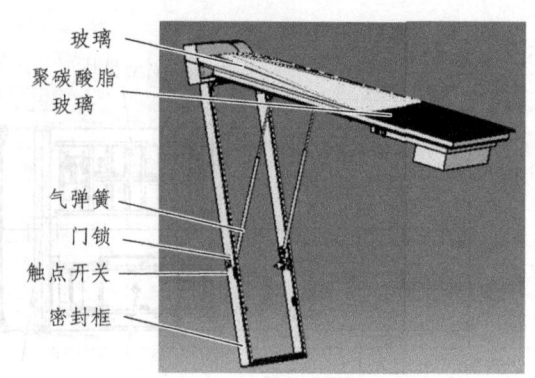

图 2.2.15 逃生门结构

如果出现非正常情况,应报请专业人员排除故障。

② 操作说明。

正常情况下,紧急疏散门、梯应处于锁闭状态,而且紧急疏散门的关闭状态会通过两个行程触点开关检测,并在司机台的 MMI 上显示逃生装置"打开解锁/锁闭"的状态。当发生紧急情况时,可按照防护罩上操作标签所示取下防护罩:打开疏散门,将把手放置到解锁位置,推动疏散梯至完全打开。

操作步骤:逃生门打开(见图 2.2.16)。

① 门解锁　将门解锁把手用力拉到解锁位置
② 打开门　握住门把手将门向前推出
③ 坡道解锁　将坡道解锁把手用力拉到解锁位置
④ 展开坡道　向外推出坡道上部位置

图 2.2.16 紧急出口操作步骤

步骤一:将门解锁把手用力向左扳动,拉断手柄上的安全绳,将手柄扳动 90° 到解锁位置(注意:红色为门解锁把手,绿色为坡道解锁把手)。

步骤二:然后握住门把手将门向外推出,此后门将自动弹开到打开位置。

步骤三:门开到位后,将坡道解锁把手用力向左扳动 90° 到解锁位置。

步骤四:向外推出坡道上部位置,此后坡道依靠重力自行展开。

特别说明:整个疏散系统的回收必须由通过培训的专业人员来完成。整个疏散系统回收方法的正确与否将直接影响疏散系统下次能否顺利打开。

操作步骤:逃生门关闭。

步骤一:从门扇上取下回收装置并展开,将回收布带两挂钩分别挂至门把手上,将布带拴到任意一根气弹簧上。

步骤二:将坡道逐级折叠回收,四节坡道全部折叠完毕后,将坡道限位机构的定位叉放在定位柱上,扳动解锁把手至关位。

注意:每节坡道在回收时,该节的斜拉钢丝绳应收回在扶手与踏板的空隙之中。主钢丝绳应收回在踏板型材内侧,在回收过程中必须将坡道各钢丝绳梳理整齐,保证位置正确。此步骤非常重要,如果稍有不当,将导致坡道下次不能顺利展开。

步骤三:把气弹簧上的旋钮拉出,并拉动回收装置将门板拉回,直到锁舌滑入锁片内,将门解锁把手向右扳动到锁定位置。

步骤四:将门回收装置折叠好放回其原来位置。

模块三　车辆电气装置

任务书

（1）掌握司机室各空气开关按钮的位置、作用和使用条件。
（2）掌握旁路开关的作用及使用条件。
（3）掌握 HMI 图例各模块显示的含义。

一、司机室

（一）司机台

司机台只装在 Tc 车上，供司机驾驶列车用。

在结构上，整个司机台分成两大部分：台面设备和台下箱柜。司机台台面采用玻璃钢材料；台下箱柜采用分体结构，内部为钢框架，外部为玻璃钢罩板。整个司机台在底部通过螺栓与车体固定。

在功能上，司机台具有列车牵引控制、制动控制、门控制、无线电台控制、空调控制、自动列车控制、前照灯控制及列车故障诊断等功能。

1. 司机台概述

司机台台面设有广播主机控制盒、TCMS 显示屏、DMI 显示屏、无线电台主机控制盒、仪表、司机控制器、按钮及指示灯等。

司机台左侧柜内设有刮雨器水箱、电源转换模块；中间设有司机室电热器。

司机台右侧柜体设有司机台接线用连接器及司控器连接器。

2. 司机台台面布置

司机台台面集中了与驾驶操作有关的大部分功能：司机台主要按钮、指示灯、开关等。

（1）指示灯功能定义（见图 2.3.1）。

NRM 模式指示灯：车辆以 NRM 模式运行情况下，此指示灯亮。

停放制动未缓解指示灯：车辆停放制动没有缓解时，此指示灯亮。

门关好旁路指示灯：当控制柜中的门旁路开关打到开位时，此指示灯亮。

制动不缓解指示灯：当车辆出现制动没有缓解的状况时，此指示灯亮。

所有门关闭指示灯：车辆所有客室门全部关好后，列车门关好指示灯亮。如未亮，则代表有客室门未完全关闭。

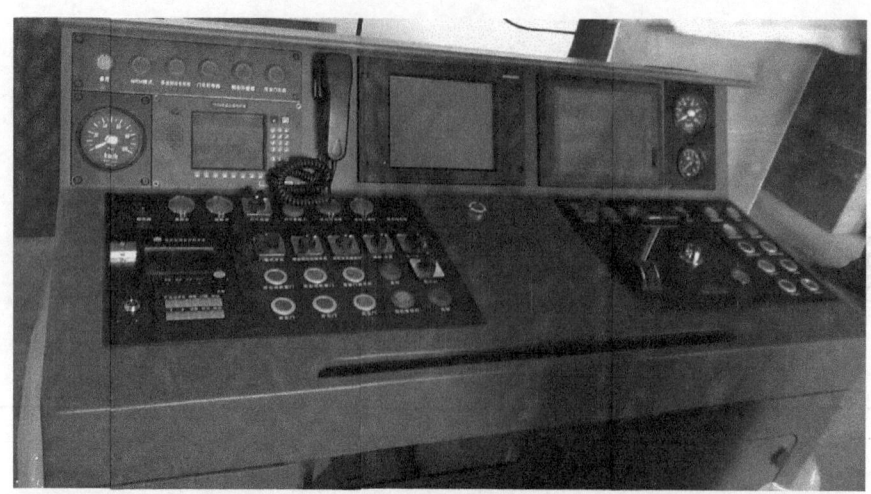

图 2.3.1　司机台面指示灯

（2）台面信号控制按钮、开关布置及功能简介（见图 2.3.2）。

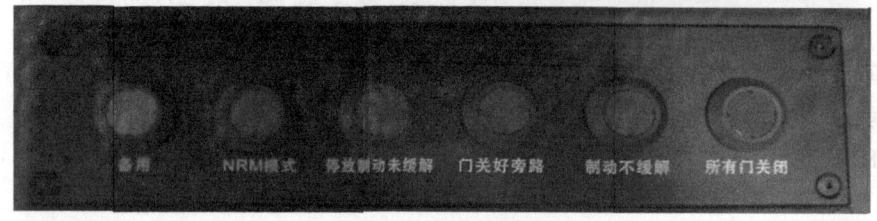

图 2.3.2　台面模式控制按钮

模式选择开关：选择信号运行模式的开关。

AR 模式按钮：瞬时（自复）式带灯按钮。当自动折返条件具备时，按钮亮灯，AR 按钮连续按 500 ms 以上即被输入。

RM 模式按钮：进入 RM 模式按下此按钮，在此模式下，允许在一定的低速（25 km/h）下运行。

ATO 启动按钮：在 ATP 运行状态下，如果司机把控制手柄打到惰行位置、方向手柄打到前进位置，在驾驶台的 DMI 上会显示可进行"ATO 驾驶"提示。确认后，把模式开关打到 ATO 位置并按下 ATO 按钮，即进入 ATO 模式，开始自动驾驶列车。

（3）台面常用按钮布置及功能简介（见图 2.3.3 ~ 2.3.5）。

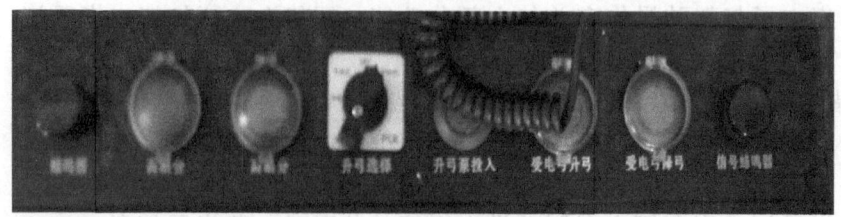

图 2.3.3　台面常用按钮 1

蜂鸣器：当司机操作司控器警惕按钮松开时间超过 5 s 时，蜂鸣器将发出声响提醒司机注意操作规程。当蓄电池给客室照明供电时，蜂鸣器鸣响。TCMS 系统需提醒时，蜂鸣器鸣响。

高速断路器合按钮：用来合车辆高速断路器（简称高断）的按钮。
高速断路器分按钮：用来分车辆高速断路器的按钮。
升弓选择开关：通过此开关进行车辆受电弓的升弓顺序。
升弓泵投入按钮：当需要启动电动升弓泵功能时，按动此按钮。
受电弓升按钮：使用此按钮可以升弓。
受电弓降按钮：使用此按钮可以降弓。
信号蜂鸣器：信号用于提示司机的蜂鸣器。

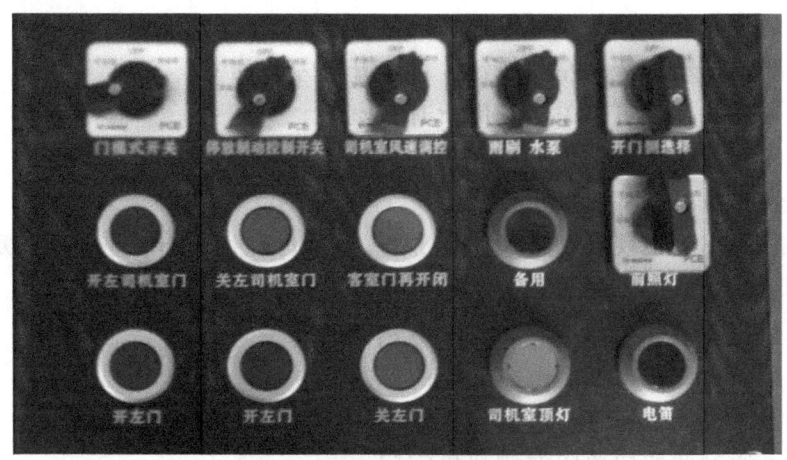

图 2.3.4　台面常用按钮 2

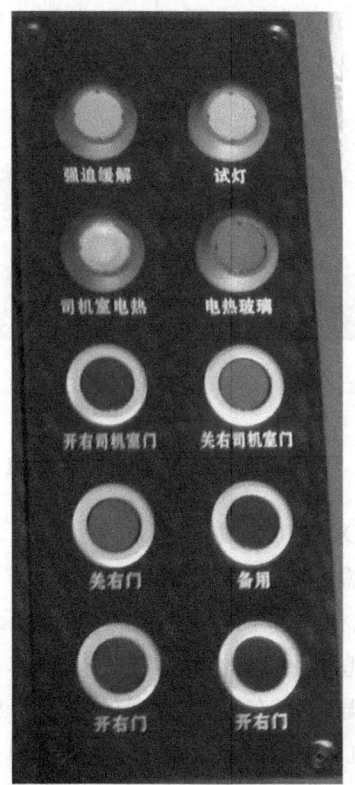

图 2.3.5　台面常用按钮 3

门模式开关：通过此开关可以选择开门模式，分别为自动开门/自动关门、自动开门/手动关门、手动开门/手动关门。

停放制动控制开关：控制停放制动的施加与缓解。

司机室风速调控开关：用于调节司机室通风机风速的开关。

雨刷、水泵开关：控制雨刷、水泵的开关，按下开关喷水，旋转开关用于控制雨刷速度。

开门侧选择开关：选择左侧开门或者右侧开门。

开左侧司机室门按钮：用来开启车辆左位侧司机室门。

关左侧司机室门按钮：用来关闭车辆左位侧司机室门。

客室门再开闭按钮：已取消。

前照灯开关：通过此选择开关，可以选择前照灯远光与近光灯。

开左门按钮：通过按动两个开左门按钮，可以开启左侧所有客室门。

关左门按钮：通过此按钮可以关闭左侧所有客室门。

司机室顶灯按钮：控制司机室顶灯的开与关。

电笛按钮：车辆鸣笛时按下此按钮。

强迫缓解按钮：当车辆出现制动未缓解情况时，可以通过此按钮进行强迫缓解。

试灯按钮：按下此按钮可以测试所有指示灯是否损坏。

司机室电热按钮：通过此按钮控制司机室电热器的开关。

电热玻璃按钮：通过此按钮控制电热玻璃的开关。

开右司机室门：通过此按钮打开右侧司机室门。

关右司机室门：通过此按钮关闭右侧司机室门。

关右门按钮：通过此按钮可以关闭右侧客室门。

开右门按钮：通过按动两个开右门按钮，可以开启右侧客室所有门。

（4）台面显示屏及表盘（见图 2.3.6）。

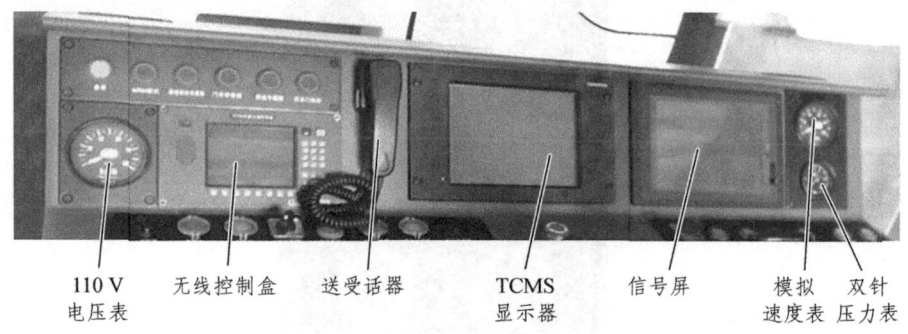

110 V 电压表　无线控制盒　送受话器　TCMS 显示器　信号屏　模拟速度表　双针压力表

图 2.3.6　台面显示屏及表盘

110 V 电压表：用于显示车辆 DC 110 V 电压值。

无线电台控制盒：通过此控制盒上按键及送受话器可以与 OOC 进行交流。

HMI 显示屏：所有 TCMS 系统相关车辆信息均通过此显示屏进行显示。

信号显示屏：信号系统所有信息均通过此显示屏进行操作与显示。

模拟速度表：模拟速度表具有显示列车即时速度的功能，模拟速度表集成有里程计。

双针压力表：制动系统的总风缸压力及前端 Tc 车第一转向架第一轴制动缸压力通过此压力表进行显示。

（5）台面其他设备（见图 2.3.7）。

司机台台面上设备除了按钮板外，还有广播控制盒和司控器及紧急制动按钮。

广播控制盒：具有控制所有广播系统功能的作用。

图 2.3.7　台面其他设备

司控器：控制列车运行的控制器，具有机械联锁。钥匙打开才能扳动方向手柄；当方向手柄在向前或者向后位置时才能扳动主控手柄；只有主控手柄在"0"位时才能扳动方向手柄；只有在主控手柄和方向手柄双归"0"时才能关闭司控器钥匙。

紧急制动按钮：遇紧急情况，拍按该按钮，切断紧急制动环路，实现紧急制动。

（6）司机室内电气柜各空气开关（见图2.3.8）。

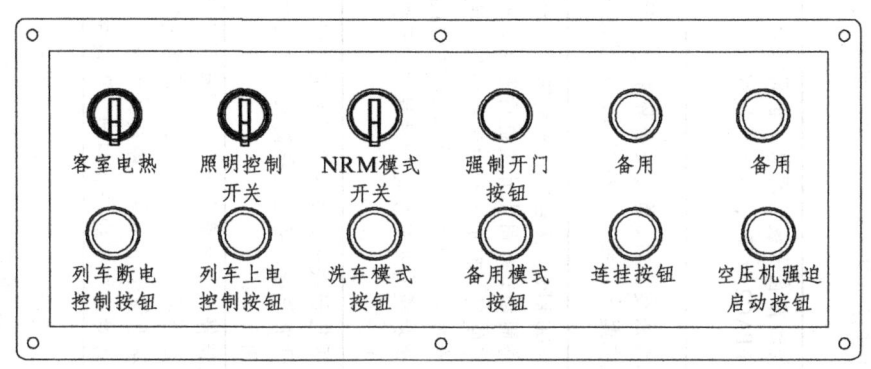

图 2.3.8　司机室内电气柜各空气开关

客室电热开关：通过此开关可以控制客室电热的半暖、全暖及关闭。

照明控制开关：用来控制客室照明的开关。

NRM模式开关：通过该开关手动切除ATO/ATP对车辆的输出，但不切断信号设备的电源。

强制开门按钮：在非NRM模式下，通过该按钮，由信号系统给出门使能信号，强制开门。

列车断电控制：按动此按钮，可以控制蓄电池通断，使列车断电。

列车上电控制：按动此按钮，可以控制蓄电池通断，使列车激活。

洗车模式按钮：车辆进行车体清洗时，通过按动此按钮可以使车辆低速（3 km/h）状态下匀速通过洗车机。

备用模式按钮：使用该开关接通紧急牵引环路。

连挂按钮：车辆进行救援连挂时，需要按动此按钮。

空压机强迫启动按钮：通过此按钮，可以强迫启动空压机。

（7）司机室各旁路开关作用及使用条件（见图2.3.9）。

 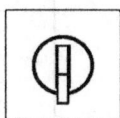   

常用制动缓解旁路开关　牵引安全环路旁路开关　总风低压旁路开关　车门旁路开关　停放制动缓解旁路开关　安全环路旁路开关

图 2.3.9　司机室各旁路开关

司机室各旁路开关的作用及使用条件如表2.3.1所示。

表 2.3.1 司机室各旁路开关的作用及使用条件

序号	名称	作用	使用的条件	备注
1	常用制动缓解旁路开关	当车辆常用制动无法缓解时，通过此旁路开关可以牵引列车	推牵引确认 HMI 上制动已经缓解，但司机台上制动未缓解现象（可能原因是继电器卡滞或风压力开关故障），经行调授权，此时可以使用该旁路开关	推牵引确认 HMI 上制动未缓解指示灯亮，司机台上制动未缓解指示灯灭
2	安全环路旁路开关	当车辆紧急制动安全环路无法建立时，通过此旁路开关可以使车辆的紧急制动安全环路建立起来	推牵引熄灭确认 HMI 上制动未缓解现象（可能原因是 EPAC2 故障），经行调授权，此时可以使用该旁路开关	在未缓解现象，司机台上制动未缓解指示灯亮，此时应确认隔离该转向架
3	总风低压旁路开关	当制动环路对车辆制动安全环路进行旁路	当车辆制动总风压力低于 600 kPa，两台空压机故障或两台空压机不工作时，列车会自动施加紧急制动。经行调授权后，方可使用；列车运行中司机密切观察风压表，快速返回车辆投或进入存车线，当总风压力达到 550 kPa，司机应加施加紧急制动或停车申请救援（列车在运行过程中尽量避免加施加紧急制动或停放加制动）	安全环路包括转向架向手动柄，方向转向架
4	车门旁路开关	当列车车门关好环路无法建立时，通过此旁路开关使车门关好环路建立	首先确认所有车门是否已经关好，如果已经关好，经行调授权，将此门关好，使用此开关。如果集有门未关好，将此门隔离进行防护后，方可使用	
5	停放制动旁路开关	当停放制动未缓解灯亮，操作停放制动旁路开关，可以进行列车牵引	经行调授权，司机操作停放制动旁路开关，推牵引，若无异常，按正常速度运行；若列车惯行观察列车速度升降是否异常，若有异常，速度迅速降低，将列车停于便于下车隔离停放制动对应车辆隔离制动，隔离完毕后启续运行	
6	牵引安全环路旁路开关	当牵引安全环路无法正常建立时，可以通过此旁路开关使列车能够进行牵引	经行调授权，清客，使用该旁路开关，运行过程密切观察 HMI "制动/空气"界面制动情况，若有异常，立即停车处理	牵引安全环路内包含所有门关好信号、紧急制动、停放制动、总风状态
7	备用模式	当显示车辆网络（MVB）故障，HMI 屏按状态紊乱，不能动车时，按压此按钮	经行调授权，清客后，使用该按钮	

（二）各电气柜开关含义及故障现象

1. 司机室电气柜故障现象（见表2.3.2）

表2.3.2 司机室电气柜故障现象

司机室激活	受电弓控制	高速断路器控制	列车控制	停放制动控制	制动系统逻辑输出	安全回路控制	无线电台	HMI电源	VCU电源
=21-F01	=22-F01	=22-F04	=24-F01	=26-F03	=26-F04	=26-F05	=44-F01	=42-F01	=42-F02

序号	保险开关	故障现象
1	司机室激活	用于断开本司机室操作权，本端司机室无法激活
2	受电弓控制	如该开关断开，受电弓升降弓按钮将保持当前状态，受电弓升降按钮无效
3	高速断路器控制	如该开关断开，高速断路器分合按钮将保持当前状态，高速断路器分合按钮无效
4	列车控制	此开关用于接通列车的蓄电池电源。当此空气开关断开时，列车紧急制动，车辆无法牵引。互锁屏：紧急制动、方向无效、牵引安全环路、安全环路、警惕按钮继电器显示红色、车辆蜂鸣器报警。 故障信息：安全环路断开，警惕按钮未按下触发紧急制动
5	停放制动控制	此开关断开，列车自动施加停放制动，操作停放制动旋钮施加缓解将无效，停放制动保持当前状态
6	制动系统逻辑输出	此开关断开，紧急制动，空气压力不足，牵引安全环路、安全环路显示红色，停放制动未缓解，制动不缓解灯亮。 故障信息：制动安全环路断开，总风低压
7	安全回路控制	此开关断开，紧急制动，安全环路断开，车辆蜂鸣器报警。 故障信息：制动安全环路断开
8	无线电台	如该开关断开，无线电台将失电、黑屏
9	HMI电源	如该开关断开，HMI将失电、黑屏
10	VCU电源	通信检查界面显示ATC1、2 CCU12/AX94红色，运行界面显示ATC故障、车辆蜂鸣器报警。 故障信息：冗余CCU硬件或通信故障；紧急制动蘑菇按钮按下，制动安全环路断开

续表

	DX电源	广播主机及终点站	交换机及媒体服务器	无线单元及播放控制器	列车幅流风机控制	最大常用制动	应急升弓控制供电	列车电热控制	列车联挂	备用1
	=42-F03	=43-F01	=43-F06	=43-F05	=64-F02	=26-F06	=22-F02	=63-F01	=74-F01	BY1

序号	保险开关	故障现象
11	DX电源	HMI屏显示待机状态，当前主控无法激活，通信检查界面显示DX9D/9A/AX95红色
12	广播主机及终点站	如该开关断开，广播主机将停止工作
13	交换机及无线控制单元	如该开关断开，交换机及无线控制单元将无法工作
14	媒体播放服务器	如该空气开关断开，媒体播放服务器将停止工作
15	列车幅流风机控制	哈尔滨地铁无
16	最大常用制动控制	此开关断开，推牵引制动无法缓解，列车保持制动施加状态（强迫缓解正常）
17	应急升弓控制供电	如该开关断开，升弓泵不能供电，升弓泵按钮无效
18	列车电热控制	如该开关断开，司机室电热玻璃、电热、客室电热无效
19	列车连挂	控制列车连挂按钮的开关。此开关断开，操作列车连挂按钮无效
20	备用	备用

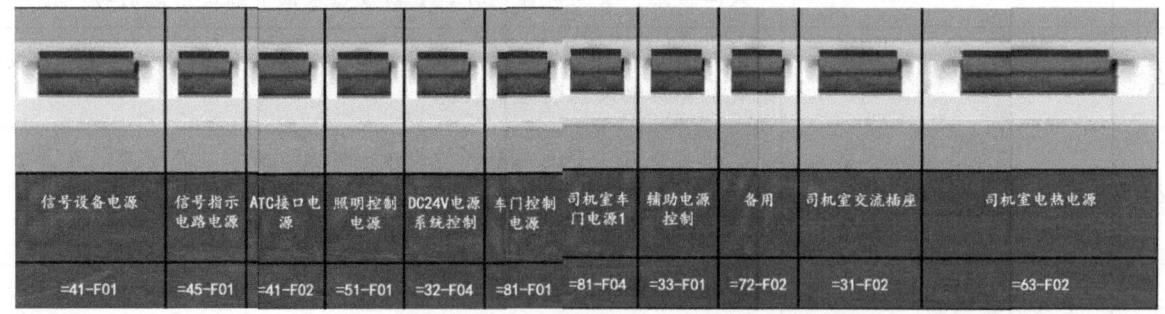

	信号设备电源	信号指示电路电源	ATC接口电源	照明控制电路	DC24V电源系统控制	车门控制电源	司机室车门电源1	辅助电源控制	备用	司机室交流插座	司机室电热电源
	=41-F01	=45-F01	=41-F02	=51-F01	=32-F04	=81-F01	=81-F04	=33-F01	=72-F02	=31-F02	=63-F02

序号	保险开关	故障现象
21	信号设备电源	控制车载信号系统设备电源的空气开关
22	信号指示电路电源	控制NRM模式、停放制动未缓解、门关好旁路、制动不缓解指示灯电路110 V的空气开关；此开关断开，所有灯灭
23	ATC接口电源	此开关断开，DMI屏显示白色重大故障，HMI运行界面显示ATC故障，紧急制动施加；互锁界面显示紧急制动、牵引安全环路、安全环路、警惕按钮继电器显红；通信界面显示ATC1/2红色。 故障信息：ATC1、2通信故障，制动安全环路断开，警惕按钮未按下触发紧急制动

续表

序号	保险开关	故障现象
24	照明控制电源	司机室顶灯及前照灯无效（客室照明正常）
25	DC 24 V 电源系统控制	控制 DC 电源系统的空气开关；此开关断开，雨刮器、前照灯、电笛无效，电压表、速度表及前照灯照明灭
26	车门控制电源	控制车门系统电源的空气开关；客室车门无法开/关，司机室车门正常，互锁界面显示不是所有车门都关闭，牵引安全环路显红；所有门关闭灯不亮，HMI 运行界面显示任意车门打开（实际情况为车门已关闭）
27	司机室车门电源 1	控制司机室车门电源 1 的空气开关；非永久母线供电，按下列车上电控制按钮，此路得电
28	辅助电源控制	牵引界面显示 BCM 模块显红，车辆蜂鸣器报警；ACM 模块显红；BCM 灰色，间隔 1 min ACM 自动恢复。 故障信息：DCU/A MVB 通信故障
29	备用	
30	司机室交流插座	控制司机室交流插座电源的空气开关
31	司机室电热电源	控制司机室电热电源的空气开关

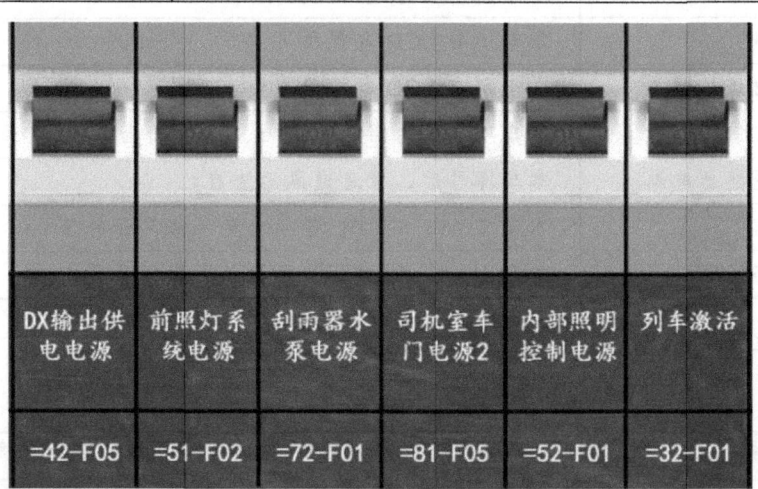

序号	保险开关	故障现象
32	DX 输出供电电源	控制 DX 输出供电系统提供电源的空气开关（无现象）
33	前照灯系统电源	给列车前照灯供电的电源开关；此开关断开，前照灯无法打开
34	刮雨器水泵电源	控制刮雨器水泵提供电源的空气开关
35	司机室车门电源 2	控制司机室车门电源 2 的空气开关；永久性供电，由蓄电池提供电源，列车激活前可在外面使用四孔钥匙打开司机室门
36	内部照明控制电源	司机室照明操作正常，客室照明开关无效
37	列车激活	此开关断开现象同列车断电控制按钮
38	备用 2	备用
39	备用 3	备用

2. Tc 车二位端一位侧电气柜故障现象（见表 2.3.3）

表 2.3.3　Tc 车二位端一位侧电气柜故障现象

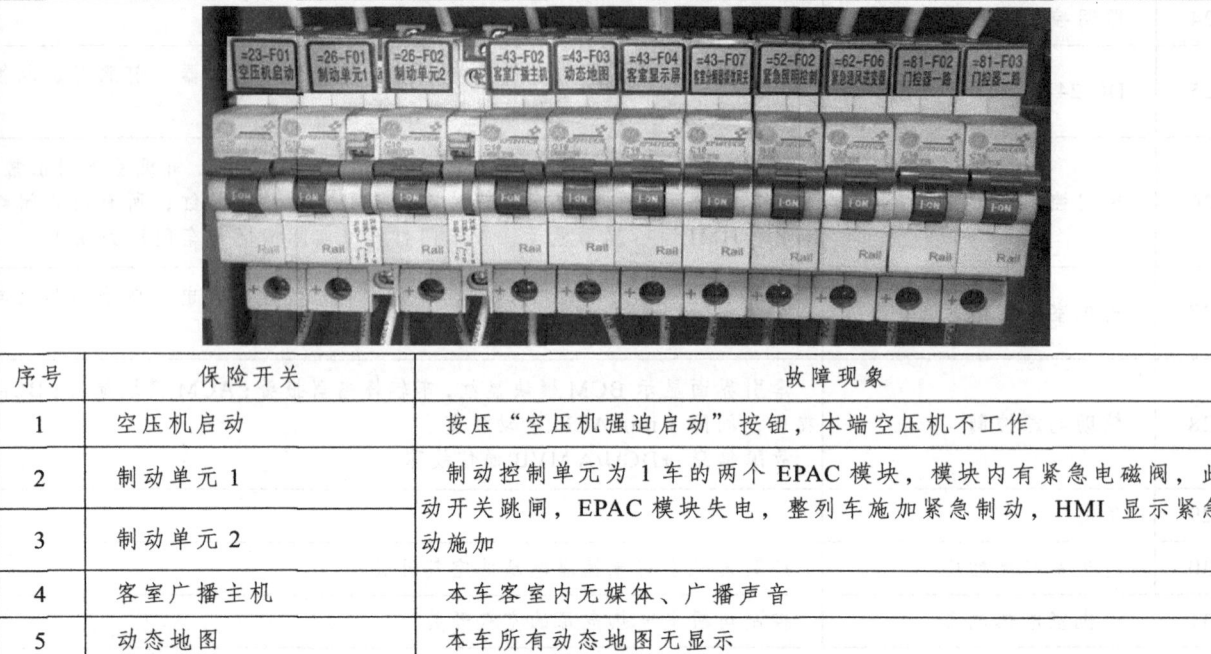

序号	保险开关	故障现象
1	空压机启动	按压"空压机强迫启动"按钮，本端空压机不工作
2	制动单元 1	制动控制单元为 1 车的两个 EPAC 模块，模块内有紧急电磁阀，此自动开关跳闸，EPAC 模块失电，整列车施加紧急制动，HMI 显示紧急制动施加
3	制动单元 2	
4	客室广播主机	本车客室内无媒体、广播声音
5	动态地图	本车所有动态地图无显示
6	客室显示器	本车所有 LCD 电视黑屏
7	客室分频器媒体网关	本车所有 LCD 电视无视频、蓝屏
8	紧急照明控制	本车所有紧急照明（1、5、4、8 门上方）、贯通道顶灯均不亮
9	紧急通风逆变器电源	本车降弓后，紧急通风无法启动
10	门控器一路	本车 2、3、6、7 门显示白色下降，开关 2、3、6、7 门均无动作
11	门控器二路	本车 1、4、5、8 门显示白色下降，开关 1、4、5、8 门均无动作

3. Mp 车一位端一位侧电气柜故障现象（见表 2.3.4）

表 2.3.4　Mp 车一位端一位侧电气柜故障现象

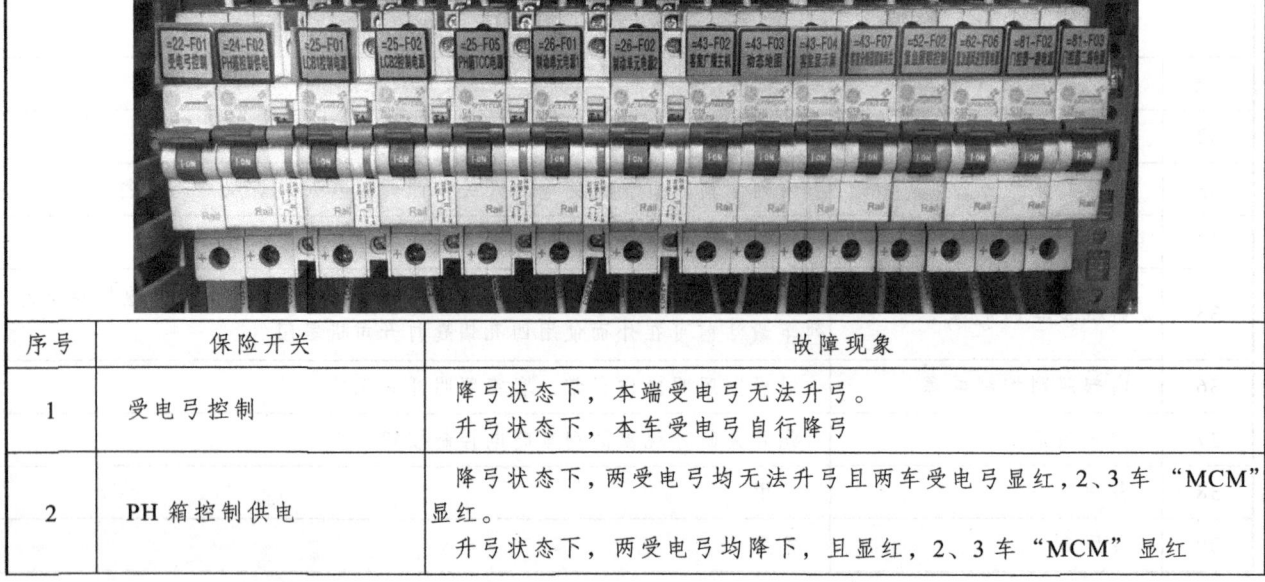

序号	保险开关	故障现象
1	受电弓控制	降弓状态下，本端受电弓无法升弓。 升弓状态下，本车受电弓自行降弓
2	PH 箱控制供电	降弓状态下，两受电弓均无法升弓且两车受电弓显红，2、3 车"MCM"显红。 升弓状态下，两受电弓均降下，且显红，2、3 车"MCM"显红

续表

序号	保险开关	故障现象
3	LCB1 控制电源	本车高断合不上,并且"MCM"显红
4	LCB2 控制电源	3 车高断合不上,并且 3 车"MCM"显红
5	PH 箱 TCC 电源	降弓状态下,1 车 BCM、ACM、MCM 显红,2 车车间电源、ACM、MCM 显红。 升弓状态下,1 车 BCM、ACM、MCM 显红,2 车车间电源、ACM、MCM 显红,1、2 车高速断路器断开。 (注:以上两种状态下,1 车的 BCM、ACM 均在显红后恢复,又立即显红且在此过程中紧急照明启动后恢复)
6	制动单元电源 1	制动控制单元为 2 车的两个 EPAC 模块,模块内有紧急电磁阀,此自动开关跳闸,EPAC 模块失电,整列车施加紧急制动,HMI 显示紧急制动施加
7	制动单元电源 2	
8	客室广播主机	本车客室内无媒体、广播声音
9	动态地图	本车所有动态地图无显示
10	客室显示器	本车所有 LCD 电视黑屏
11	客室分频器媒体网关	本车所有 LCD 电视无视频、蓝屏
12	紧急照明控制	本车所有紧急照明(1、5、4、8 门上方)、贯通道顶灯均不亮
13	紧急通风逆变器电源	降弓后,本车紧急通风无法启动
14	门控器一路	本车 2、3、6、7 门显示白色下降,开关 2、3、6、7 门均无动作
15	门控器二路	本车 1、4、5、8 门显示白色下降,开关 1、4、5、8 门均无动作

4. M1 车一位端一位侧电气柜故障现象(见表 2.3.5)

表 2.3.5 M1 车一位端一位侧电气柜故障现象

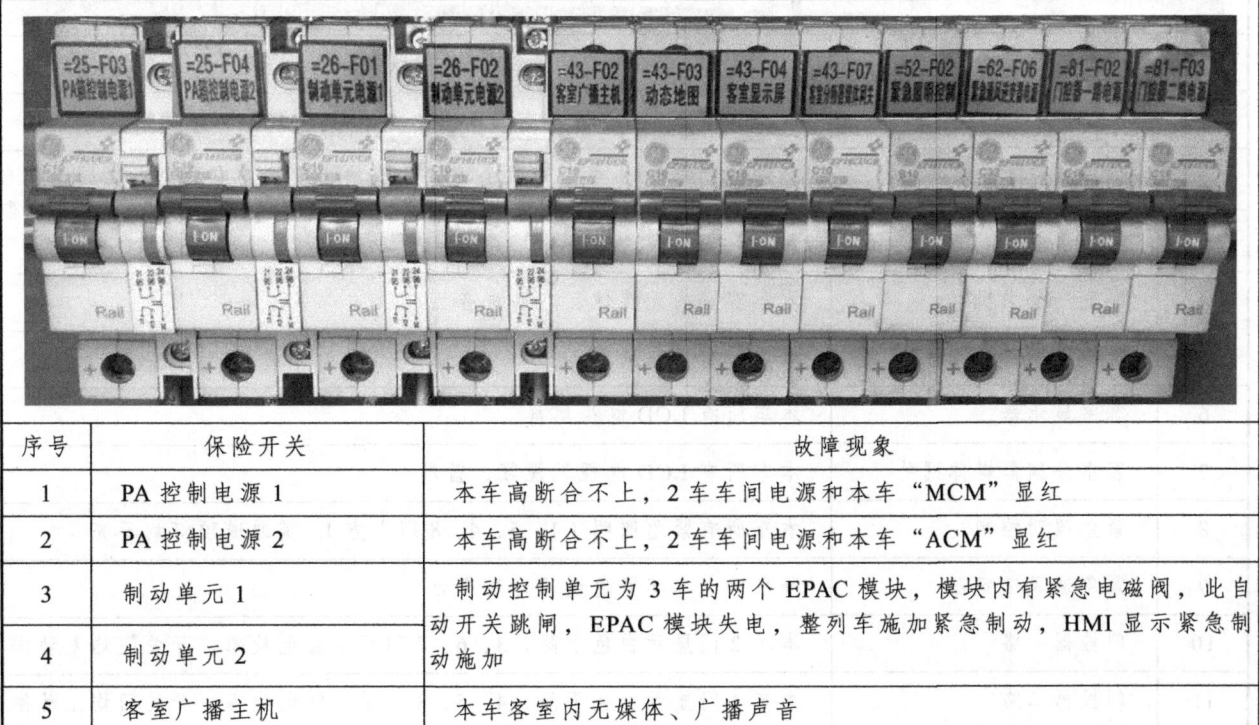

序号	保险开关	故障现象
1	PA 控制电源 1	本车高断合不上,2 车车间电源和本车"MCM"显红
2	PA 控制电源 2	本车高断合不上,2 车车间电源和本车"ACM"显红
3	制动单元 1	制动控制单元为 3 车的两个 EPAC 模块,模块内有紧急电磁阀,此自动开关跳闸,EPAC 模块失电,整列车施加紧急制动,HMI 显示紧急制动施加
4	制动单元 2	
5	客室广播主机	本车客室内无媒体、广播声音

续表

序号	保险开关	故障现象
6	动态地图	本车所有动态地图无显示
7	客室显示器	本车所有LCD电视黑屏
8	客室分频器媒体网关	本车所有LCD电视无视频、蓝屏
9	紧急照明控制	本车所有紧急照明（1、5、4、8门上方）、贯通道顶灯均不亮
10	紧急通风逆变器	降弓后，本车紧急通风无法启动
11	门控器一路	本车2、3、6、7门显示白色下降，2、3、6、7门开关门均无动作
12	门控器二路	本车1、4、5、8门显示白色下降，1、4、5、8门开关门均无动作

5. M2车一位端一位侧电气柜故障现象（见表2.3.6）

表2.3.6　M2车一位端一位侧电气柜故障现象

序号	保险开关	故障现象
1	P箱电源	本车高断合不上，5车车间电源和本车的"MCM"显红
2	制动单元1	制动控制单元为4车的两个EPAC模块，模块内有紧急电磁阀，此自动开关跳闸，EPAC模块失电，整列车施加紧急制动，HMI显示紧急制动施加
3	制动单元2	
4	客室广播主机	本车客室内无媒体、广播声音
5	动态地图	本车所有动态地图无显示
6	客室显示器	本车所有LCD电视黑屏
7	客室分频器媒体网关	本车所有LCD电视无视频、蓝屏
8	紧急照明控制	本车所有紧急照明（1、5、4、8门上方）、贯通道顶灯均不亮
9	紧急通风逆变器	降弓后，本车紧急通风无法启动
10	门控器一路	本车2门显示白色下降，3、6、7门显示红色故障，开关门均无动作
11	门控器二路	本车1门显示白色下降，4、5、8门显示红色故障，开关门均无动作

二、HMI 屏各界面显示含义

HMI 屏界面介绍如图 2.3.10 和表 2.3.7 所示。

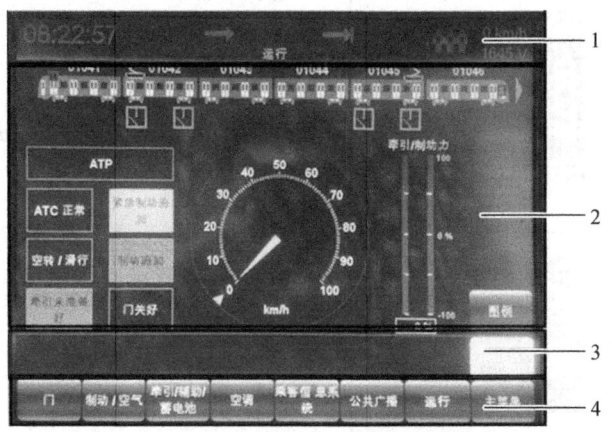

图 2.3.10　HMI 屏显示界面

表 2.3.7　HMI 屏界面介绍

编号	显示内容	显示说明
1	标题区	标题区显示"时间"、"始发站""当前站""终到站"、哈东站——西大桥站——哈南站"载重""当前速度""网压值"
2	车辆信息区	根据菜单区界面不同显示内容不同，具体详见后述内容
3	列车故障信息区	列车故障信息：故障等级为 A 级（红色）——重大故障；B 级（黄色）——一般故障
4	固定菜单区	门、制动/空气、牵引/辅助/蓄电池、空调、乘客信息系统、公共广播、运行、主菜单

1. 固定菜单栏"门"界面

门界面如图 2.3.11 所示，各部分显示说明如表 2.3.8 所示。

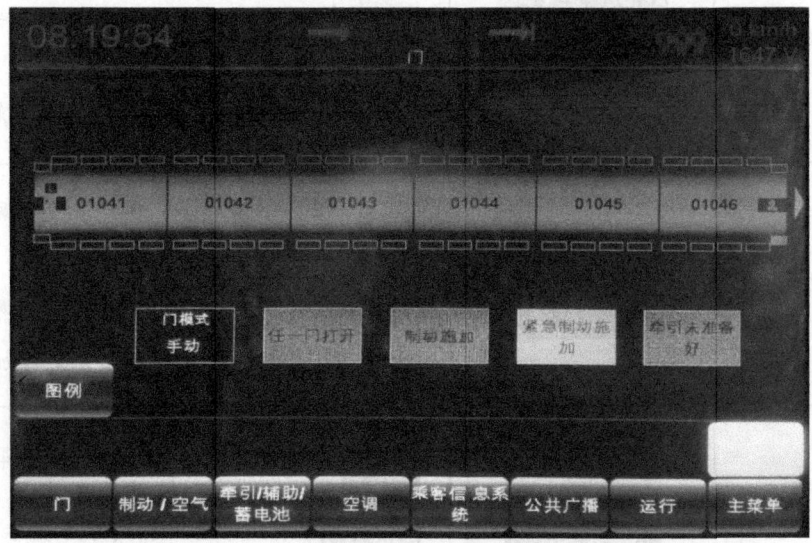

图 2.3.11　门界面

表 2.3.8 门界面各部分显示说明

编号	图例	显示内容	显示说明
1	车门图例	01041	白色：下降； 黄色：切除； 紫色：紧急释放； 红色：故障； 橘黄色：门防挤压&门防挤压停； 蓝色：开； 无色：关闭
2	激活端及运行方向	01046	代表本端司机室激活； 代表列车运行方向
3	PECU 图例	01041	PECU 激活状态下显示位置为每节车 3 或 6 号门。 红色：故障； 黄色：通话； 白色：激活状态
4	门模块	门关好	门旁路：操作门旁路开关后显示此状态； 门关好：所有门关闭并锁紧后显示此状态； 任一门打开：任一门处于打开状态显示此状态
5	制动模块	制动释放	制动施加：任一转向架制动处于施加状态； 制动系统已旁路：操作常用制动旁路开关后显示此状态； 制动释放：整列车制动已缓解显示此状态
6	紧急制动模块	紧急制动关闭	紧急制动旁路：操作安全环路旁路开关后显示此状态； 紧急制动关闭：紧急制动未施加时显示此状态； 紧急制动施加：紧急制动施加时显示此状态
7	牵引模块	牵引就绪	牵引就绪：列车具备牵引条件； 牵引未准备好：列车不具备牵引条件

2. 固定菜单栏"制动/空气"界面

制动/空气界面如图 2.3.12 所示,各部分显示说明如表 2.3.9 所示。

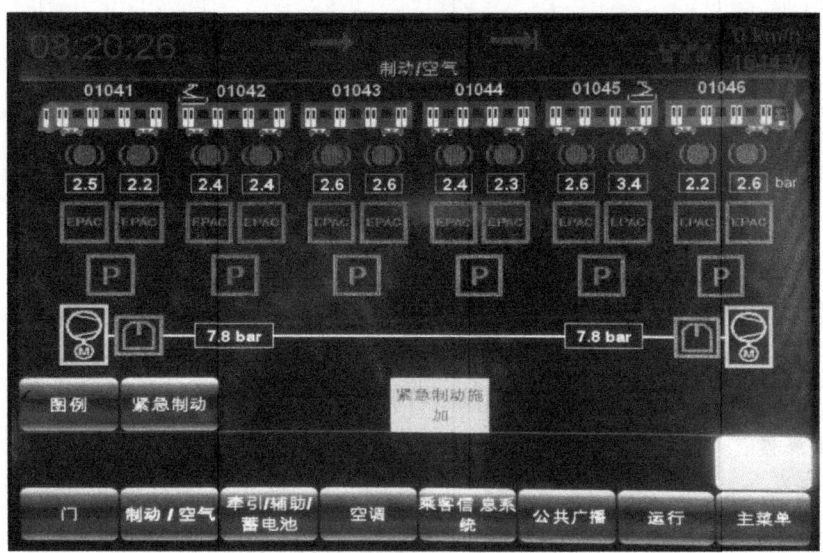

图 2.3.12 制动/空气界面

表 2.3.9 制动/空气界面各部分显示说明

编号	图 例	显示内容	显示说明
1	车辆模块	01042	：受电弓升降状态； 01042：车厢编号； ：激活端及运行方向
2	制动模块	2.5 2.2 2.4 2.4	无色：缓解； 蓝色：施加； 黄色：切除； 红色：故障； 2.5：当前转向架制动缸压力
3	EPAC、停放制动图例	EPAC EPAC P	EPAC 图例： EPAC 蓝色：工作正常； EPAC 红色：故障。 停放制动图例： P 黄色：切除； P 无色：缓解； P 蓝色：施加

续表

编号	图例	显示内容	显示说明
4	空压机、干燥器、主风缸压力	 (图) 7.8 bar	空压机图例：  无色：停止；  蓝色：运行；  红色：故障。 干燥器图例：  蓝色：施加；  红色：故障。 主风缸压力： 7.8 bar：主风缸压力值；  无色：主风缸压力正常；  红色：主风缸压力低；  黄色：操作总风低压旁路
5	紧急制动按钮	 紧急制动	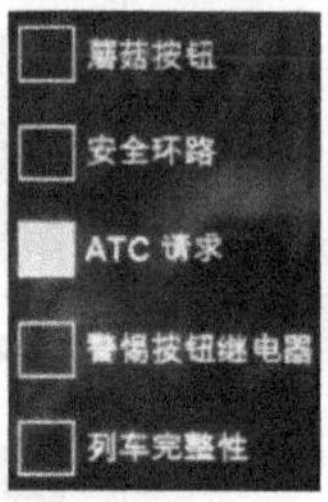 蘑菇按钮 安全环路 ATC 请求 警惕按钮继电器 列车完整性 本界面列出列车产生紧急制动的各种原因
6	紧急制动模块	 紧急制动关闭	 紧急制动旁路：操作安全环路旁路开关后显示此状态；  紧急制动关闭：紧急制动未施加时显示此状态；  紧急制动施加：紧急制动施加时显示此状态

3. 固定菜单栏"牵引/辅助/蓄电池"界面

牵引/辅助/蓄电池界面如图 2.3.13 所示，各部分显示说明如表 2.3.10 所示。

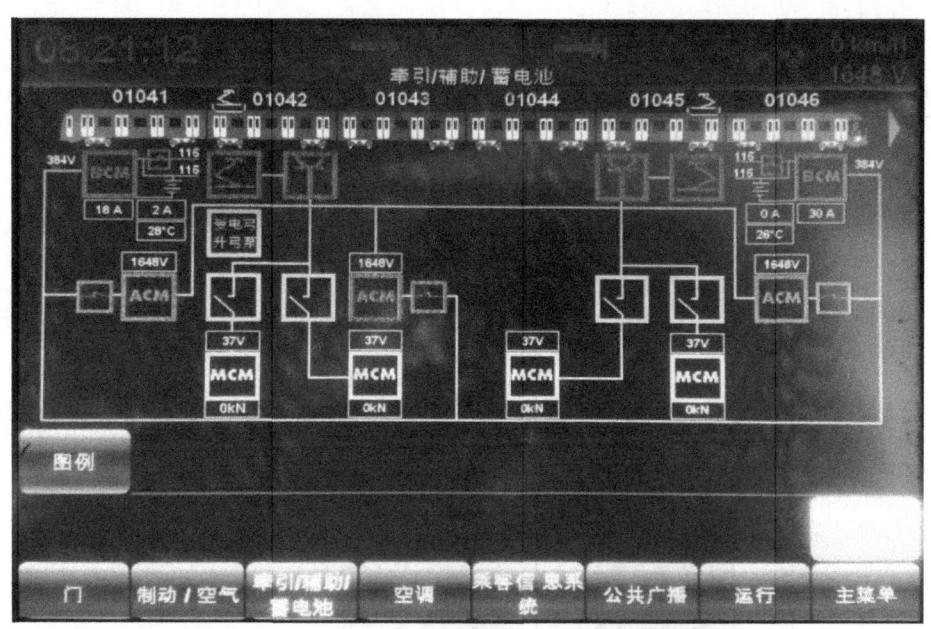

图 2.3.13 牵引/辅助/蓄电池界面

表 2.3.10 牵引/辅助/蓄电池界面各部分显示说明

编号	图 例	显示内容	显示说明
1	车辆模块		：受电弓升降状态； 01042：车厢编号； ：激活端及运行方向
2	BCM		1—电压； 2—蓄电池电压； 3—蓄电池低优先级电压； 4—蓄电池充电机电流； 5—蓄电池电流； 6—蓄电池温度。 BCM 图例： 红色：故障； 蓝色：充电； 无色：不充电

续表

编号	图例	显示内容	显示说明
3	受电弓		受电弓图例： 黄色：升弓压力不足； 红色：故障； 蓝色：受电弓升； 无色：受电弓降
4	ACM		ACM 图例： 黄色：切除； 红色：故障； 蓝色：开； 无色：关
5	MCM		MCM 图例： 蓝：开； 无色：关； 红色：故障； 黄色：切除； 37V：网压值； 0kN：扭矩
6	车间电源		车间电源图例： 蓝色：选择开关在非车间电源位； 黄色：选择开关在车间电源位； 黄色：选择开关在接地位； 红色：故障
7	高速断路器		高速断路器图例： 蓝色：高速断路器合； 无色：高速断路器分
8	受电弓升弓泵图例		受电弓升弓泵图例： 无色：关； 蓝色：开

4. 固定菜单栏"运行"界面

运行界面如图 2.3.14 所示，各部分显示说明如表 2.3.11 所示。

图 2.3.14 运行界面

表 2.3.11 运行界面各部分显示说明

编号	图例	显示内容	显示说明
1	车辆模块		：受电弓升降状态； 01042：车厢编号； ：激活端及运行方向； ：高速断路器分合状态
2	驾驶模式模块	ATP	驾驶模式图例： ATP：ATP 模式； ATO：ATO 模式； TRB：TRB 模式； 慢行：慢行模式； AR：AR 模式； NRM：NRM 模式； RM：RM 模式
3	ATC 状态图标	ATC 正常	ATC 状态图标图例： ATC 正常：ATC 正常； ATC 故障：ATC 故障

编号	图例	显示内容	显示说明
4	空转/滑行模块	空转/滑行	空转/滑行模块图例： 无色：关； 黄色：开
5	紧急制动模块	紧急制动关闭	紧急制动旁路：操作安全环路旁路开关后显示此状态； 紧急制动关闭：紧急制动未施加时显示此状态； 紧急制动施加：紧急制动施加时显示此状态
6	制动模块	制动释放	制动施加：任一转向架制动处于施加状态； 制动系统已旁路：操作常用制动旁路开关后显示此状态； 制动释放：整列车制动已缓解显示此状态
7	牵引模块	牵引就绪	牵引就绪：列车具备牵引条件； 牵引未准备好：列车不具备牵引条件
8	门模块	门关好	门旁路：操作门旁路开关后显示此状态； 门关好：所有门关闭并锁紧后显示此状态； 任一门打开：任一门处于打开状态显示此状态
9	开门侧	开门 左侧 右侧	：左侧开门； ：右侧开门

5. 固定菜单栏"空调"界面

空调界面如图 2.3.15 所示，其各部分显示说明如表 2.3.12 所示。

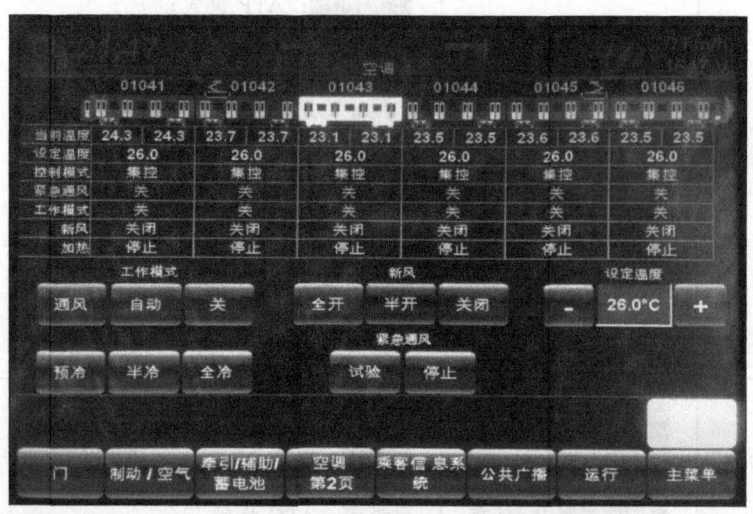

图 2.3.15 空调界面

表 2.3.12 空调界面各部分显示说明

编号	图例	显示内容	显示说明
1	当前温度	当前温度 24.3	当前车内实际温度
2	设定温度	设定温度 26.0	设定温度 26.0℃ 点击"+/-"调节设定温度
3	控制模式	控制模式 集控	
4	紧急通风	紧急通风 关	紧急通风 试验 停止 点击"试验"按钮，上方菜单栏显示紧急通风"开"； 点击"停止"按钮，上方菜单栏显示紧急通风"关"
5	工作模式	工作模式 关	工作模式 通风 自动 关 预冷 半冷 全冷 点击按钮切换到相应工作模式
6	新风	新风 关闭	新风 全开 半开 关闭 点击按钮切换到相应工作模式
7	加热	加热 停止	操作司机室设备柜"客室电热转换开关"打至"半暖""全暖"位，HMI 空调界面菜单栏有相应显示

6. 固定菜单栏"主菜单"界面（见图 2.3.16）

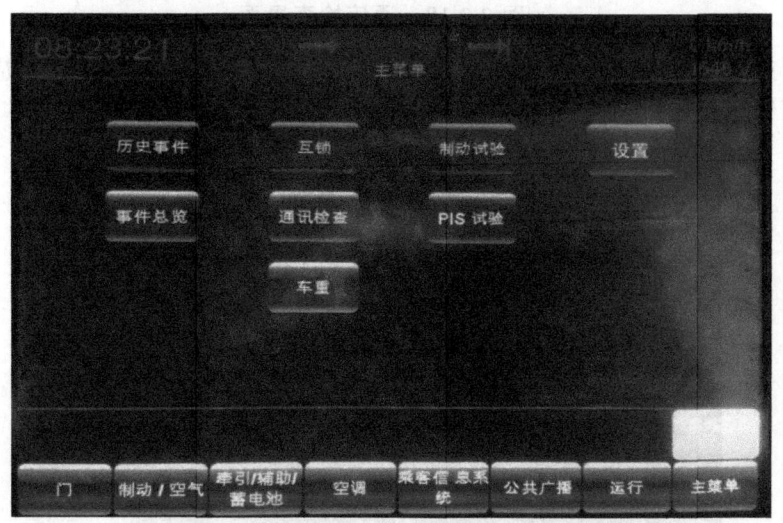

图 2.3.16 主菜单界面

（1）点击历史事件模块进入如图 2.3.17 所示的界面。

图 2.3.17 历史事件界面

历史事件如图 2.3.17 所示，出现的故障信息在历史事件中显示，最大可显示 10 行，上拉或下拉屏幕可查看更多信息。

（2）点击"通信检查"模块进入如图 2.3.18 所示的界面。

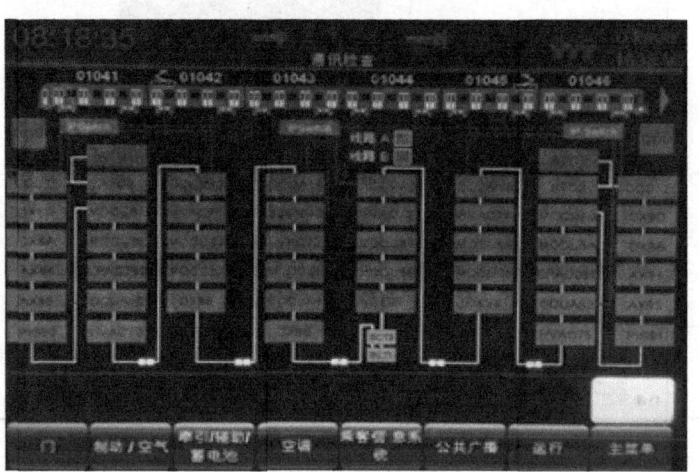

图 2.3.18 通信检查界面

通信检查界面如图 2.3.18 所示，工况正常时相应模块显示蓝色，故障时相应模块显示红色。

（3）点击"互锁"模块进入如图 2.3.19 所示的界面。

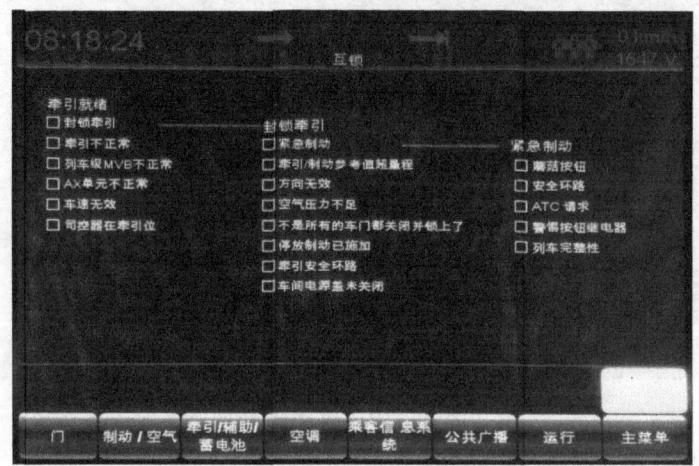

图 2.3.19 互锁界面

互锁界面如图 2.3.19 所示。"牵引就绪"表示准备牵引需要符合下述条件;"封锁牵引"表示不需要牵引封锁的条件;"紧急制动"表示不需要紧急制动的条件。相应条件不满足时模块显示红色。

(4)点击"制动试验"模块进入如图 2.3.20 所示的界面。

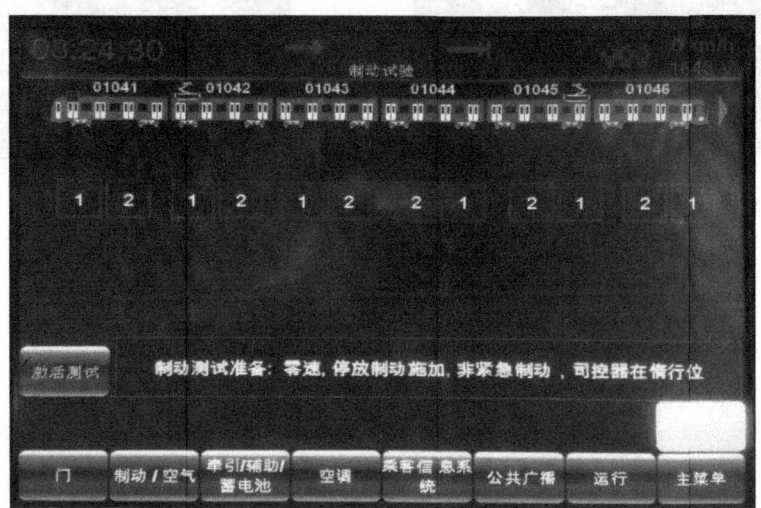

图 2.3.20 制动试验界面

制动试验界面如图 2.3.20 所示,满足制动自检的 4 个条件后,激活测试模块点亮,此时可以进行制动自检。制动自检完成后整列车"1""2"模块显示蓝色,并且显示"制动自检已完成"。

(5)点击"设置"模块进入如图 2.3.21 所示的界面。

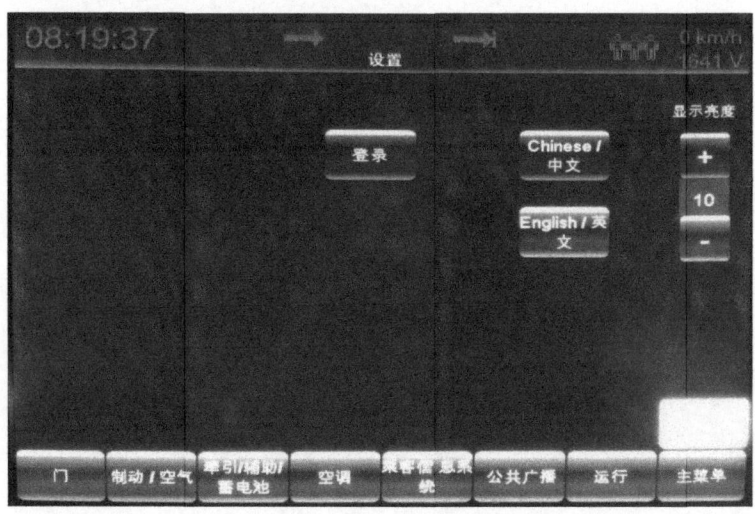

图 2.3.21 主菜单"设置"界面

主菜单设置界面如图 2.3.21 所示。HMI 主复位流程如图 2.3.22 所示。

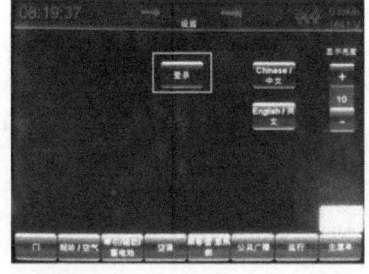
第一步:点击登录模块

第二步:输入密码

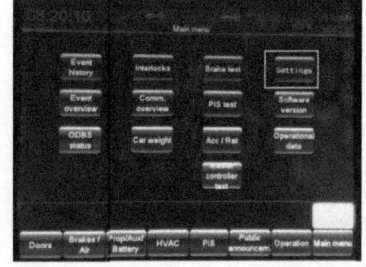
第三步:输入密码后 HMI 各界面显示英文

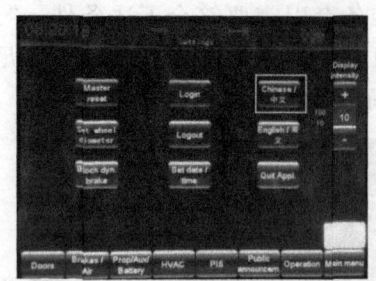 

第四步：点击第三步中"Settings"模块后，　　第五步：点击"主复位"模块对
　　　　点击"中文"切换到中文模式　　　　　　　　　　　HMI 进行主复位

图 2.3.22　HMI 主复位流程

模块四　高压设备

任务书

（1）掌握受电弓在列车配置中的位置。
（2）掌握受电弓的各种原理。
（3）掌握手动降下受电弓的时机及方法。

一、受电弓

全列车配置两个受电弓，受电弓分别布置于第 2 车（Mp1 车二位端）、第 5 车（Mp2 车二位端）车顶。1 500 V 的供电电源是通过受电弓从架空电网上得到的。避雷器安装在每个受电弓上，防止设备有过压的危险。每个 Mp 车安装一个受电弓及避雷器。1 500 V 高压通过受电弓从接触网上获得，并使用 120 mm^2 电缆通过 Mp 车二位端端墙到达车下。

1. 升弓

操作者按下升弓按钮后，压缩空气经车内受电弓供风单元、受电弓控制单元、ADD 电气控制箱进入空气弹簧，空气弹簧膨胀推动钢丝绳带动下臂杆运动，下臂杆在拉杆的协助下托起上臂杆及弓头，弓头在平衡杆的作用下，在工作高度范围内始终保持水平状态，并按规定的时间平稳地升至网线高度，完成整个升弓过程。整个升弓过程受电弓的运动平稳，不对架空的接触网线产生有害的冲击。

2. 降弓

操作者按下降弓按钮，控制单元释放空气弹簧中的压缩空气，受电弓在重力作用和阻尼器的辅助作用下平稳地落到底架上的橡胶止挡上，完成整个降弓动作。整个降弓过程在规定的时间内完成，并且受电弓的运动平稳，对底架和车顶无有害冲击。

3. 技术参数

集电容量：
额定电压：DC 1 500 V；
网线电压变化范围：DC 1 000 ~ 1 800 V；
额定电流：1 050 A；
最大短时电流（70 s 占空因数中为 5 s）：2 400 A；

最大停车电流（网压 DC 1 000 V 和单弓受电）：400 A；
最大启动电流（30 s）：1 500 A。

二、受电弓电气控制方案

受电弓控制可划分为正常升降弓控制、应急升弓控制、应急降弓控制及 ADD 自动降弓。

1. 正常升降弓控制

（1）控制。

受电弓控制采用硬线方式，设置升弓和降弓列车指令线，分别在两端司机室内设置升弓和降弓按钮，仅在激活端司机室操作升弓按钮实现升弓控制，在两端司机室操作降弓按钮均能实现降弓控制并可通过 TCMS 控制实现单弓隔离。

（2）互锁。

升弓和降弓按钮之间采用电气互锁控制。

受电弓高压电路设置隔离开关，能实现接触网、车间电源和接地位联锁功能。高压隔离开关在车间电源位时，升弓按钮失去作用。

司机拍下"蘑菇"按钮（紧急制动按钮）时，受电弓落下。

站前折返模式下通过换端保持开关使得列车受电弓保持在升弓状态。

每台受电弓在本车设置截断塞门，在车顶同样设置手动阀，双重保险以保证检修工作人员安全。

（3）隔离。

在 Mp 车电气柜内设置截断塞门，在车顶同样设置手动阀，提供受电弓单台隔离功能。

诊断信息：受电弓升弓和降弓状态能够在司机室显示屏上显示。

2. 应急升弓控制

车辆风源系统中的总风压力不足时，受电弓无法正常升起，这时需要采用应急升弓方式。应急升弓方式有两种：

① 电动泵应急升弓方式，通过 DC 110 V 电动泵泵风升弓。

② 人工应急升弓方式，通过脚踏泵升弓。

应急升弓时，首先采用电动泵应急升弓方式，人工应急升弓方式（脚踏泵升弓装置）作为电动泵应急升弓方式的后备。

（1）电动泵应急升弓方式。

电动泵应急升弓方式是采用蓄电池为电动泵供电，由 DC 110 V 电动泵泵风来实现受电弓的应急升弓功能。

电动泵须工作在蓄电池正常的工况下，使用该装置时应首先确认车辆蓄电池能够为电动泵提供额定电压，电动泵升弓装置通过单向阀和受电弓升弓气路连接。

（2）人工应急升弓方式（脚踏泵升弓装置）。

人工应急升弓方式作为电动泵应急升弓方式的后备。

采用人工升弓方式，应注意观察该升弓泵上压力表的数值，当压力值达到该设定值时才能停止泵风，以保证弓网压力正常，受流稳定。

采用人工应急升弓方式有如下两种工况：

① 蓄电池输出电压低于某一数值（具体值在使用手册中给出）时。

② 蓄电池输出电压正常，电动泵均故障时。

3. 手动降弓方式

QG-120（B-HEBL1）型受电弓控制系统具有手动脱离接触网的功能，当受电弓元器件、控制元器件故障导致电控失效，或是受电弓集控失效时对单一故障受电弓进行手动降弓。

在气路中设置截断塞门及手动阀，分别设置在控制柜和受电弓上，截断塞门和手动阀同样具有手动恢复功能。

正常工况下，截断塞门及手动阀处于风源与受电弓气路之间并处于导通状态，手动关闭截断塞门，风源与受电弓气路之间处于关闭状态，然后手动操作电磁阀，使受电弓气路与外界处于导通状态，受电弓气囊内的风压经过电磁阀泄压，受电弓被强制降弓，以保证实现故障时受电弓手动脱离接触网的功能。

受电弓上的手动阀可以方便司机和检修工作人员在车内迅速识别隔离故障受电弓，但需手动恢复。

4. ADD 自动降弓系统

ADD 自动降弓系统主要由 ADD 系统小控制箱、系统用管路和可充气的碳滑条组成。压缩空气经过小控制箱通过安装在底架、下臂杆和上臂杆中的管路将压缩空气冲入弓头碳滑条中。当弓头碳滑条遇到节点损坏或碳滑条磨耗到限时，ADD 自动降弓系统开始工作，受电弓自动降弓，可以有效地保护架空接触网线和受电弓。

三、开关元件

1. 受电弓气路驱动原理

受电弓气路驱动原理如图 2.4.1 所示。

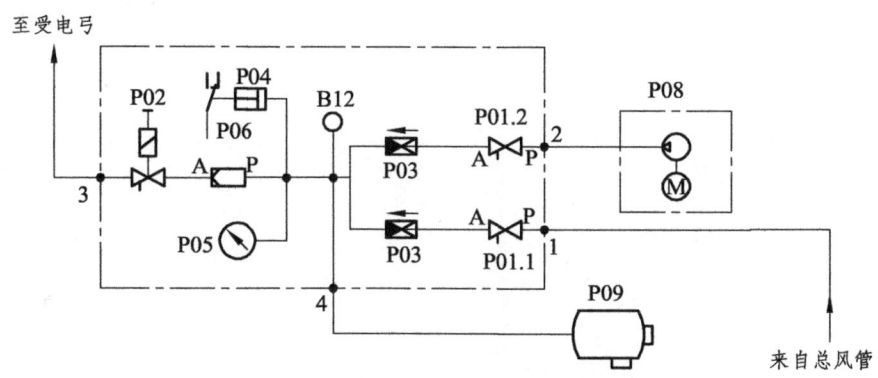

图 2.4.1　受电弓的气路原理图

（1）正常升弓时：

来自总风管的风源经过截断塞门（P01.1）、单向阀（P03）进入储风缸。

（2）采用电动泵或脚踏泵（P08）应急升弓时：

电动泵或脚踏泵产生的风源（见图 2.4.1）经过截断塞门（P01.2）、单向阀（P03）进入储风缸，储风缸对气压有缓冲作用，再经过过滤器（P06），最后通过电磁阀（P02）给受电弓供风。电动泵的气源进入升弓气路前经过一个单向阀（P03），保证电动泵产生的风不会逆流到制动管路中产生泄漏，总风管的气源进入升弓气路前也同样经过一个单向阀（P03），保证总风管的风不会逆流到电动泵或脚踏泵产生泄漏。

2. ADD 系统电路图

ADD 系统电路图如图 2.4.2 所示。

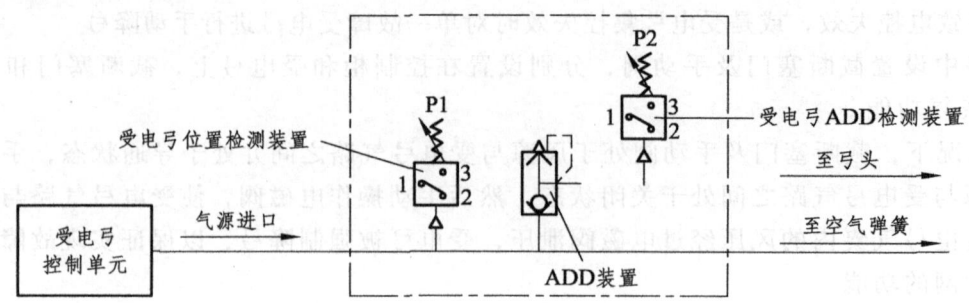

图 2.4.2 ADD 系统电路图

模块五　转向架

任务书

（1）了解转向架各部分的组成及应用。
（2）掌握各种弹簧的结构。
（3）熟知排障器及天线安装梁的尺寸。

一、概　述

CW2100（D）型转向架是适用于 80 km/h 速度等级的无摇枕焊接结构转向架。一系悬挂为橡胶弹簧，二系悬挂为无摇枕空气弹簧，动车和拖车均采用单侧踏面制动，驱动装置采用单级减速的齿轮箱和齿式联轴节，中央牵引装置采用"Z"形拉杆结构。该转向架经过几次设计改进及结构优化，具有较好的运行性能、最低的振动噪声和较少的维修量。

二、总体结构

哈尔滨地铁 1 号线转向架共分为 3 种，其中动车转向架 1 种，拖车转向架 2 种。转向架由构架组成、轮对轴箱定位装置、二系悬挂装置、牵引装置、基础制动装置、驱动装置、天线梁等部件组成。

（一）转向架主要特性

（1）轻量化设计。
① 由于没有摇枕，质量降低。
② 转向架横梁使用无缝钢管，兼作空气弹簧附加空气室，因而质量降低。
③ 由于一系悬挂使用圆锥形橡胶弹簧，质量降低。
（2）采用低横向刚度的空气弹簧。
（3）采用横向刚度小的空气弹簧来改善车辆的乘坐舒适性。
（4）采用低横向刚度的轴箱橡胶弹簧。
（5）由于采用了低横向刚度的轴箱橡胶弹簧，减轻了车辆通过曲线时的横向力，从而提高了车辆在曲线上的运行性能。
（6）采用无摇枕车体支承方式和橡胶弹簧式轴箱定位。

这些措施取消了摇枕及摩擦部位，简化了转向架结构并减少了零部件数量，有利于简化维修并降低维修费用。

（二）转向架主要参数

最大试验速度：90 km/h；
最大运行速度：80 km/h；
转向架轴距：2 200 mm；
车轮直径：ϕ840 mm（新轮）/ϕ770 mm（磨耗到限）；
轮对内侧距：（1 353±2）mm；
轴重：14 t；
一系悬挂：圆锥橡胶弹簧；
二系悬挂：空气弹簧；
制动：踏面制动；
轴箱轴承：ϕ120 mm×ϕ215 mm×146 mm 圆柱轴承单元；
轴颈间距：1 930 mm。

三、部件说明

（一）转向架构架

转向架构架属于 U 形构架，采用钢板焊接结构的箱形侧梁以及与侧梁相贯通的无缝钢管横梁。

侧梁采用"四块板"焊接结构，而没有采用原来的"轧型"结构，避免由于"轧型"引起钢板裂纹等问题。侧梁的下部焊接有托板组成，用于安装制动缸。

横梁为无缝钢管结构，由两个箱形纵梁连接成横梁框架。构架横梁上对角焊接有电机吊座、齿轮箱吊座和牵引拉杆座，分别用于安装牵引电机、齿轮箱吊杆和牵引拉杆。箱形纵梁的内侧用于安装横向挡。

（二）二系悬挂装置和牵引装置

无摇枕转向架的一个主要特点就是二系悬挂和牵引装置的结构。其主要部件及功能如下：

（1）通过空气弹簧、横向减振器和横向挡，缓和车体的垂向和横向振动。
（2）通过中心销、牵引梁、牵引拉杆，使牵引力和制动力得以传递。
（3）车体高度由高度调整阀控制，在对车轮踏面进行镟修加工后，需要通过在空气弹簧下加调整垫来调整车体高度。

1. 二系悬挂装置

二系悬挂装置主要包括空气弹簧、高度调整阀、水平杠杆、调整杆、差压阀、抗侧滚扭杆等。各零部件及其功能如图 2.5.1 所示。

（1）空气弹簧。

选择低横向刚度的空气弹簧，是为了改善乘坐舒适性和通过曲线的性能，以及缓和车体的垂向和横向振动。

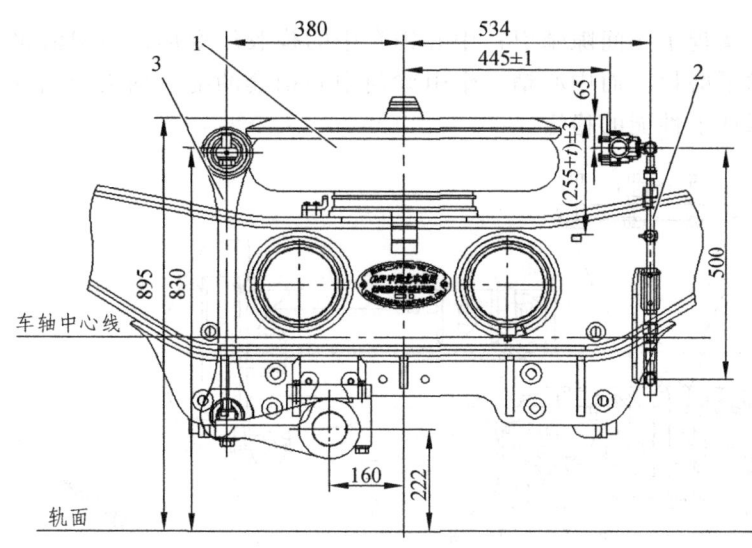

图 2.5.1 二系悬挂装置

1—空气弹簧；2—高度调整装置；3—抗侧滚扭杆

（2）高度调整阀及水平杠杆、调整杆。

每个空气弹簧对应安装一套高度调整装置，如图 2.5.2 所示，用于自动调节空气弹簧的充气、排气。高度调整装置主要包括高度阀、高度阀调整杆、水平杠杆和安全吊链等。

高度调整装置用来检测车体与转向架之间由于乘客负载变化而引起的高度变化，并针对高度变化情况对空气弹簧进行充、放气，进而保证车辆处于恒定的平衡高度。高度阀安装在车体上，高度阀调整杆下端安装在构架上，上端与水平杠杆的一端相连，水平杠杆的另一端穿过高度阀的转轴。这样，车体与转向架之间的高度变化就转化为水平杠杆的角度变化，完成了高度阀的打开或关闭。高度阀调整杆的两端使用球形关节轴承，能满足车体与转向架间相对位移的要求。高度阀不感带为 ±5 mm。

高度调整装置不能用于补偿车轮和转向架等零件的磨损。

为了保证车辆的运行安全，在两个空气弹簧的附加气室之间安装差压阀。当两空气弹簧内部的压差达到限度值（100±13）kPa 时，差压阀就会发生动作，将两个附加气室导通。这样就能避免某一个高度阀故障而过充或任意一个空气弹簧爆破而导致的车辆过度倾斜，保证车辆安全运行。

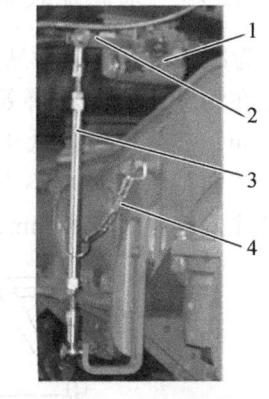

图 2.5.2 高度调整装置

1—高度阀；2—水平杠杆；
3—高度阀调整杆；
4—安全吊链

（3）差压阀。

差压阀相当于二系悬挂系统的安全阀。当一个空气弹簧失压时，根据差压阀的特性，两空气弹簧内部的压差达到限度时，就会发生动作，将两个附加空气室导通，使对面的空气弹簧也随即卸压，保证车辆的行车安全。

2. 牵引装置

每个转向架设一套中央牵引装置，如图 2.5.3 所示，采用传统的"Z"形拉杆结构，主要由中心销、牵引梁、横向挡、横向减振器、中心销套和两个牵引拉杆组成。

中心销的上端通过定位脐和 8 个螺栓固定在车体的枕梁中心，下端插入牵引梁内，通过中心销套将中心销与牵引梁固定在一起，牵引梁和构架之间通过两个呈"Z"形布置的牵引拉杆连接；中心销套为橡胶金属件，内、外层均为金属件，中间层为橡胶件，这种结构消除了中心销、中心销套、牵引梁之间的间隙,实现了无间隙牵引;中心销套中的橡胶层变形还可以满足车体和转向架之间的相对转动,从而消除了磨耗。而中心销、牵引梁与中心销套的配合均为金属件之间的配合,消除了橡胶蠕变的影响,保证了性能的稳定。

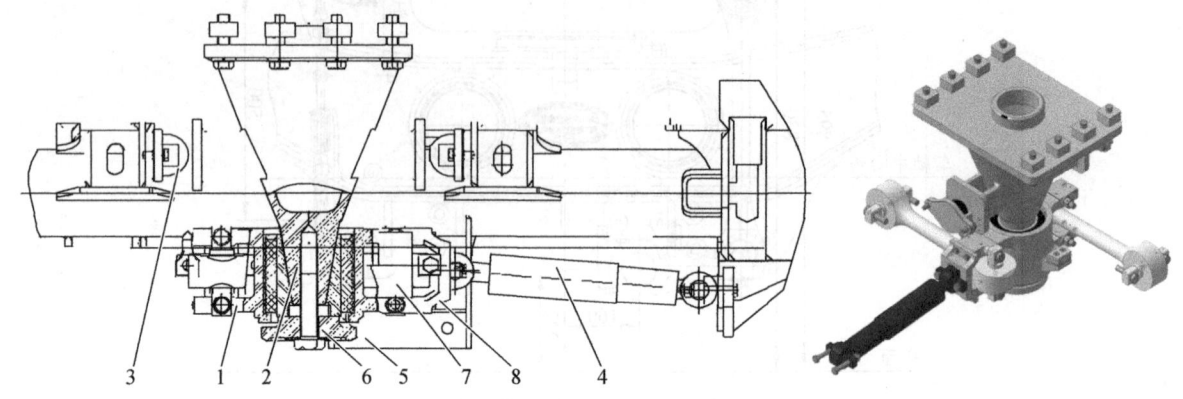

图 2.5.3 牵引装置

1—牵引梁组成;2—中心销;3—横向挡组成;4—横向减振器;
5—中心销套;6—下盖;7—牵引拉杆;8—减振器座

(三)一系悬挂装置

为减轻质量,一系悬挂装置采用圆锥叠层橡胶弹簧,如图 2.5.4 所示。两个螺栓将轴箱弹簧上端固定在构架上的一系弹簧座上。轴箱的顶部和转向架构架的止挡之间的距离正常应保持在(115 ± 5)mm,如果此数值低于 110 mm,必须用调整垫进行调整。动、拖车转向架使用相同的轴箱弹簧。同一转向架尺寸差应不大于 2 mm,在保证轮重分配的前提下,联轴节调整完毕后同一转向架上的该尺寸差应不大于 4 mm,调整垫总的插入厚度不应超过 10 mm。

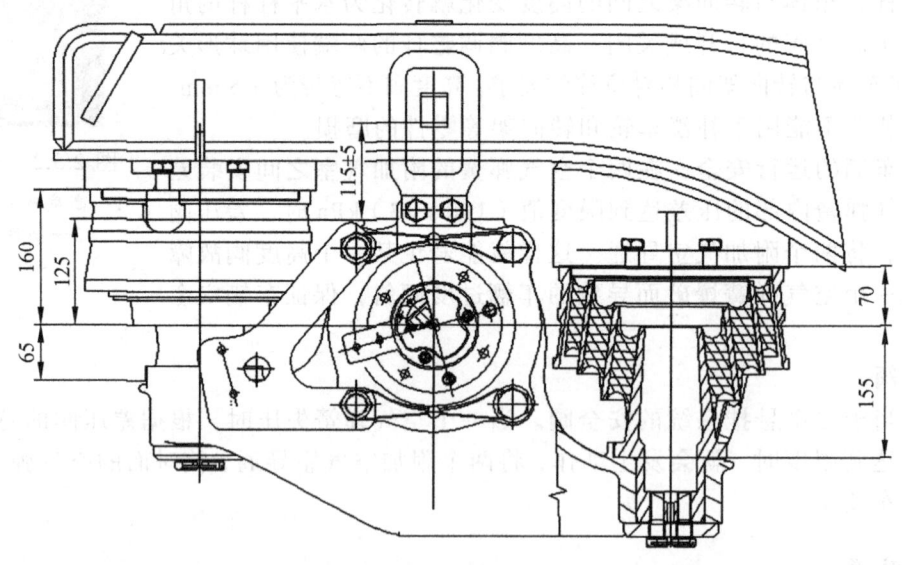

图 2.5.4 一系悬挂装置

轮对:车轮和车轴为过盈压装配合形式,轮对组装满足相关标准要求。

车轮直径为 $\phi 840$ mm,公差为(+2,+6),其主要目的是为了保证车轮具有 70 mm 的镟修量,保证车轮的使用寿命。车轮加装有降噪阻尼环,能有效地降低车辆通过曲线时,轮轨间由于侧滑、挤压、摩擦而产生的高频噪声。

车轴轴颈间距为 1 930 mm，轴颈直径为 120 mm，传动齿轮热装在动车车轴上。

（四）基础制动装置

基础制动装置采用单侧踏面单元制动缸的制动方式，如图 2.5.5、图 2.5.6 所示。

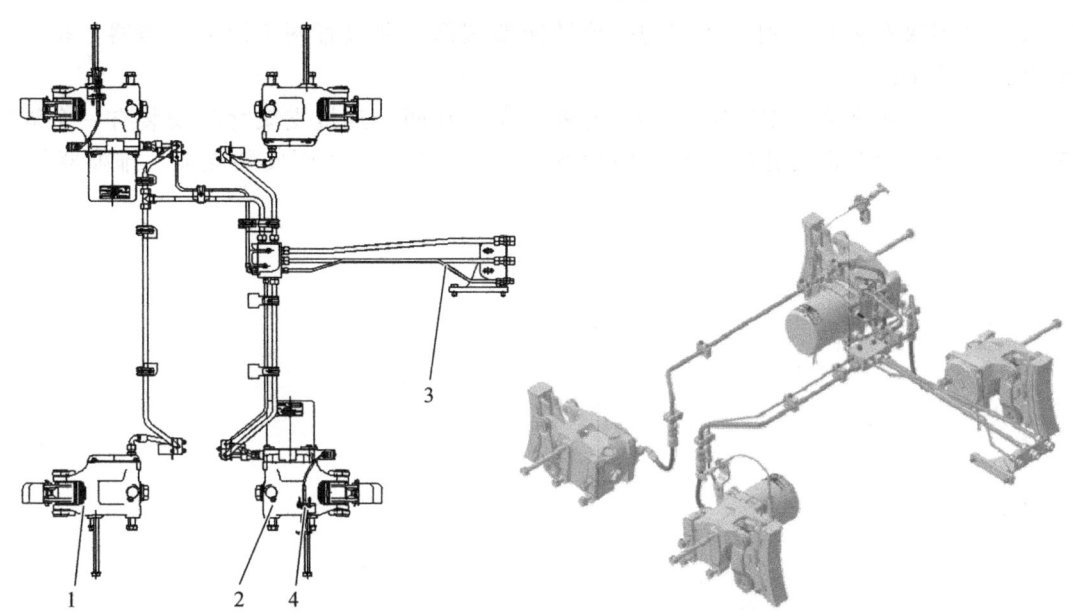

图 2.5.5　动车基础制动装置

1—单元制动缸；2—带停放的单元制动缸；3—制动配管；4—手动缓解闸线

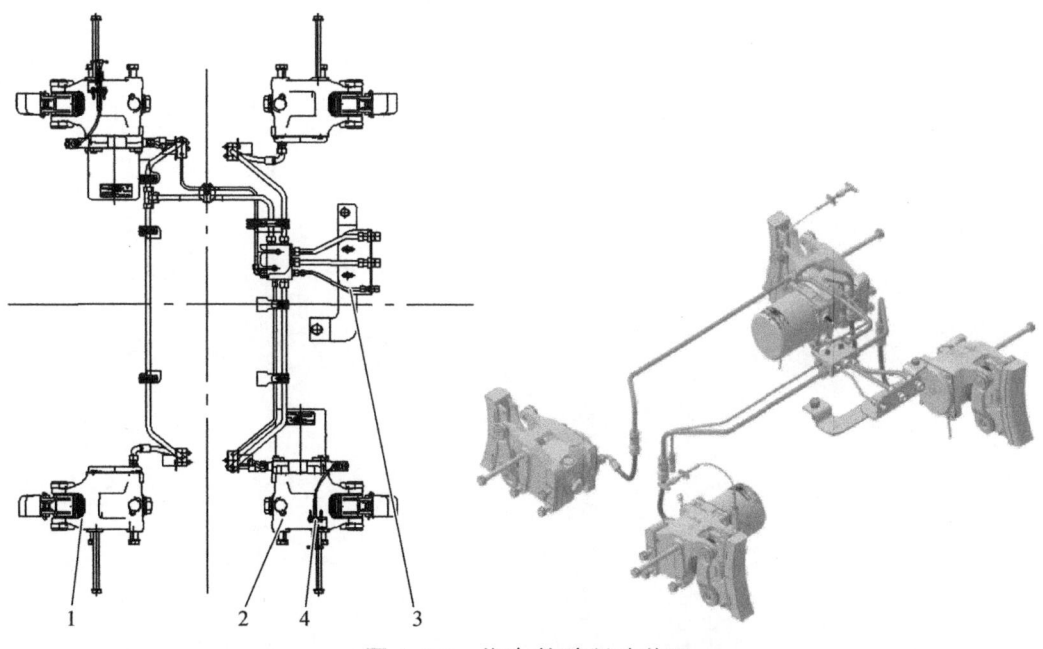

图 2.5.6　拖车基础制动装置

1—单元制动缸；2—带停放的单元制动缸；3—制动配管；4—手动缓解闸线

动、拖车每台转向架有 4 个踏面单元制动缸，分为两个具有停放功能的踏面单元制动缸和两个不具有停放功能的踏面单元制动缸，使用高耐磨合成闸瓦。

踏面单元制动缸能对车轮和闸瓦的磨耗间隙进行自动补偿，同时还设有手动复原装置，通过手动复原装置也可以调整车轮及闸瓦间的间隙。

具有停放功能的单元制动缸还配有手动缓解闸线，手动缓解闸线的把手安装在侧梁上部，可以在必要时很方便地手动缓解停放制动。制动配管采用无螺纹结构，密封性能好。

（五）排障器及天线安装梁

ATP 天线梁组成安装在每列车头车的一位转向架端部，并设置两个简易排障器，排障器下端距轨面的距离为 75^{+10}_{0} mm。

Tc 车的一位端转向架的端部安装有两个连接支架，在两个连接支架之间安装有一个管梁式的端梁，在端梁上分布有两个简易排障器安装座和两个 ATP（ATO）线圈安装支架，排障器位于 ATP 天线前面。

模块六 车门系统

任务书

（1）掌握城轨车辆门控系统的基本功能。
（2）掌握列车车门紧急解锁装置的构造、使用时机及方法。
（3）掌握车门故障隔离功能及门隔离操作方法。

一、客室车门系统

1. 车门系统的基本功能

车门系统具有如下基本功能：开/关门功能、再开闭功能、车门二次缓冲功能、障碍物探测重开门功能、车门切除功能、车门内/外紧急解锁功能、车门旁路功能、故障指示及诊断功能、零速保护功能。

此外，车门还具有关门联锁功能和关门到位检测功能，以保证列车的运行安全性。

2. 安全性

当车辆速度大于 5 km/h 时，视为车辆运行状态，如果车门是开启状态，车门将自动关闭，关好的车门保持关闭状态，车门完全关好并锁闭后，门控器不再响应开门信号。

为了保证电控开门操作的安全性，正常电控开门的执行必须处于零速信号有效状态（< 5 km/h）。

3. 电控开门

只有在车辆处于静止状态下（车速 < 5 km/h 时），有门允许信号、隔离锁未锁闭、无紧急解锁时才可以进行电控开门操作。

4. 通过信号系统开门

当 ATP 切除开关在"0"位、车门模式开关在手动开/手动关位时，信号系统通过采集司机室的开门按钮信号，发出对应侧的开门信号；且同时门控器收到车门使能和零速信号时，列车车门打开。

当 ATP 切除开关在"0"位、车门模式开关在自动开/手动关或自动开/自动关位时，信号系统直接发出开门信号；且同时门控器收到车门使能和零速信号时，列车车门打开。

5. 通过紧急解锁开门

当门控器收到零速信号，操作紧急解锁开关，车门可以打开。

6. 电控关门

只有在车辆处于静止状态下（车速 < 5 km/h 时），有门允许信号、隔离锁未锁闭、无紧急解锁时才可以进行电控关门操作。门控器接收到关门指令后，橙色指示灯开始闪烁，直至门完全关闭灯灭。

7. 通过信号系统关门

在激活端司机室，当 ATP 切除开关在切除位、车门模式开关在手动开/手动关位时，司机可通过司机室的关门按钮直接发出关门指令，列车车门关闭。

8. 通过信号系统关门

当 ATP 切除开关在"0"位、车门模式开关在手动开/手动关或自动开/手动关位时，信号系统通过采集司机室的关门按钮信号，发出对应侧的关门信号，列车车门关闭。

当 ATP 切除开关在"0"位、车门模式开关在自动开/自动关位时，信号系统直接发出关门信号，列车车门关闭。

9. 障碍物探测功能

如果关门时碰到障碍物（门防挤压功能最小障碍物检测尺寸为 25 mm × 60 mm），车门须打开，再重新关闭。如果障碍物仍然存在，则这一循环将再循环一次，如此可循环 3 次，3 次后车门应保持打开。若想关闭车门，司机须再次操作关门开关。门循环开关时应伴有提示铃声。

在发出关门指令后，若发现门关好信号没有给出，可通过再开闭按钮发出再开闭指令，使没有关到位的车门重新关闭。此时若遇到障碍物，则激活关门障碍检测功能。关到位的车门不动作。

10. 内侧车门指示灯

在每个客室侧门的上方均设有一个橙色的 LED 指示灯，当指示灯亮时，表示该门开启；当指示灯闪烁时，表示门控器已收到关门指令，但车门还未关闭；车门全部关好后橙色指示灯灭；在连续 3 次（可调）关门过程中均检测到障碍物，指示灯持续亮，直到开门或关门指令重新将门启动。

11. 内侧车门切除指示灯

在每个客室侧门内侧上方均设有红色指示灯，当车门切除后，该灯亮。

12. 紧急解锁功能

只要隔离锁未锁上，操作紧急解锁可实现机械手动开门操作。当有零速信号（车速 ≤ 5 km/h）时，电机断电，门可自由开启，此时手动开门力为车门的机械阻力；当没有零速信号（车速 ≥ 5 km/h）时，电机应保持一定的维持电流，此时需要克服电机的阻力（阻力 > 200 N），才能实现手动开门，此时开门力 = 电机闭锁力 + 断电时的开门力。

13. 紧急解锁装置

门的紧急打开：在紧急情况下需要从客室内打开车门时，乘务人员可以通过钥匙操作内部紧急解锁装置，在每辆车内中间的 4 个门的右侧（面对客室门）布置内部紧急解锁装置；乘客可以击碎玻璃罩板，通过旋转解锁手柄打开车门。操作该装置后，能实现以下功能：

（1）当车辆处于零速状态（车速 ≤ 5 km/h）时，无论车门系统工作是否正常（车门系统隔离状态除外），紧急操作时可以通过钢丝绳实现车门的机械解锁并手动开门，手动开门最大作用力为 150 N；当车辆车速大于 5 km/h 时（非零速状态下），紧急解锁装置被操作后，电机将执行力量恒定的关门操作，确保能在 3 min 内保持车门不会被打开，直到列车停止运动。操作解锁扳手所需的最大转矩不超过 15 N·m。

（2）紧急操作后，紧急解锁信号可以传给列车监视系统，并能使列车司机控制屏上显示哪个门的解锁装置被启动。

（3）车门系统上蜂鸣器鸣叫报警。

（4）内部紧急解锁装置操作后将被定位在操作状态，并可以手动复位。根据给定的信号，内部紧急解锁装置的复位操作将激活门的正常操作。

（5）如果此门处于隔离状态，则无法进行紧急解锁操作。

另外，当乘务人员可以在适合地点通过外部紧急解锁从车外进入车内时，每辆车的每侧中间布置一套外部紧急解锁装置。

每辆车的每侧车门中设有 2 个紧急解锁装置。操作紧急解锁装置后，会断开车门关好环路。如果操作了紧急解锁装置，必须在列车重新启动之前将该装置复位，否则车辆不能牵引。

车门紧急解锁和 CCTV 联锁，此功能通过网络实现。

14. 隔离功能

门隔离操作：当门出现故障或者需要对车门进行隔离时，将车门手动关到位，再通过乘务员钥匙操作隔离装置，隔离开关将被触发。隔离开关的信号发给门控器，门控器会隔离此门的开关功能，保留通信功能和故障诊断功能，并通过车门切除指示灯提示。

隔离的车门被机械锁住，无法通过操作紧急解锁装置打开。

当该车门不投入运行或车门出现故障而不能及时修理时，可锁闭隔离锁。当隔离锁锁闭后，隔离锁将车门机械锁闭，同时隔离开关触发，将隔离信号传至门控器，门控器自动切断该车门的控制回路，同时隔离开关输出 DC 110 V，点亮隔离指示灯，并向车辆计算机报告该车门退出服务，保证车辆的正常运行工作。

15. 安全回路

如果有一个车门不能正常工作，这时就可以通过隔离锁来把单门安全回路接通。

16. 指示灯

开关门指示灯（黄色）：在每个客室侧门的上方均设有一个橙色的 LED 指示灯，当指示灯亮时，表示该门开启，当指示灯闪烁时，表示已发出关门指令，相关的车门尚未关上或尚未锁住。该指示灯由门控器控制输出。

隔离锁指示灯（红色）：在每个客室侧门内侧上方均设有红色显示灯，该灯亮表示相关车门已切除，不能操作。该指示灯由隔离开关控制。

17. 故障隔离功能

当该门被隔离后，处于客室内部罩板上的隔离指示灯（红色）亮起，对乘客起到指示作用。

当车门系统被隔离时，紧急解锁不能将其打开。

二、司机室车门系统

司机室内司机台上设单独的司机开门、关门按钮，用于电动开、关门。

司机室内设有内紧急解锁，用于无电情况下的拉动钢丝绳解锁，手动开、关门。

司机室外侧门板上设电钥匙开关，用于电动开、关门。

司机室外侧靠近客室车门的侧墙上设外部解锁装置，在电动开、关门故障时，便于手动开、关门。

采用方形钥匙旋转90°通过钢丝绳机械解锁车门；装置上有弹簧，可以自复位。

在车辆未通电时，可以通过蓄电池为车门供电，保证电动开、关门功能正常。

电动开、关门受零速及使能信号控制。

模块七　牵引及制动设备

任务书

（1）熟知牵引逆变器的工作原理。
（2）掌握制动系统部件及风源系统。
（3）熟知制动控制装置的原理和作用。

一、牵引逆变器

哈尔滨地铁 1 号线为 6 辆编组的列车设计了 PH 箱、PA 箱和 P 箱牵引逆变器。每个逆变器箱里各安装一个牵引逆变器，逆变器箱的另一部分用于安装高压设备（PH 箱）或辅助逆变器（PA 箱）。牵引逆变器驱动 4 个三相牵引电机，这些电机分别驱动两个转向架的 4 根轴。车辆通过车顶的受电弓由架空电网供电。

电压源牵引逆变器设计用于下列运行模式：
（1）牵引；
（2）再生制动；
（3）电阻制动。

二、牵引系统

（1）机械牵引系统包括一个牵引电机、齿式联轴节和齿轮。动车的每根轴都由一个牵引电机驱动。
（2）动车每辆车各有一个制动电阻箱。

三、驱动控制

驱动设备采用冗余设计，以便在一个驱动模块出现故障时，75% 的额定功率（对整列车而言）仍可使用。

哈尔滨地铁 1 号线列车使用的是微处理器技术的驱动控制单元（DCU）。

1. 机械构造

每辆动车的牵引逆变器上安装一个驱动控制单元。

2. 电　源

DCU 由车载电源供电，并由蓄电池直流电源作为后备供电。

3. DCU 的功能

（1）输入信号和输出信号的处理；
（2）牵引和制动运行的控制和调节；
（3）保护和监控；
（4）诊断和自检。

四、空气制动控制

（一）概　况

哈尔滨地铁 1 号线车辆的制动系统采用法维莱制动系统，该系统采用架控方式，按照 6 辆车进行系统设计。为方便大修时整个系统的快速拆卸和更换，本次设计继续贯彻模块化的设计理念：

① 空压机及相关冷却和干燥设备组装为"风源模块"，安装在每个 Tc 车上。
② 根据制动控制的特点，将制动控制装置及相关设备组装为"制动控制模块"，安装在每辆车上。

（二）制动系统部件

1. 风源模块

风源系统由空压机和干燥器及电气控制箱组成，为制动系统提供足够干燥的压缩空气。空压机和干燥器外观如图 2.7.1 所示。

2. 制动控制装置

EPAC2 是一种小型化的制动单元，能够实现电空常用制动、紧急制动、每根轴上的车辆防滑控制、系统诊断及其他控制和检测功能。EPAC2 设备安装在转向架附近，依靠一专用支架提供特定的气路接口。

电空常用制动（由主控制器或 ATO 通过 MVB 总线和列车线控制），由列车通过电空制动和动力制动的复合制动来实现。

快速制动（由主控制器控制），通过电空制动和动力制动的复合制动来实现；它含在常用制动中，以确保减速率等于紧急制动时的减速率。

图 2.7.1　风源模块外观

3. 制动模块组成（见图 2.7.2）

辅助控制单元有 4 个接口：

1—进口，从主风管；
2—出口，到制动风缸和制动管路；
3—出口，到停放制动管路；
5—出口，到空气弹簧管路。

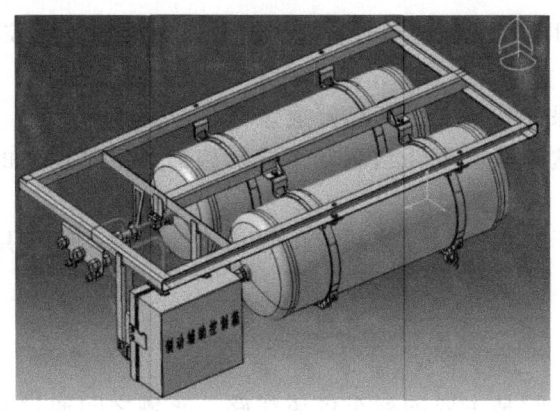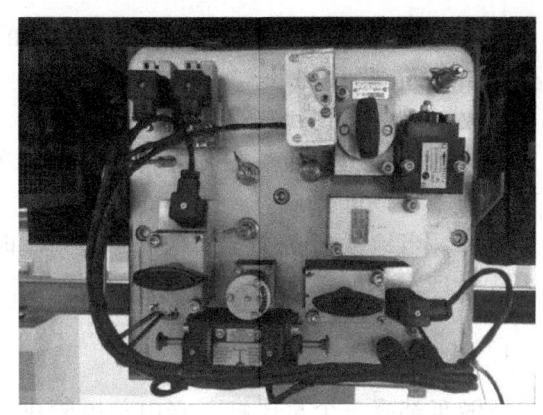

图 2.7.2　制动模块组成

4. 基础制动装置

拖车和动车的每根轴上均配备一套带停放制动和不带停放制动的踏面制动单元，用于执行停放制动、常用制动和紧急制动。

5. 主风低压开关

在 Mp1 和 Mp2 车上设有一个压力开关（风源模块内），用以监控主风压力。当主风压力降至设定值 600 kPa 以下时，列车紧急回路将断开，列车将立即实施紧急制动。当压力升到 700 kPa 以上时，紧急制动才能进行缓解。

6. 双针压力表

司机台上设置一双针压力表，用于显示主风压力和制动缸压力。红针用于显示 Tc 车第一根轴的制动缸的压力，白针用于显示主风缸的压力。

（三）制动模式

制动系统主要有以下几种制动模式。

（1）动力制动（ED）。

动力制动是通过电机产生的电制动力实现无磨耗制动，这种制动只能在动车实现，不能在拖车实现。

（2）电空（EP）摩擦制动。

电空摩擦制动直接作用在车轮上（动车），或者在安装了盘的轴上（拖车）。

（3）电空控制的停放制动。

电空控制的停放制动实现停放制动功能。

哈尔滨地铁 1 号线制动系统能够实现以下两种主要功能：

① 响应司乘人员、乘客、安全系统的制动指令，根据操作条件和列车的状态，使列车在特定的时间或距离内按照既定的列车制动性能施加制动，以降低列车速度。

② 保持列车在静止状态。

为实现以上制动系统的主要作用，车辆制动系统应执行以下制动功能：

常用制动：通过司机或 ATP 系统发出指令，通常它用于在各种速度和载荷条件下快速有效地控制列车运行和停止。常用制动通常采用动力制动和电空摩擦制动的复合制动（动力制动优先）。

紧急制动：保证在特定的时间内提供预期的制动力。为避免潜在的危险状态，司机发出紧急制动指令，使列车在最短的距离内停车。

快速制动：一种和紧急制动减速度相同的常用制动。快速制动时，可实现复合制动和防滑控制，安全回路不断开。

停放制动：防止列车在静止状态时溜车，用于保证列车安全可靠停放。

保持制动：用于列车在坡道起动时不溜车。在这种情况下，当制动系统仍施加一定制动力的条件下，列车可以施加牵引。

回送：当地铁列车连挂上双管回送列车时，用于产生与列车管减压信号相应的制动力（仅用于列车从修理车间回送到车站的情况）。

1. 制动原理

每辆车都有一个总风缸，它由总风管供风。总风管是主要的列车供风线路，车辆之间通过塞门和软管连接。一旦某个空气压缩机故障，总风管也能给辅助风缸供风。

总风缸能够给以下子系统供风：

① EP 制动系统；
② 停放制动系统；
③ 空气悬挂设备；
④ 踏面调节单元；
⑤ 自动车钩（拖车）；
⑥ 轮缘润滑系统（拖车）；
⑦ 受电弓（动车）。

辅助风缸为制动系统供风，一个带排水阀的过滤装置洁净来自 Mp 总风管的压缩空气，并且设置了一个单向阀来防止在总风管没有压缩空气时，辅助风缸内的压缩空气向总风管倒流。

通过压力传感器和压力测试点可以获得主要部件的空气压力信息。

常用制动和紧急制动的控制由 EPAC2 来综合控制。

EPAC2 于转向架处控制紧急制动和常用制动，于轮轴处提供车轮防滑保护。

2. 防滑保护（WSP）

WSP 的任务就是防止车轮滑行，防滑动作后，可能引起列车制动距离的增加，同时也防止车轮磨平。哈尔滨地铁 1 号线项目是轴控防滑。防滑系统通过测速齿轮和速度传感器测量出每根轴的速度，并通过速度的变化来实施防滑控制。

在系统级，每个 EPAC2 都会计算出列车的参考速度。每个 EPAC2 控制每个转向架的两根轴，同时接收两个速度传感器信号。

（四）制动缸隔离塞门

车上客室座椅下面设置有制动缸隔离塞门（排风塞门），可以分别对一位端和二位端转向架进行缓解。车辆正常运行期间，此塞门的手柄应该与管路平行，一旦操作（即手柄垂直于管路），与其相连的转向架的空气制动将丢失。鉴于安全方面的考虑，此塞门的状态信息要报告给列车管理系统。

模块八　信号系统

任务书

（1）掌握列车自动控制系统（ATC）的作用。
（2）掌握电客车的 5 种驾驶模式。
（3）掌握司机室门、转向架空气制动隔离的操作步骤。
（4）掌握语音控制单元的结构、作用及使用方法。
（5）掌握 ATO 模式的转换方法。
（6）掌握 ATO 模式常见故障及运行部分注意事项。

一、DMI 各模块显示含义

1. 启动画面

机器启动时，画面显示为通常模式。

2. 通常模式画面

图 2.8.1 所示为通常模式画面。

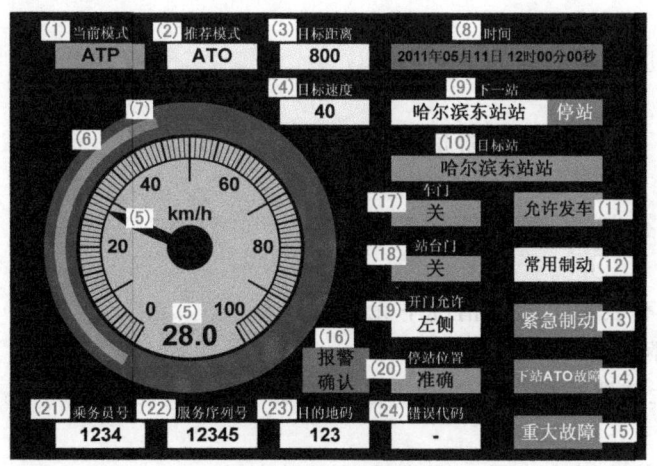

图 2.8.1　通常模式画面

（1）运行模式。

表示车上装置当前的运行模式。

运行模式表示为以下几种：
- OFF：乘务员下车时的模式。
- AR：乘务员乘车后，自动折返的行车模式。
- ATO：乘务员乘车后，自动运行的模式。
- ATP：在 ATC 装置的 ATP 功能防护下的手动运行模式。
- RM：无 ATC 装置的防护，在 ATP 功能的固定速度限制下的低速手动运行模式。
- NRM：无 ATC 装置防护的手动运行模式。

（2）推荐模式。

表示可从当前模式切换到的运行模式。

运行模式的具体表示，参考"（1）运行模式"。

（3）目标距离。

表示至目标停止位置或速度限制开始位置的距离。

（4）目标速度。

表示在目标停车位置或速度限制开始位置的速度。

（5）当前速度。

表示当前的运行速度。

（6）常用制动照查速度。

表示常用制动照查速度。

（7）紧急制动照查速度。

表示紧急制动照查速度。

（8）时间。

表示当前时间。

时间表示为"----年--月--日--时--分--秒"。

（9）下一站。

表示下一站的站名。

下一站为停站时，站名右侧有"停站"表示。

下一站为过站时，站名右侧有"过站"表示。

紧急通过下一站时，站名右侧的"过站"显示有闪烁表示。

（10）目标站。

表示与目的地码对应的最终目的地站名。

（11）允许发车。

有出发许可的情况下有表示，通常情况下无表示。

（12）常用制动。

常用制动器制动时有表示，通常情况下无表示。

（13）紧急制动。

紧急制动器制动时有表示，通常情况下无表示。

（14）下站 ATO 故障。

下一站的 ATO 地上装置故障时有表示，通常情况下无表示。

（15）重大故障。

车上装置两系发生故障时有表示，通常情况下无表示。

（16）报警确认。

车上装置的警报鸣响时有表示。

点击该键报警停止。

（17）车门。

表示车门状态。

开：车门当前为开门状态。

关：车门当前为关门状态。

（18）站台门。

表示站台门状态。

无站台门时表示为"—"。

开：站台门现为开门状态。

关：站台门现为关门状态。

（19）开门允许。

表示可进行开关的车门信息。

车门可开时有闪烁显示。

无可进行开关的车门时表示为"—"。

右侧：右侧车门可开关。

左侧：左侧车门可开关。

双侧：两侧车门均可开关。

（20）停站位置。

表示停站位置相关信息。

无停站位置信息时表示为"—"。

滞后：停车位置前方处停车。

准确：在停车位置停车。

超前：越过停车位置停车。

（21）乘务员号。

表示已在触摸面板输入的乘务员号。

未进行输入的情况表示为"—"。

（22）服务序列号。

表示触摸面板已输入的服务序列号。

未输入的情况表示为"—"。

（23）目的地码。

表示触摸面板已输入的目的地码。

未输入的情况表示为"—"。

（24）错误代码。

表示由车上装置输出的错误代码。

点击两次将出现错误代码一览。

无错误代码时表示为"—"。

3. 数据输入画面

可在触摸面板进行乘务员号、服务序列号、目的地码的输入。仅在车辆停车时可进行输入。数据输入画面如图 2.8.2 所示。

（1）点击输入选项，选项边框显示为黄色。

（2）再次点击，显示输入画面。

（3）点击"Enter"，数据输入成功，输入画面关闭。点击"CLR"，删除已输入的数据。

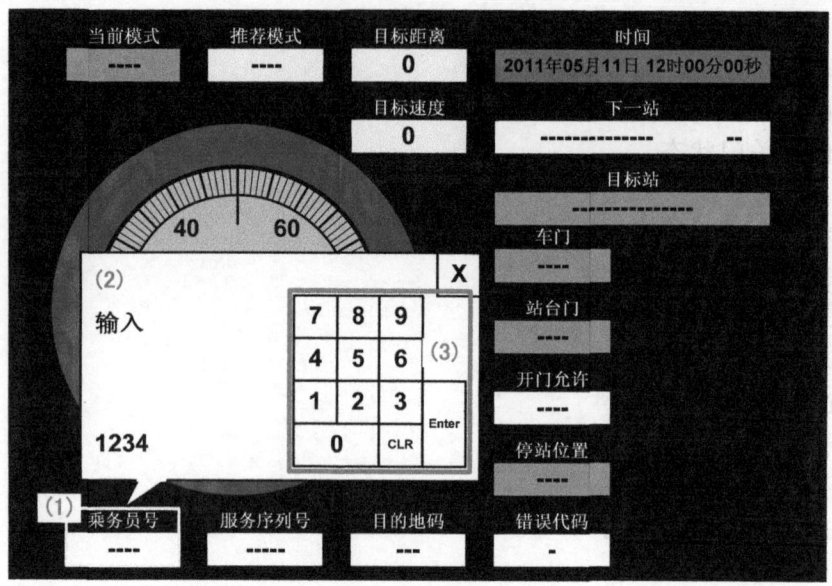

图 2.8.2 数据输入画面

4. 报警确认方法

点击报警确认按钮，报警停止，如图 2.8.3 所示。
（1）警报鸣响时，显示"报警确认"按钮。
（2）点击"报警确认"按钮，鸣响停止且报警确认按钮消失。

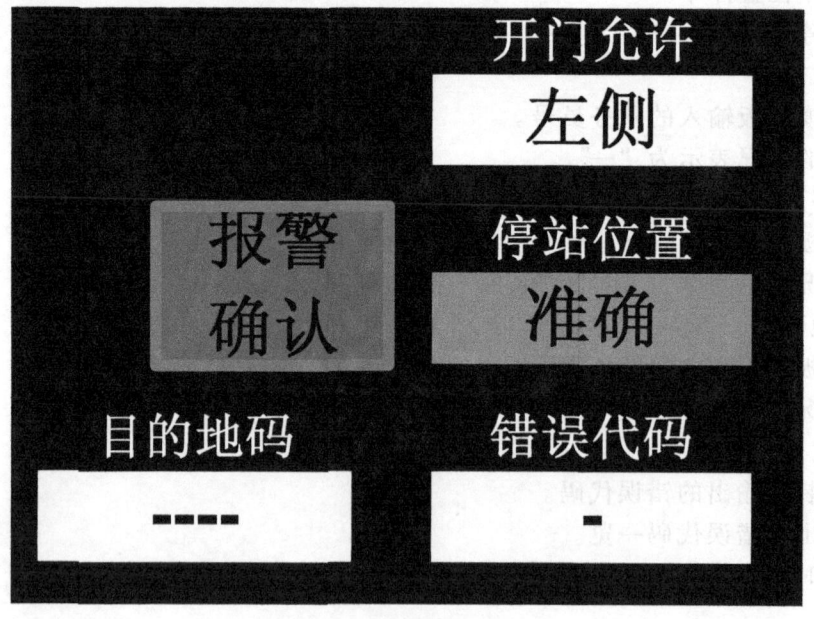

图 2.8.3 报警确认画面

5. 错误代码信息画面

点击错误代码显示处，将显示错误代码信息。错误代码信息，仅在车辆停车时可显示。错误代码信息画面如图 2.8.4 所示。
（1）如点击错误代码显示处两次，将显示错误代码信息。
（2）点击"×"处，错误代码信息显示关闭。

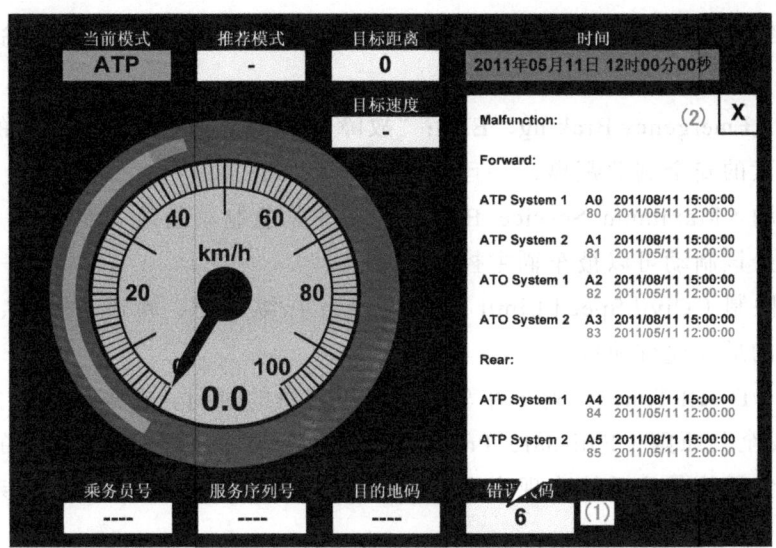

图 2.8.4　错误代码信息画面

6. 全白画面显示

重大故障发生时、DMI 与车上装置的通信切断时，画面显示为全白，如图 2.8.5 所示。

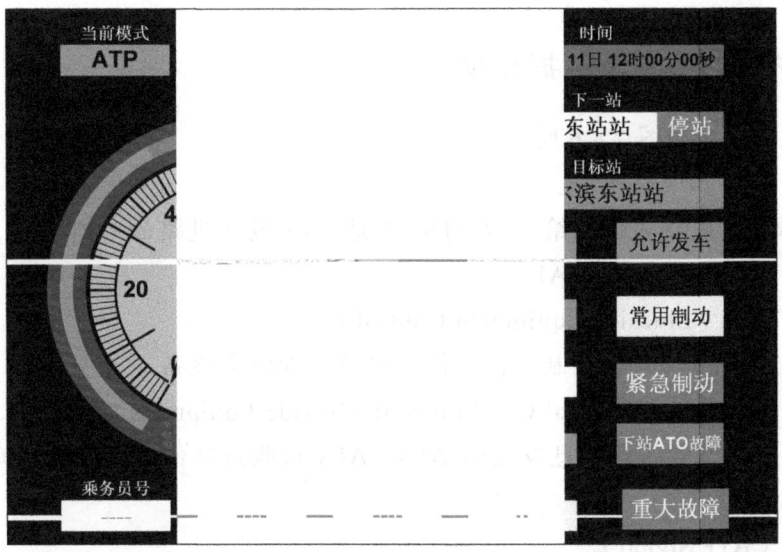

图 2.8.5　全白画面显示

二、列车自动控制系统

（一）定义及缩写

（1）列车自动控制（Automatic Train Control，ATC）：城市轨道交通信号系统实现列车自动监控、列车自动防护、列车自动运行控制技术的总称。

（2）列车自动防护（Automatic Train Protection，ATP）：实现列车运行间隔、超速防护、进路安全和车门等监控技术的总称。

（3）列车自动监控（Automatic Train Supervision，ATS）：自动实现行车指挥控制、列车运行监视和管理技术的总称。

（4）列车自动驾驶（Automatic Train Operation，ATO）：自动实现列车运行速度、停车和车门等监控技术的总称。

（5）紧急制动（Emergency Braking，EB）："故障—安全"使列车完全停车的制动方式，该制动考虑了各种相关因素的安全制动距离，一旦启动则不能取消。

（6）全常用制动（Maximum Service Brake）：为非紧急制动的最大制动率（与制动系统的设计一致）的常用制动，该制动可以被车辆主控制器取消。

（7）土建速度限制（Civil Speed Limit）：根据线路平/纵断面、轨道、限界、建筑结构等因素，确定每段线路指定的最大允许速度。

（8）停站时间（Dwell Time）：列车在车站停站时花费的时间，自停站起至发车的时间间隔。

（9）"故障—安全"原则（Fail-Safe Principle）：一种应用于安全相关系统的设计原则，硬件故障或者软件故障的结果能禁止系统表现为或保持为一种不安全的状态，或导致系统进入一种已知的安全状态。

（10）行车间隔（Headway）：沿同一轨道/股道相同方向，两列连续运行的列车的车头部所经过同一固定点的时间间隔。

（11）联锁（Interlocking）：为了保证行车安全，通过技术方法，使进路、进路道岔和信号机之间按一定程序、一定条件建立起的既相互联系又相互制约的关系。

（二）子系统间的关系及数据交换

子系统间的数据交换如图 2.8.6 所示。

（1）进路控制（Route Control）。

中央 ATS 发送列车时刻表信息给本地 ATS，本地 ATS 发送进路命令给联锁，联锁控制器排列进路，并将进路排列情况发送给轨旁 ATP。

（2）轨旁设备控制（Lineside Equipment Control）。

联锁控制器通过 ET 远程 IO 控制道岔、信号机及其他轨旁设备。

（3）轨旁设备状态信息（Control Conditions of Wayside Equipmets）。

联锁将信号机、道岔等状态信息发送给 ATS，ATS 接收这些信息并显示在车站 LOW 机及控制中心 HMI 工作站上。

（4）ATP 信号（ATP Signal）。

轨旁 ATP 根据进路条件及其他相关信息，计算生成 ATP 报文并发送给 AFTC。AFTC 将报文信息通过轨道电路发送给车载 ATP，同时该 ATP 信号还用于列车占用检测。ATP 报文信息包括授权终点、轨道电路 ID、临时限速等。

（5）列车检测（Train Detection）。

AFTC 发送轨道电路的列车占用信息给 ATP，ATP 将信息传送至 FS-LAN，联锁从 FS-LAN 网上接收该信息检查联锁条件，控制进路排列。同时，联锁将该列车占用信息转发给 ATS。

作为备份，AFTC 通过继电器节点把列车占用信息直接发送给联锁。

（6）位置修正（Position Correcting）。

当列车经过定位信标上方，车载 ATO 负责进行列车位置修正。

（7）车门控制（Door Control）。

轨旁 ATO 及车载 ATP 发送开/关门指令给列车和站台门控制器。

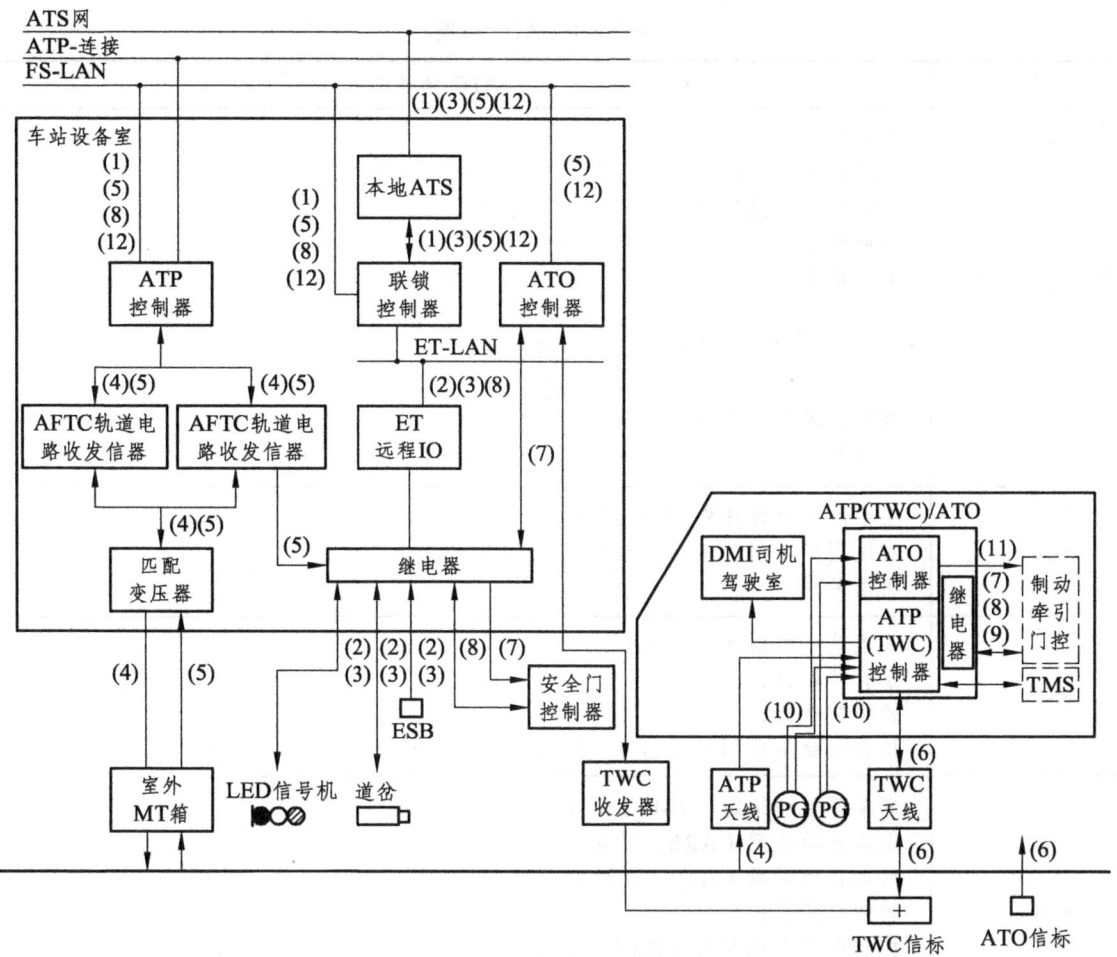

图 2.8.6　子系统间的数据交换图

（8）门使能（Door Enable and Door Disable）。

轨旁 ATP 通过联锁：在站台门打开前，发送门使能信号给站台门控制器；在站台门关闭后，取消门使能信号。

车载 ATP 发送门使能信号给列车控制器开列车门，在车门关闭后取消门使能信号。

（9）ATP 制动控制（Brake Control by ATP）。

车载 ATP 根据车载数据库数据和收到的 ATP 报文信息，计算 ATP 控制曲线，同时将该曲线与列车当前实际运行曲线进行比较，若实际速度超过 ATP 防护曲线，则 ATP 控制器立即激活制动。

（10）速度计算（Speed Calculation）。

车载 ATP/ATO 接收 PG 输入信号，计算列车速度和运行距离。

（11）ATO 速度控制（Speed Control by ATO）。

车载 ATO 控制器控制列车在 ATP 防护曲线的防护下控制列车在区间的运行，并控制列车在车站精确停车。

（12）轨旁系统的维护信息（Mulfunction of Wayside System）。

联锁负责将轨旁 ATP、轨旁 ATO 及自身状态发送给 ATS。

SSI 的维护信息及 ATS 的维护信息要求传输到本地的维修工作站的同时也要同步传输到车辆段维护中心。

ATC 功能如表 2.8.1 所示。

表 2.8.1 ATC 功能

子系统	ATC 功能分工
ATP	列车定位； 列车占用检测； 列车安全间隔保证； 超速保护； 零速检测； 防止非预期运行； 车门（列车车门及站台门）开启保护； 反向运行保护； 数据记录与处理； 驾驶模式
ATO	在站点执行程序停止和发车； 发送列车车门及车站站台门开关门指令； 轮径补偿
SSI	采集轨道电路状态信息； 控制转辙机； 控制信号机； 接收站台站台门状态信息，传送开关门许可指令
ATS	列车监督和追踪（TMT）功能； 进路自动排列（ARS）功能； 列车自动调整（ATR）功能； 时刻表功能； 控制中心人机界面（HMI）功能； 车站操作员人机界面（HMI）功能； 报告、报警与归档功能

1. 列车自动监控（ATS）功能

ATS 子系统汇集来自联锁和 ATP 的列车位置、进路状态、列车状态、车次号、信号设备故障等信息，依据当天计划时刻表对全线的运行列车实施监督和控制。ATS 能够自动排列进路，还能通过调整停站时间和站间运行时间来自动调整列车运行。在必要的时候，ATS 系统可以进行人工操作。

ATS 功能的主要子功能如下：

（1）列车监督和追踪（TMT）功能；
（2）进路自动排列（ARS）功能；
（3）列车自动调整（ATR）功能；
（4）时刻表功能；
（5）控制中心人机界面（HMI）功能；
（6）车站操作员人机界面（HMI）功能；
（7）报告、报警与归档功能。

控制中心 HMI 上的一个详细全景画面提供由该信号系统监督的所有现场元件的实际状态信息，主要包括道岔、信号机、物理轨道电路区段等联锁控制的要素，同时提供车次窗由 TMT 功能实现列车车次号的跟踪和步进。

ATS 通过微机联锁和其他子系统提供的维护及诊断信息，操作和维护人员能够得到为进行平稳操作和有效维护所需的详细系统信息。

2. 联锁（SSI）功能

联锁子系统在"故障—安全"的前提下，管理进路、道岔和轨旁信号机的控制，以响应来自 ATS 功能的命令。同时，联锁将进路、轨道区段、道岔和信号机的状态信息提供给 ATS 和 ATP 轨旁系统。

联锁子系统功能如下：

（1）轨道电路处理（TCP）功能：处理列车检测功能的输出信息，进一步完善列车检测信息的完整性；

（2）进路控制（RC）功能：排列、锁闭和解锁进路；

（3）道岔控制（PC）功能：解锁、转换和锁闭道岔；

（4）信号控制（SC）功能：控制轨旁信号机的显示，向 ATP 功能发出许可；

（5）接收站台站台门状态信息，转发开关门许可指令。

3. ATP 功能

ATP 系统确保列车运行安全，并辅助 ATO 系统实现其功能。ATP 系统功能符合"故障—安全"原则。

车载 ATP 通常采用列车全常用制动使列车停止；但是，为确保安全性，ATP 还与紧急制动相连，可在列车常用制动失效、ATP 自身故障（故障—安全）等情况下使用紧急制动。

车载 ATP 在收到前方线路信息后对列车速度曲线进行计算，此速度曲线同时也预示了在前方出现第一个停车信号时能安全停止、列车所能达到的最高速度制动曲线。因此，车载 ATP 控制器监视列车速度曲线，在检测到列车超过 ATP 限制速度时，采取相应的制动措施。

车载 ATP 通过轨道电路接收来自轨旁 ATP 的输入信号，包括轨道电路分界、停车点等信息。此外，ATP 还接收由测速发电机发出的脉冲信号，以检测列车的运行速度和运行距离。根据行驶距离计算出列车位置，列车位置由轨道电路分界进行校准。以位置、速度限制和停止点为基础，设备随之产生一个防护制动曲线。

ATP 的主要功能如下：

（1）列车定位。

列车定位功能的任务是根据车载 ATP 数据库中的线路信息，确定列车在线路轨道网络中的绝对位置，包括确定列车头尾两端的位置。

列车定位基于轨道电路分界、信标信息、PG 里程计信号来进行计算。平时，PG 里程计以一个为主，当两个 PG 测出的数据出现较大误差时，并且系统判断为异常，列车将采用紧急制动。另外，轮径校正可采用人工轮径校正，补偿范围为 770～840 mm，补偿精度满足系统本身的定位精度要求。

（2）列车位置检测。

轨旁 ATP 系统通过轨道电路来进行列车位置的检测。

当轨道电路检测到线路上出现列车时，轨旁 ATP 将信息发送给后续的车载 ATP，用于后续列车 ATP 制动曲线的计算。

（3）列车安全间隔保证。

列车安全间隔保证功能能防止后续列车运行所引发的列车碰撞，轨旁 ATP 系统向车载 ATP 传输停车点信息，该停车点能满足制动距离的要求。ATP 系统为每段轨道电路生成停车点信息，每个停车点轨道电路的距离是以轨道电路的边界来计算的。

在站台处，列车安全间隔保证功能也用于紧急停车区域的控制，当站台紧急停车按钮被按下时，轨旁 ATP 会将列车的停车点设置在紧靠紧急停车区域外的轨道电路上，同时生成安全停车点信息并通过轨道电路传给列车，确保列车停在危险区域外。若列车已进入该区域或正驶离该区域，列车将实施紧急制动。

（4）超速保护。

车载子系统接收来自轨道电路的 ATP 信号，并从中获得与超速防护相关的信息，然后根据这些信息以及列车当前的位置信息和车载 ATP 数据库中的线路信息，在充分考虑轨道条件和车辆性能的基础上，实时计算列车当前的速度限制。当列车速度超过 ATP 全常用制动触发曲线时就判定为超速，列车一超过此速度限制，车载 ATP 将实施全常用制动，车载设备产生报警，在实施全常用制动的过程中，当列车速度回落到 ATP 常用制动触发曲线之内时，车载 ATP 就实施全常用制动缓解；一旦列车速度超过 ATP 紧急制动触发曲线时，紧急制动输出安全继电器失磁落下，紧急制动环路将断开，紧急制动在列车完全停车之前不可撤销。

（5）零速检测。

ATP 检测列车停止运行。

（6）防止列车的非预期移动。

列车施加了全常用制动后，车载 ATP 检测到车轮的非预期转动，则 ATP 要实施紧急制动。

（7）开门保护。

当列车进站停在规定的停车点后，列车能够与车站布置的信标进行正常通信，车载 ATP 系统可以正确识别列车是否停下，并确定列车是否停在开门范围内。当列车停稳后，车载 ATP 将向车载 ATO 发送开门许可，此后 ATO 系统将开门指令分别发送给车辆车门和站台站台门，从而打开车门和站台门。

车载 ATP 根据列车停车位置和列车运行方向决定开左侧门还是开右侧门。

（8）反向运行保护。

列车在反向运行时，系统具有与正方向运行同等的 ATP 安全防护功能。

（9）数据记录与处理。

ATP 系统会对相关的控制信息进行数据记录及处理。

4. ATO 功能

ATO 子系统在 ATP 防护条件下，根据 ATS 子系统的指令，自动驾驶列车，自动调整列车运行间隔。通过列车不同等级的牵引加速和制动减速实现列车的起动、加速、巡航、惰行、减速、停车。

5. 发车控制

当 ATO 按钮指示灯亮，驾驶员按压 ATO 按钮，列车起动以自动驾驶模式开始运行。ATO 子系统通过预设的数据提供牵引控制，该牵引控制可使列车平稳加速。

6. 生成 ATO 速度运行曲线

根据 ATS 子系统提供的运行图、车辆特性、旅客的舒适度、节能等因素，在每个运行时段，确定最佳的 ATO 运行曲线，向 ATO 子系统发送指令。

7. 自动调整列车运行速度

ATO 车载控制器通过比较列车实际运行速度与 ATP 防护的最大允许速度及目标速度，结合线路情况，自动控制列车的牵引和制动，调整列车在运行中的速度，达到运行间隔设计和线路旅行速度要求，满足乘坐舒适度要求。

8. 节能驾驶控制

ATO 子系统有效、合理地控制列车的牵引/制动，实现舒适的节能驾驶。能源优化轨迹的计算综合考虑加速度、坡度制动以及制动曲线。

9. 车站精确定点停车

在 ATP 子系统的保护下，ATO 车载设备通过接收地面应答器 P1、P2、P3、P0 传送来的定位信息，可在车站站台的定点停车位置实现准确停车。列车进站时，ATO 子系统以恒定的常用制动减速率采用连续的一次性制动曲线，一次性制动至目标停车点。系统实现停车精度为 ±0.3 m 时，正确率为 99.995%；停车精度为 ±0.5 m 时，正确率为 99.9998%。

10. 车门和站台门控制

经 ATP 子系统允许后，向列车发送开车门和向站台站台门控制系统发送站台站台门的开门命令，在站台车门和站台站台门均已关闭后，允许列车起动。ATO 子系统具有调整时序功能，以保证车门和站台门按要求顺序开闭。

11. ATO 防止溜车的控制输出

在 ATO 模式控制的列车自动运行的状态下，停车时输出。

12. 自我诊断、故障报警

ATO 车载设备具备自我诊断功能、故障报警功能和信息记录功能。同时，重要故障报警还可通过无线通信网络（TWC）发送给 ATS 子系统及维护支持子系统。

13. 列车控制原理

系统可以安全有效地控制一列车在两站之间运行。

控制从一列已经到站、现在正停在站台的列车，开始时所有的车门和站台站台门（PSD）都是打开的。ATS 系统的时刻表功能已经预先为该列车设定了发车和到站时间，并且向联锁请求了进路。轨旁 ATP 为该列车计算可以运行授权终点（可运行的轨道电路数），并通过钢轨将该信息发送到车载 ATP。

驾驶员根据 DTI 指示，在停站时间到达后关闭车门及站台门，在进路已排列的情况下，DMI 显示允许发车信息，同时 ATO 按钮闪烁，司机按下 ATO 按钮后发车。

在列车行驶过程中，以下功能同时发挥作用，指导列车安全、经济、舒适地运行。

车载 ATP 自动确定列车位置（前端和后端位置），并依据速度限制计算制动。

车载 ATO 按照其驾驶指令来驾驶列车，并通过巡航和惰行来实现节能。贯穿整个时刻表始末，这一点都得到了执行，从而用作节能方案。接近车站时，车载设备会接收到来自地面定点停车用的无源应答器发送的到停车点的距离信息，对距离进行修正，让列车在指定的停车点停车。在定点停车控制下列车无法实现正确停车时，可以进行微调驾驶控制。

司机驾驶台 DMI 设备显示列车实际速度和建议速度。此外，司机 HMI 还显示目标速度和到下一个目标点的距离。

当列车到达下一个车站时，以下功能确保乘客安全上下列车：

（1）车载 ATP 确定停稳条件和要求的列车位置，为保证列车处于静止状态，切断牵引力并实施常用制动。

（2）当列车处于安全状态后，车载 ATO 发出车门和站台门开门指令。ATS 监督列车停站，并计算停站时间。

（3）ATS 为下一段列车运行产生发车和到达时间。乘客上下车时，ATS 继续计算停站时间。接着，信号系统的所有功能继续保障列车运行到下一个目的地。

14. ATO 精确停车工作原理

列车自动驾驶子系统负责驾驶列车，一旦发车进路开放并且各个车门已关闭，则 ATO 释放制动装置并施加牵引直到速度达到 ATP 允许的最大值。ATO 在 ATP 的保护下控制列车运行，因此其运行曲线处于 ATP 的防护曲线之下。

列车在车站的停车由定点停车控制（TASC）完成，该功能由车载 ATP/ATO 控制器完成。在车站站台区域连续设置 3 个信标，TASC 经过信标，收到相对位置信息调整列车速度，实现站台精确停车。

在车站停车点前方的预定位置处安装的 3 个固定信息应答器（位置信标），即 P1、P2 和 P3，为前方的车站停车点提供高精度的相对位置信息。每当 ATO 控制器经过该信标时，进行一次位置修正，调整进站的距离。在系统设计时，通常考虑 P1、P2 和 P3 分别设在车站停车位置前方 400 m、50 m 和 5 m 处，除非这些位置有特殊的地理特性。因此，当列车行进到站台停车点前 400 m 时，ATO 控制器开始执行车站停车的 TASC 运行。

TASC 的主要功能是计算一条速度-距离曲线（见图 2.8.7），该曲线控制列车以正常的常规制动减速，最终在车站停车点降到零速停车。在跟踪这条曲线的情况下，由 ATO 控制器连续步进调节，对列车实际速度与目标速度进行闭环控制。当列车速度降至 7 km/h（暂定）时，ATO 控制器按照剩余距离微调制动速率，以便准确停车。

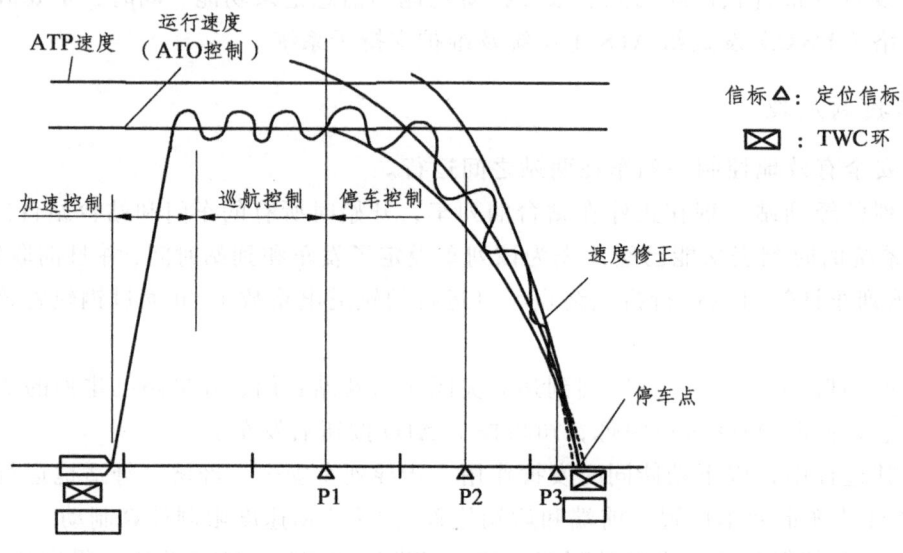

图 2.8.7　TASC 车站停车 ATO 控制曲线

15. ATP 超速防护原理

轨旁设备根据前方列车位置以及前方进路的开放情况，计算出可运行的轨道电路的数量，并将该信息作为 ATP 信号的内容发送到车载设备。轨旁设备同样也发送进路信息。车载设备计算出 ATP 曲线，并对列车进行超速防护。

车载 ATP 子系统接收来自轨道电路的 ATP 信号，并从中获得和超速防护相关的信息，然后根据这些信息以及列车当前的位置信息和车载 ATP 数据库中的线路信息，在充分考虑轨道条件和车辆性能的基础上，实时计算列车当前的速度限制。当列车速度超过 ATP 常用制动触发曲线时，就判定是超速，列车一超过此速度限制，车载 ATP 将实施全常用制动，车载设备产生报警，在实施全常用制动的过程中，当列车速度回落到 ATP 常用制动触发曲线之内时，车载 ATP 就实施全常用制动缓解；一旦列车速度超过 ATP 紧急制动触发曲线时，紧急制动输出，安全继电器失磁落下，紧急制动环路将断开，紧急制动就被不可撤销地实施。

16. 车载 ATP 制动触发曲线

车载 ATP 子系统通过对轨道电路发送的 ATP 信号进行处理后就获得相关的列车控制信息，并根据这些信息以及其他信息建立 ATP 制动触发曲线，每 200 ms 进行一次制动触发曲线的建立。

车载 ATP 制动控制触发曲线有如下两种，如图 2.8.8 所示。

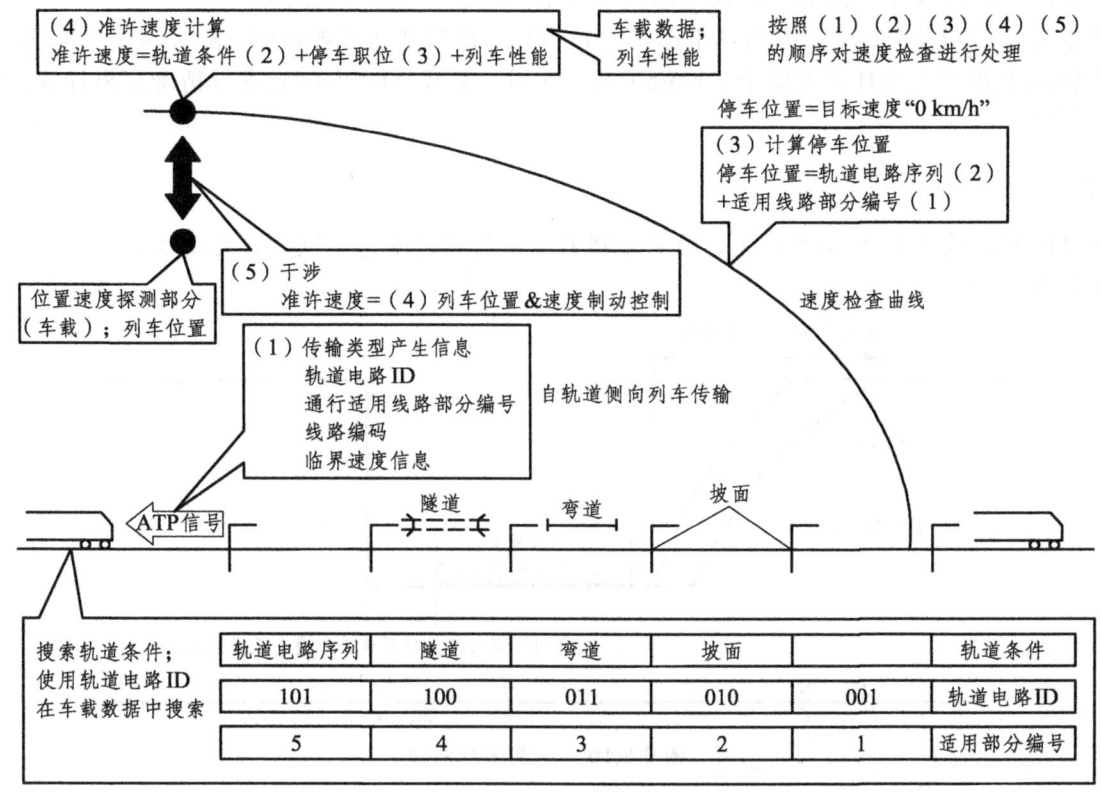

图 2.8.8 速度检查曲线的产生

（1）常用制动触发曲线：需要停止的列车，其常用制动曲线停车的目标点必须设在其停止的轨道电路上，通常常用制动停车目标点距该轨道电路边界 50 m。

（2）紧急制动触发曲线：车载 ATP 系统产生紧急制动触发曲线，列车触发紧急制动后，紧急制动将不可撤销。

图 2.8.9 显示了列车在区间停车时，车载 ATP 计算的常用制动防护触发和紧急制动防护触发曲线，这两条曲线的防护点靠近停车轨道电路的边界。

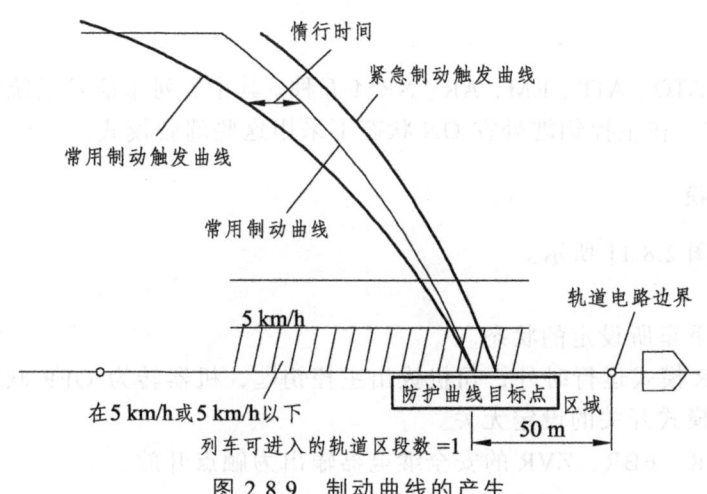

图 2.8.9 制动曲线的产生

如果某个轨道电路前方的区段被列车占用，或者该轨道电路前方的进路没有开放，轨旁 ATP 将此轨道电路的"可通行的轨道电路数"的信息置为 1，此时，车载 ATP 收到该信息后将产生防护曲线。

如果列车运行速度超出全常用制动触发曲线，车载 ATP 将激活全常用制动。

全常用制动曲线停车目标点距轨道电路分界 50 m 处（车站区域例外）。

列车全常用制动时，当前方轨道电路不再被占用，常用制动可被缓解。由于测速发电机的特性，在前方轨道电路被占用且速度低于 5 km/h（暂定）时，车载 ATP 不可能进行精确距离计算，常用制动不被缓解。

17. 速度限制曲线

速度限制曲线由车载 ATP 产生，用来控制列车运行到达限速区域时，其速度恰好被减速至限制值，如图 2.8.10 所示。

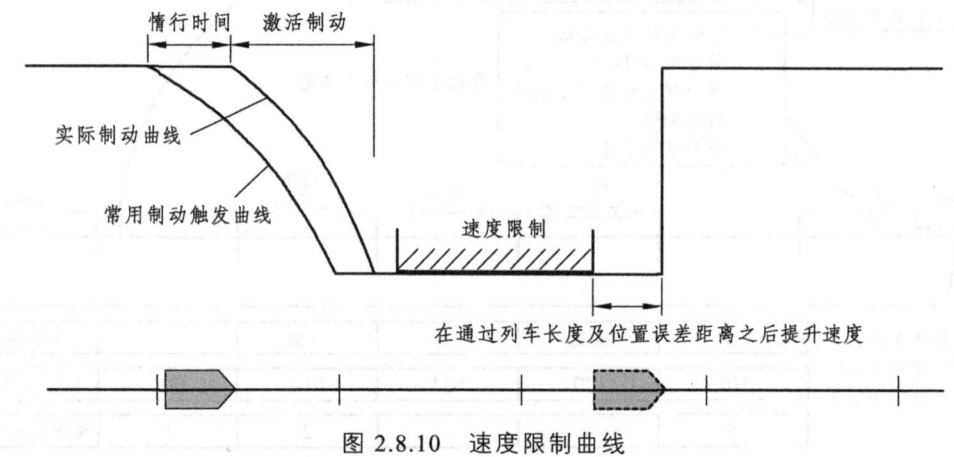

图 2.8.10　速度限制曲线

（1）车载 ATP 计算速度防护触发曲线，曲线一直计算到永久限速区域或临时速度限制区域。
（2）临时限速信息由轨旁 ATP 通过数字轨道电路发送的 ATP 信号传给车载 ATP。
（3）如果列车运行速度超出限速曲线，车载 ATP 则激活全常用制动。
（4）在限速区域，车载 ATP 采用恒定速度曲线，如果速度超出限速值，则发出全常用制动命令。
（5）当车头离开限速区域后，列车将保持恒定速度运行，直到车尾通过限速区域为止。

（三）车辆自动控制

1. 驾驶模式

列车驾驶模式有 ATO、ATP、RM、AR、NRM 五种。其中，列车信号系统所涉及的模式为 ATO、ATP、RM 及 AR 模式，在主控钥匙处在 ON 状态下采用这些驾驶模式。

2. 驾驶模式转换

驾驶模式转换如图 2.8.11 所示。
（1）OFF 状态。
OFF 状态是司机下车所设定的状态。
OFF 状态是除 AR 模式运行时外，司机拔出主控钥匙，机器转为 OFF 状态。主控钥匙 OFF 的条件最优先，与驾驶模式开关的设定无关。
OFF 状态时，SBR、EBR、ZVR 的安全继电器输出为触点开放。

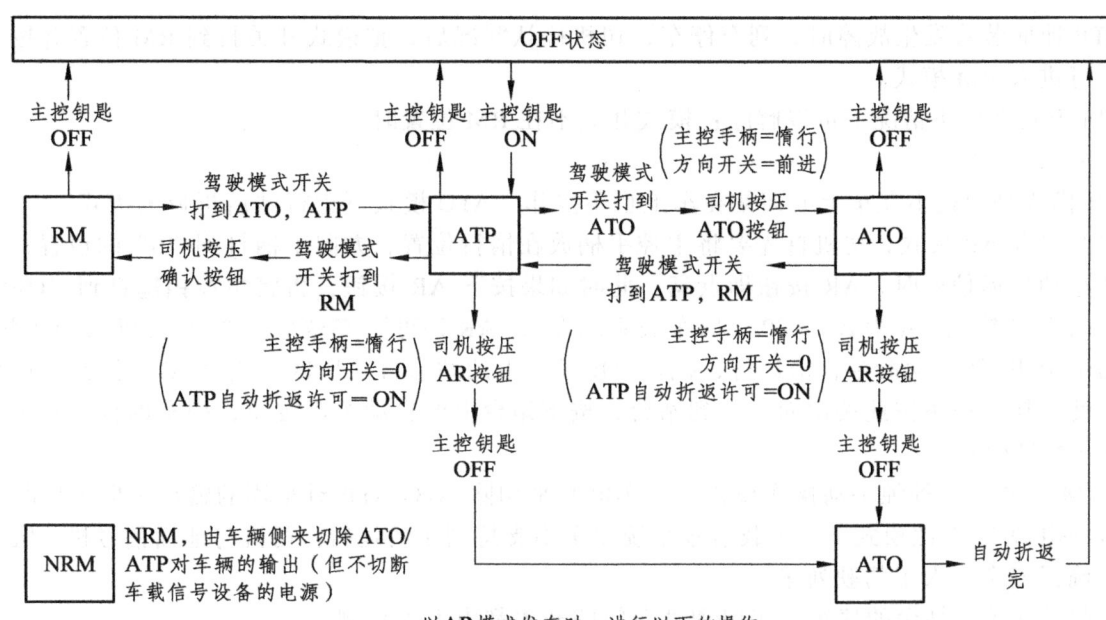

图 2.8.11 驾驶模式转换

（2）ATP 模式。

当司机把主控钥匙从 OFF 打到 ON 的位置，与驾驶模式开关所处的位置（ATO、ATP、RM）无关，都从 ATP 模式开始运行。即使驾驶模式开关处于 ATO、RM 的位置，如果司机不进行一定的操作，也会按 ATP 模式运行。

ATP 模式是一种人工驾驶模式。在 ATP 功能防护下，司机以低于其容许速度，对列车进行加速、惰行、减速及车站定点停车操作。

此模式下门的开关全部由司机人工操作。司机把驾驶模式开关打到 ATP 位置，人工驾驶列车。

（3）ATO 模式。

ATO 模式是一种列车自动驾驶模式。对列车运行的安全防护由 ATP 的功能来实现。

在 ATP 运行状态下，如果司机把控制手柄打到惰行位置、方向手柄打到前进位置，在驾驶台的 DMI 上会显示可进行"ATO 驾驶"提示。确认后，把模式开关打到 ATO 位置并按下 ATO 按钮，即进入 ATO 模式。

在 ATO 模式下，司机手动控制车门的关闭和 ATO 发车时机。另外，如果开门模式（自动/人工）开关处于人工位置时，在车站停车时的开门由司机人工操作。

ATO 模式在以下情况下可以解除（ATO 模式被解除后变成 ATP 模式）：

① 控制手柄在惰行以外的位置时。
② 方向手柄在前进以外的位置时。
③ 模式开关在 ATO 以外的位置时。

（4）RM 模式。

RM 模式是在车库区间，或在人工驾驶下通过没有 ATP 地面装置区间时用的一种模式。当 ATP 地面装置发生故障时也适用此模式。在此模式下，允许在一定的低速（25 km/h）下运行。在此模式下，由于无视 ATP 的信号接收状态和信息内容，故不进行列车防护（防止撞车、挤岔等）。

在车库区间的入口处，在驾驶台的 DMI 上会显示可进行"RM 驾驶"。司机确认此显示后把模式开关打到 RM 位置并按下确认按钮，即进入 RM 模式。

ATP 地面装置发生故障时，列车停车，司机确认状况后，把模式开关打到 RM 位置并按下确认按钮，可进入 RM 模式。

RM 模式在以下情况下可以解除：模式开关不在 RM 位置时。

（5）AR 模式。

AR 模式是司机不在车上或即使在车上也不操作、ATO 模式下进行站后折返的模式。

如要进入 AR 模式，司机首先要将主控手柄放在惰行位置，方向手柄打到"0"的位置，当收到地面的自动折返信号时，AR 按钮即点亮。此时如果按下 AR 按钮，再将主控钥匙打到"OFF"（拔出钥匙），就切换到 AR 模式，ATP 会向车载系统发出"AR 许可"，车辆收到"AR 许可"，就可按 ATO 发出的牵引/惰行/制动命令自动运行，执行 AR 模式下的站后自动折返。此时 ATO 按钮会点亮。司机按下此按钮，或不按此按钮而是下到站台，按下站台上的自动折返按钮，列车即自动发车。

（6）NRM 模式。

NRM 模式是一种纯手动操作模式，由车辆侧来切除 ATO/ATP 对车辆的输出（但不切断车载信号设备的电源）。在此模式下，车载信号系统完全不支持列车的运行。司机与地面信号机、值班员相互配合确保安全、人工驾驶列车。

在此模式下，站台的停车、车门和站台门的开关都由人工控制。

（四）基础实作操作

1. 司机室门隔离操作步骤

当司机室门无法正常打开时，司机经行调授权操作司机室门隔离开关，具体步骤如下：

（1）使用方孔钥匙将相应司机室门上方盖板打开，盖板共 4 个锁扣，司机使用方孔钥匙将锁扣打至解锁位（对应绿点处），操作时需注意，当解锁最后一个锁扣时，需用手托住盖板，以防盖板瞬间打开时碰伤头部。

（2）打开盖板后，将司机室门隔离开关打至隔离位，同时通过 HMI 确认对应司机室门图标显示为黄色。

（3）确认切除成功后，将盖板重新锁闭。

2. 司机室门紧急解锁

（1）在未登车前，司机使用方孔钥匙将司机室门外机械解锁打至机械解锁位，双手用力拉开司机室门进入。机械解锁自复位。

（2）登车后，司机室门无法打开，操作司机室侧壁上方红色紧急解锁手柄，向上退至车门解锁，用力拉开司机室门下车。

3. 转向架空气制动隔离操作步骤

转向架空气制动隔离塞门位于每节车一、五座椅下方，与车外部车底的转向架空气制动隔离塞门是连通等效的，当遇救援或调车以及一些突发事件需隔离转向架空气制动时，操作此隔离塞门。转向架制动隔离塞门正常情况下处于水平位置，当需要隔离时，将红色手柄打到垂直位（若故障发生在正线，不方便下隧道时，直接切除一、五座椅下空气制动隔离塞门；若发生在车场，则可直接下车操作位于车底下方每节车的一位侧的转向架空气制动隔离塞门）。

（1）使用方孔钥匙将对应座椅下方的箱盖打开，将转向架隔离塞门转至隔离位（由水平位打到垂直位），同时锁好箱盖。若操作车下转向架隔离塞门，直接找到要切车的一位侧，找到转向架制动隔离塞门，直接将转向架隔离塞门转至隔离位（由水平位打到垂直位）。

（2）迅速返回司机室，通过司机室 HMI 确认对应转向架空气制动图标显示为黄色。

4. 单节车停放制动隔离操作步骤

单节车停放制动无法缓解，司机须隔离该节车的停放制动，操作方法如下：

（1）首先操作"停放制动施加/缓解"旋钮，通过 HMI 屏上的"制动施加/缓解"图标，确认是某节车的停放制动无法缓解。

（2）每节车的辅助控制箱位于该节车的一位侧，带好方孔、手台，锁好司机室门离开司机室并找到该节车的辅助控制箱。

（3）辅助控制箱上方和下方均有两个锁闭的卡子及保险销，需要拔出 4 个保险销，打开 4 个卡子后才能取下辅助控制箱的盖板。取下盖板后，操作左下角的停放制动隔离旋钮，即将停放制动隔离开关打到隔离位。

（4）停放制动呈对角设置于每个转向架上，所以每个转向架的两侧对角方向有两个黑色停放制动拉手，切除停放制动时，需将两个黑色拉手拉出。根据停放制动充气缓解，排气制动的原理，拉出拉手使制动缸充气，从而缓解停放制动。

（5）恢复并锁闭好辅助控制箱盖板。

（6）司机返回司机室，确认 HMI 对应的单节车的停放制动图标显示为黄色。

5. 电连接线操作

当列车救援连挂时，需要通过连接电连接线来完成两列车电路的导通，从而实现两列车：① 停放制动；② 客室广播语音；③ 司机室对讲；④ 紧急制动的连通。

电连接线放置于每列车 1 车司机室座椅后方设备柜内（就现场连挂端情况来决定由谁提供电连接线，若连挂端均为 6 车，原则上由故障车司机到另一端 1 车去取电连接线）。

电连接线连挂时由故障车司机和救援车司机共同操作。待车钩连挂完毕后，两司机下车分别各自操作：① 使用方孔钥匙拧下螺母，将列车电连接线端盖打开，司机双手持电连接线一头，对准列车电连接线接头，调准方向，对准凹槽，用手旋动方向阀，听到"咔"一声锁紧，带好端盖和螺母，回到司机室；② 两司机上车后，操作司机室电器柜内列车连挂空气开关，同时按下列车连挂按钮；③ 试验司机室对讲，通话清晰，确认连挂良好。

注意：拆除电连接线时，要先断空气开关，再下车拆除，防止司机被电伤。

6. 哈尔滨地铁 1 号线广播语音控制单元

哈尔滨地铁广播语音控制单元组成：显示屏一块、功能按键、送话器。

（1）司机室对讲。

用途：可以实现一列车两端司机室之间的通话对讲，用于司机间交接班作业，或推进运行时，引导员与司机间的通话对讲。若两列车连挂作业，再连接上电路重联线后，可以实现 4 个司机室的通话对讲。

操作方法：从固定支架上取下送话器，按住送话器侧面的 PTT 按钮讲话，即可实现两司机室之间的通话对讲。

（2）逻辑报站。

用途：用于正常情况下，正线运营服务的乘客报站广播，包括预报站广播和到站广播。

操作方法：在两端终点站哈南站/东站站，站台作业完毕，关门后，动车前，将功能按键第一排，左数第一个"手/自动"按钮按下，"手/自动"灯亮，列车起动，速度高于 5 km/h 后自动播报预报站广播。运行至下一站停车前速度降至低于 30 km/h 后自动播报到站广播（播报广播接收信号指令来源于速度和开关门，若遇到不停站通过情况，需要对播报车站进行手动调整，避免错报车站）。

（3）手/自动报站。

用途：当逻辑报站故障时，用于正线运营服务的乘客报站广播。

操作方法：在两端终点站哈南站/东站站，站台作业完毕，关门后，动车前，手动设置好起始站和终点站。每站的预报站广播、到站广播均由司机手动操作，设定好车站后，按下功能按键第一排最右边的"报站"按键后，"报站"灯亮即可自动报站，司机必须认真监听广播的内容是否准确清晰，若遇到不停站通过情况，需要对播报车站进行手动调整，避免错报车站。

（4）口播。

用途：当逻辑报站/手/自动报站均故障时，用于正线运营服务的乘客报站广播。

操作方法：按下功能按键第一排右数第二个"口播"按键后，"口播"灯亮，从固定支架上取下送话器，按住送话器侧面的PTT按钮，即可对客室进行人工广播。

（5）紧急广播。

用途：用于突发事件或特殊情况时，播放紧急广播安抚乘客。

操作方法：按下功能按键第二排的设置按键，选择紧急广播，按上下键选定好需要播放的广播后按确定按键，即可播放紧急广播。

（6）公共广播。

用途：可根据列车定位自动播报到站信息，以及非正常情况下手动播报应急广播。

操作方法：使用公共广播播放时，必须采用自动模式（逻辑模式下不播放），并将功能按键第一排左数第一个"手/自动"按钮按下，"手/自动"灯亮，在HMI屏上找到公共广播，选定内容，按下确定，"手/自动"及紧急灯均亮即可播放。

三、ATO驾驶操作说明

1. 模式转换

原则上正线区间及车站均具备ATO模式转换的条件，但具体ATO模式转换时机及转换地点凭行调命令执行。

2. 操作步骤

（1）ATO模式转换。

司机将模式选择旋钮打至"ATO"模式，门模式开关AM/MM旋钮打至AM位，将主手柄至"0"位，方向手柄至"向前"位，列车前方开通ATP进路，DMI显示推荐ATO模式，待ATO启动按钮点亮，具备发车条件后，司机可按压ATO启动按钮以ATO模式驾驶列车运行。

（2）站台作业。

列车进入下一站自动对标停稳后，车门及站台门（联动）将自动打开，待乘客上车后，司机将"门选择开关"打至相应关门侧，按压相应侧关门按钮关闭车门及站台门（联动），司机确认站台门及车门空隙安全后，关闭司机室门，此时前方ATP进路已经开通，DMI上会推荐ATO模式，司机再次按压ATO启动按钮继续以ATO模式进入下一站。

（3）终点站折返作业。

ATO模式下终点站折返时换端操作与ATP模式相同。

3. 常见故障

（1）列车ATO模式正常行驶过程中若发生司乘人员误碰牵引手柄的情况，列车会自动退出ATO模式而转为ATP模式并开始惰行，且牵引无效、制动有效。此时若具备转为ATO/ATP模式驾驶条件（DMI有ATO/ATP推荐模式显示），不管是列车惰行直至停车，还是司机拉动牵引手柄制动列车直至停下，均需待停车后才能转为ATO/ATP模式。

（2）ATO 模式时，门模式开关打至 AM 状态，正常情况下列车到站对标停车后会自动开启车门；若门模式开关在 MM 状态，则列车到站后需手动开门。若 AM 模式时 3~5 s 内车门未开启，司机需确认对标是否成功，若列车对位准确，司机将门模式开关转为 MM 模式进行开门操作。无论门模式是 AM 状态还是 MM 状态，均需手动关门。

（3）若发生 ATO 列车停站超标导致车门与屏蔽门不能联动，则需转为 ATP 模式退行至合适位置对标（列车车站停车误差超过 ±0.5 m 但小于 5 m 时，车门与站台门均不能打开，列车可以 ATP 模式退行，每次退行最多 5 m，若退行超过 5 m，则会施加常用制动），待乘客上下车就绪、屏蔽门与车门均关好后，再根据 DMI 推荐模式开行列车。

（4）站间 ATO 模式运行时，若 DMI 显示"下站 ATO 故障"，继续以 ATO 模式运行至下一站，停车后列车将无法实现 ATO 自动开门，司机需手动开启站台门，车门需按压"强开开门"按钮，开启车门（手动开关门次序以行规为准）；待乘客乘降完毕，司机需人工关闭站台门与车门，均关好后，再根据 DMI 推荐模式开行列车，出站后"下站 ATO 故障"消失。因博物馆站未开通，上行由铁路局发车时、下行由医大一院发车时 DMI 会显示"下一站 ATO 故障"，但目前博物馆站做越站处理，列车在通过博物馆后"下一站 ATO 故障"消失，因此不影响 ATO 驾驶。

（5）ATO 模式驾驶过程中，如因车载 ATO/ATP 双系故障引起紧急制动，处理方式同 ATP 模式下的处理方式，需将列车转为 NRM 模式驾驶到最近有岔站停车，若故障恢复，则根据 DMI 指示模式开行列车；其他原因引起的紧急制动，处理方式同 ATP 模式下的处理方式，待紧急制动缓解后，根据 DMI 指示模式开行列车。若前述导致紧急制动的故障及其他因素无法恢复或消除，则根据运营规程进行后续故障处理。

（6）若发生其他故障导致列车不能以 ATO 模式运行，则采取相应降级模式行车，可采取与 ATP 驾驶模式下相同的处理方式（现有运营规则即适用于无 ATO 驾驶模式时的信号系统）。

（7）以上事项如有与现行运营规则相悖之处，以现行运营规则为准。

4. ATO 模式运行部分注意事项

（1）列车 ATO 模式正常行驶过程中，非异常情况下，禁止操作司控台模式旋钮改变行车模式，严禁将牵引手柄推离"0"位。如果发现运行前方有可视异常，则拉动牵引手柄或拍紧急制动按钮制动。

（2）手柄警惕按钮无须按下也可以正常运行。

（3）ATO 模式驾驶、门模式 AM 情况下，将门选择开关打至"开门侧"列车停稳后，车门正常自动打开。

（4）ATO 模式驾驶、门模式 AM 情况下，门选择开关处于"0"位，不能关闭客室门。

（5）列车运行过程中，如列车因车站站台门问题产生紧急制动，DMI 提示"紧急制动"。

（6）门模式 AM、客室门处于打开状态重新启动 DMI 电源，客室门不会自动关闭。

（7）ATO 模式下，列车广播系统正常会自动广播，如果自动广播没有调试完成或者自动广播故障可设置逻辑报站，逻辑报站设置方式与 ATP 模式下逻辑报站设置方式相同。

（8）ATO 模式下列车运行中，客室门被紧急解锁，列车会紧急制动。

（9）车站 IBP 盘、紧停按钮的操作与现行操作办法一致。

（10）若 ATO 列车停站时欠标，则会自动进行二次对标，不需进行其他操作。

模块九　辅助设备

任务书

（1）掌握辅助电源的分类及工作原理。
（2）熟知空气供应系统的工作原理。

一、DC/AC 逆变器（ACM 逆变器模块）

静态的 DC/AC 辅助逆变器从架空网上受电用作辅助电源。输出三相 AC 380/220 V、50 Hz 正弦电压，总谐波畸变较少，为风扇电机、空气压缩机、空调装置和车内其他所有交流负载供电。交流电压可从端子对 U1 和 U2、V1 和 V2、W1 和 W2（相）及 N（中性）上获得。

辅助逆变器机械地与牵引逆变器一起集成在 PA 箱中，PA 箱安装在 M1 车的底架上；同时，辅助逆变器与蓄电池充电机一起集成在 AB 箱中，装于 Tc 车。3 台辅助逆变器并网为 6 辆编组列车供电。

整列车安装了 3 个 DC/AC 逆变器以使运行时有足够的余量。

二、蓄电池充电器

蓄电池充电器用作供应车载直流电。它由架空网供电，从输入到输出有一个直流电的隔离。蓄电池充电遵循 CVCC（恒压/恒流）曲线，图 2.9.1 为辅助电源供电。

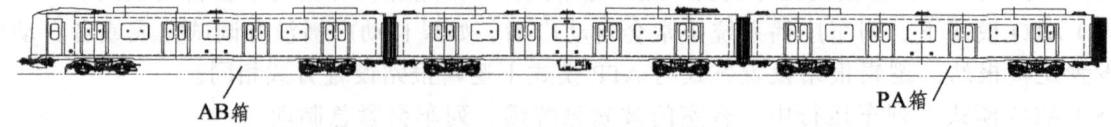

图 2.9.1　辅助电源供电

三、蓄电池箱

每辆 Tc 车中安装两个蓄电池箱。

四、空调系统

每辆车安装两台单元顶置式空调机组,空调机组的送回风形式为下出风下回风,制冷量为 29 kW。空调机组具有通风、制冷等功能。

五、照　明

1. 端部照明

每辆 A 车的 1 位端有多种照明,组合起来代表车辆可能的信号标志。这些照明包括:
(1)带有 2 级强度水平(远光或近光)的白色的头灯。
(2)2 个红色的尾灯。

2. 司机室照明

司机室内的天棚灯是 3 个 LED 顶灯,在 DC 110 V 主电压下工作。灯的开关在司机台上。

3. 客室照明

客室的灯具在正常照明时为 AC 220 V,紧急照明时为 DC 110 V,紧急照明时每个门区有一路紧急照明灯亮。

六、供　风

空气供应系统为 6 车单元提供足够的压缩空气。压缩空气是由一个风源系统产生的,它安装在 Tc 车上。空气供应模块包括一个带有内部集成冷却器的螺杆式空气压缩机和一个双塔式空气干燥器单元,提供干燥和清洁的空气。空压机控制采用每日轮换主辅压缩机控制,主压缩机总是给整列车充风,辅助压缩机作为备用,每天主辅压缩机更换启动顺序。压缩机启动由 TCMS 系统管理。

由供风系统来的空气被送入主风管,它是通过截断塞门和软管与邻近的车辆相连。主风管被用作车辆之间压缩空气的列车管路。当列车的压缩机不能正常工作时,允许由邻近车辆的空气风缸来充风。

(1)供风设备包括下列元件:
① 电机压缩机单元(Tc 车);
② 空气干燥单元(Tc 车);
③ 主风缸,125 L;
④ 制动风缸,125 L;
⑤ 空气分配管路;
⑥ 升弓系统;
⑦ 制动控制模块(每辆车一个);
⑧ 司机室中,主风管和制动管压力的显示(双针压力表)。

(2)压缩的空气被送入下列子系统中:
① 制动系统包括制动控制设备;
② 车轮防滑保护设备;
③ 空气悬挂设备;
④ 升弓控制系统。

模块十　通信设备

任务书

（1）掌握司机室语音控制单元的功能特点。
（2）掌握紧急报警器的使用时机及方法。

一、司机室语音控制单元（软件已经多次刷新，功能以实际为准）

1. 静功能特点

司机室语音控制单元是广播系统与外界交互的人机界面，如图 2.10.1 所示。其具有系统电源指示、设备主备状态显示、OCC 控制指示和重联信息指示等显示功能。

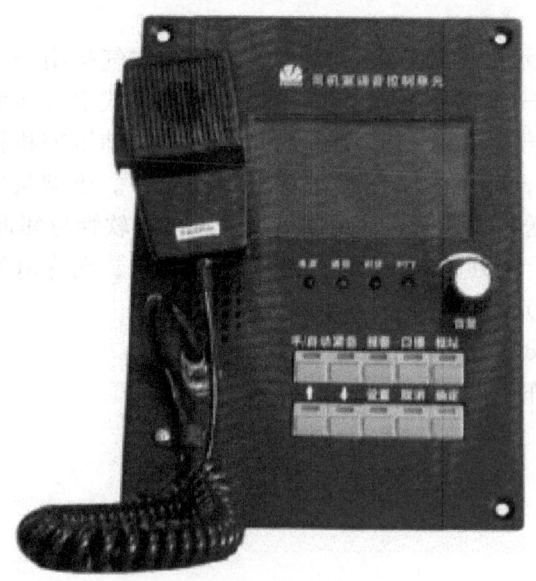

图 2.10.1　司机室语音控制单元

2. 指示灯说明（见图 2.10.2）

（1）"电源"：表示控制盒有无电源输入。
（2）"通信"：当广播控制盒进行通信时，指示灯闪烁。
（3）"对讲"：指示对讲通信情况，有对讲信号则灯亮（报警时指示灯不亮）。
（4）"PTT"：司机按下话筒上的 PTT 按键，指示灯亮。

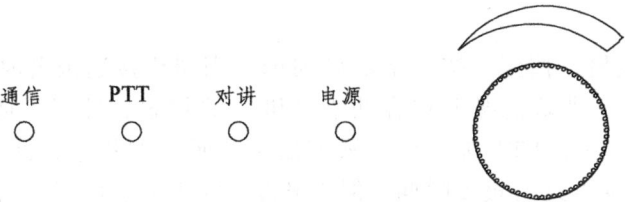

图 2.10.2　司机室语音控制单元指示灯

3. LCD 屏幕说明（见图 2.10.3）

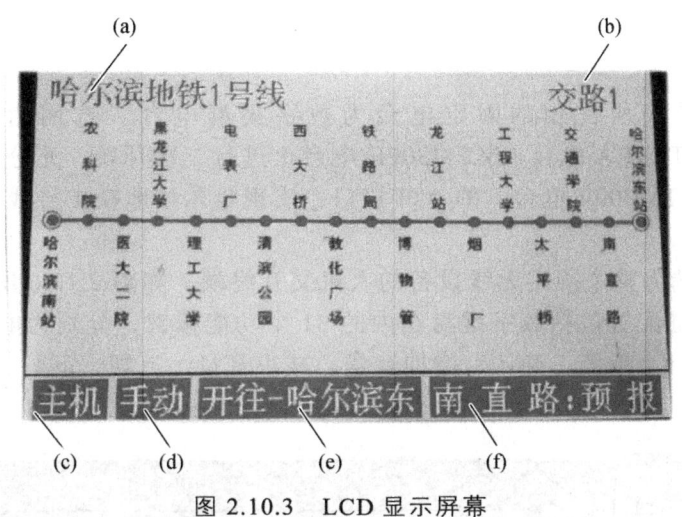

图 2.10.3　LCD 显示屏幕

（a）哈尔滨地铁 1 号线。

（b）显示当前交路，共有交路 1、交路 2 两路交路，交路可设置，将在按键说明中详细介绍其设置方式。

（c）显示当前控制为主机或是从机，主机、从机通过司机的钥匙控制自动判断，司机使用钥匙开启的设备为主机。当前设备为从机时，LCD 屏上主机自动跳转为从机。

（d）显示列车运行模式，分为手动、自动、逻辑（半自动），将在按键说明中详细介绍其设置方式。

（e）显示终点站内容，终点站可设置，将在按键说明中详细介绍。

（f）当运行模式为自动或逻辑（半自动）时，该项内容自动跳转。跳转顺序为当前站预报、当前站到站、下一站预报、下一站到站。

当运行模式为手动时，通过键盘上的"↑"和"↓"键来对该项内容进行选择。若当前为农科院-预报站，按下"↓"键，则显示农科院-到站。按下"↑"键，则显示哈尔滨南站-到站。

广播控制盒键盘分布如图 2.10.4 所示。

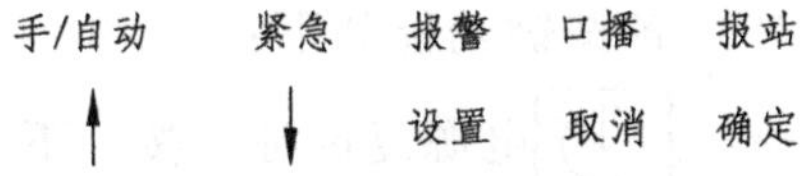

图 2.10.4　广播控制盒键盘分布

二、紧急报警器

紧急报警器用于车厢内出现紧急情况时乘客向司机室报告，如图 2.10.5 所示。乘客报警后，通过报警器上的麦克风和扬声器与司机室进行通话，通话结束由主机司机取消报警状态或者到客室的报警器处复位、取消报警。

客室内应急对讲装置话筒采用嵌入式电容（无噪声）声压式，内置于客室乘客紧急报警器内部。客室应急对讲装置内部配内置前级放大器一个，与话筒配套。前级放大器符合 UIC568 标准对频率响应和畸变的描述。

工作过程：按下"报警"按钮，按钮指示灯闪烁。当司机接通报警时，"报警"按钮指示灯常亮。默认情况下乘客处于"讲"的状态，此时"听/讲"指示灯熄灭；当司机按下PTT按键后，乘客处于"听"的状态，此时"听/讲"指示灯点亮。当乘客进行报警呼叫，但"报警"按钮指示灯闪烁时，表示司机暂时无法接通报警，可能为占线，也可能为无人应答。

三、固定电台

哈尔滨地铁1号线所使用的固定电台为数字集群电台。选用由MOTOROLA提供的TETRA电台（MTM800E电台）进行二次开发，充分利用TETRA电台（MTM800E电台）的API接口，实现哈尔滨地铁1号线所需的各种功能。

图2.10.5　紧急报警器

固定电台操作终端为整个固定无线设备的人机交互终端，如图2.10.6所，包括显示屏、按键、扬声器、送话器。按键配置包括数字键盘在内的31个功能按键，分别为电源复位、紧急呼叫、菜单、0～9数字键、*、#、取消、确认、增加音量、减小音量、上翻、下翻、左翻、右翻键及8个软功能键。

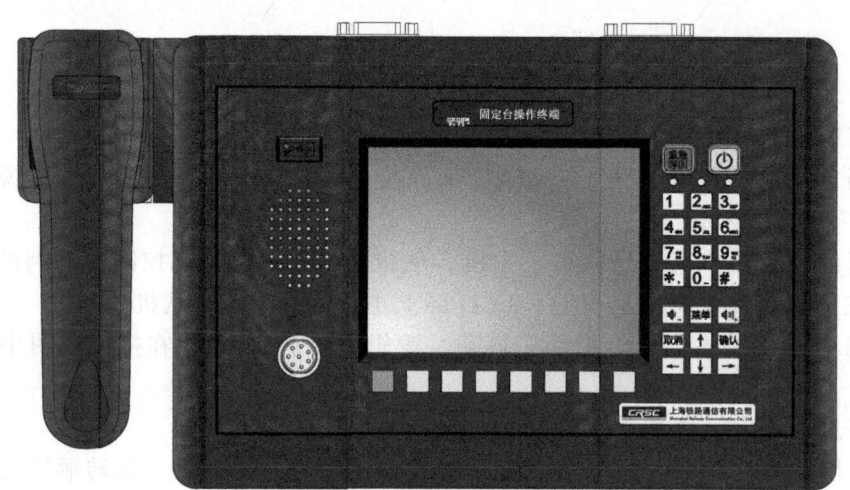

图2.10.6　固定台操作终端界面

各按键功能如下：

⏻ 电源复位键（按一下为关电源、连续按住复位键约3 s以上为复位）。

通话 向调度发送呼叫请求。

机车 站管区呼叫开启和关闭请求。

短信 弹出预定义短消息列表，可选择要发送的预定义短消息进行发送。

回放 录音快速回放。

查询 查询固定台参数，以及预定义消息、自由文本消息列表。

录音 查询历史录音记录。

|设置| 设置固定台相关配置参数。

|维护| 维护固定台的专用菜单页面。

|菜单| 按键翻页，一键返回守护界面。

|确认| 确认执行当前操作。

|取消| 取消当前操作、返回上级菜单、取消紧急呼叫（紧急呼叫状态下，长按 3 s 以上）。

|↑| 方向键，菜单上翻。

|↓| 方向键，菜单下翻。

|←| 方向键，菜单前翻。

|→| 方向键，菜单后翻。

|🔊+| 增大音量键。

|🔊-| 减少音量键。

|#| 功能键。

|*| 功能键。

|1| |2 ABC| |3 DEF| |4 GHI| |5 JKL| |6 MNO| |7 PQRS| |8 TUV| |9 WXYZ| |0 ␣| 数字键（代字母），用于输入数字或字母时使用。

|紧急呼叫| 紧急呼叫，用于紧急呼叫调度（按 3 s 以上后放开）。

WYSCseries 型数字集群车载台是为解决地铁无线列车调度通信而研制的设备，是哈尔滨地铁列车无线调度通信系统的重要组成部分。本车载电台安装在地铁车辆驾驶室内，用于实现司机与控制中心的调度、车站人员以及调车场人员之间的通信，为车辆调度作业提供高效可靠的无线语音及数据服务控制，如图 2.10.7 所示。

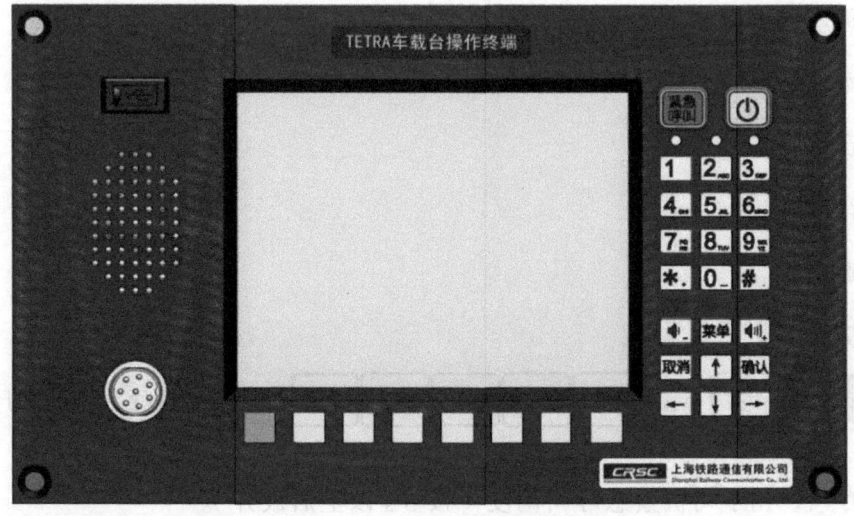

图 2.10.7　车载电台操作终端

电源	电源复位键（按一下为关电源、连续按住复位键约 3 s 以上为复位）。
通话	向调度发送呼叫请求。
归属	发送调度归属请求，归属至正线、车辆段或停车场。
寻位	发送寻位请求，确认当前列车所在位置。
车次	上传车次号。
车站	站管区呼叫开启和关闭请求。
短信	弹出预定义短消息列表，可选择要发送的预定义短消息进行发送。
回放	播放最新通话录音。
查询	查询车载台参数，以及预定义消息、自由文本消息列表。
录音	选择所有通话录音，进行有选择地回放。
设置	设置车载台相关配置参数。
维护	维护车载台时，使用的专门菜单页面。
转组	转车站通话组。
返回	返回当前守候通话组。
菜单	按键翻页，一键返回守护界面。
确认	确认执行当前操作。
取消	取消当前操作、返回上级菜单、取消紧急呼叫（紧急呼叫状态下，长按 3 s 以上）。
↑	方向键，菜单上翻。
↓	方向键，菜单下翻。
←	方向键，菜单前翻。
→	方向键，菜单后翻。
🔊+	增大音量键。
🔊-	减少音量键。
#	功能键。
*	功能键。
1 2ABC 3DEF 4GHI 5JKL 6MNO 7PQRS 8TUV 9WXYZ 0	数字键（代字母），用于输入数字或字母时使用。
紧急呼叫	紧急呼叫，用于司机紧急呼叫调度（按 3 s 以上后放开）。

四、800M 手持台

MOTOROLA MTP850 手持台拥有强大的功能及简易的操作，下面介绍经常用到的简单功能及其操作方法。

1. 手持台外观（见图 2.10.8 和图 2.10.9）

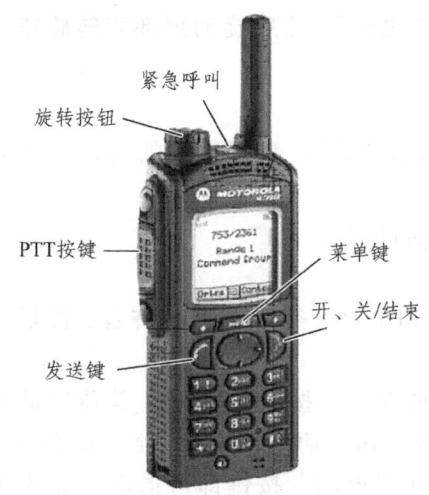

图 2.10.8　手持台实物外观图

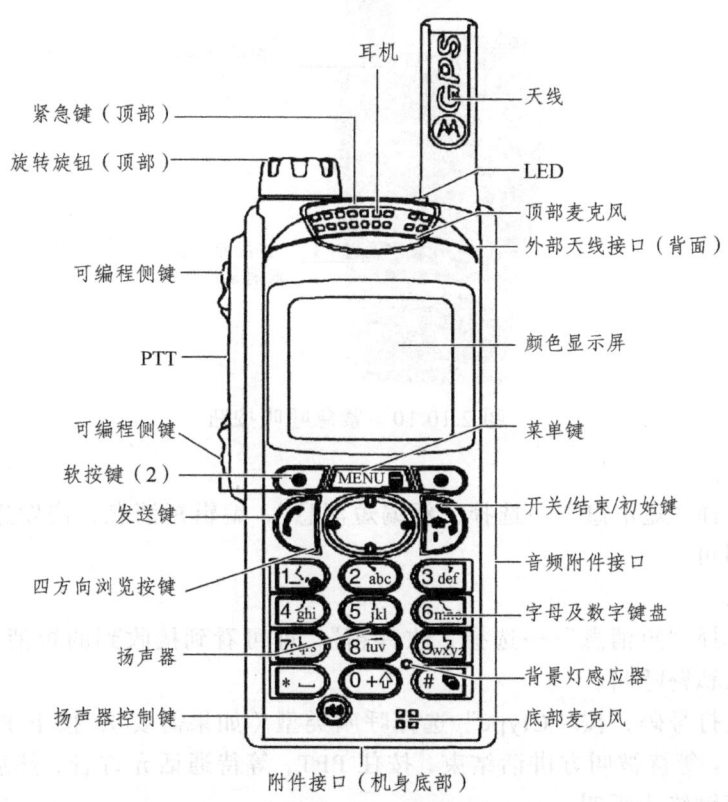

图 2.10.9　手持台外观图

2. 手持台使用说明

（1）打开/关闭 MTP850。

要打开/关闭 MTP850，按住开关键。

（2）使用 MTP850 菜单系统。

① 调整语言种类。

按下菜单键（MENU）→选择"设置（Setup）"→选择"语言（Language）"→选择"简体中文"；返回上级菜单，按"返回"键。

② 调整音量。

按下菜单键→选择"设置"→选择"音量设置"，即可更改铃音、耳机、扬声器及键盘音量，选择好需要更改音量的种类→选择"更改"，然后旋动顶部旋转旋钮，调节好适当的音量，按下"返回"按键即完成音量的调整。

③ 更换通话组。

按下选择键→选择"TG通话组列表"，选择需要的通话组即可。

④ 进入直通模式。

按下选择键→选择进入"直通模式"。

（3）发起组呼。

选择好需要的通话组，按住 PPT 键，等待同行允许音，然后开始讲话，松开 PPT 键即可接听。

（4）发起紧急呼叫。

按住紧急键，紧急告警自动被发送，按住 PPT 键，等待通话允许音，然后开始讲话，松开 PPT 即可开始接听。如果使用"紧急麦克风"功能，等待直到"紧急麦克打开"信息显示，不需按下 PPT 亦可讲话。要退出紧急模式，按住"退出"按键即可退出，如图 2.10.10 所示。

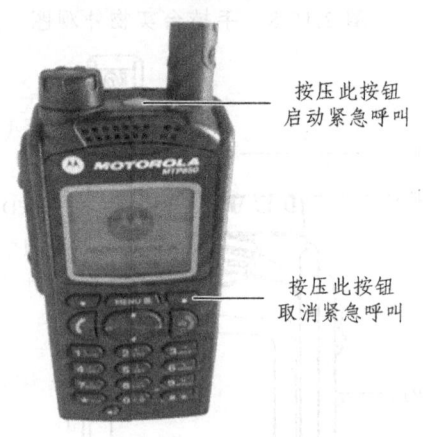

图 2.10.10　紧急呼叫按钮

（5）发送短消息。

按下菜单键→选择"短消息"→选择"新编短消息"，编辑短消息，按发送键，输入收件人的号码→选择"发送"即可。

（6）接收短消息。

按下菜单键→选择"短消息"→选择"收件箱"，即可看到接收到的短消息。

（7）发起半双工私密呼叫。

在初始屏幕中拨打号码，按"Ctype"选择呼叫类型（如果需要），按下 PPT 后再松开。此时铃声响起，被叫方应答。等待被叫方讲话结束，按住 PPT，等待通话允许音，然后开始讲话。松开 PPT 即可接听，按下结束键终止呼叫。

（8）发起全双工私密呼叫。

在初始屏幕中拨打号码，按"Ctype"选择呼叫类型（如果需要），按下发送键然后松开。此时铃声响起，被叫方应答，待通话结束后按下结束键终止呼叫。

紧急呼叫功能触发现象：

800M 手持台紧急呼叫功能触发时,正线其余 800M 手持台显示现象(被动)如图 2.10.11 所示。主动触发 800M 手持台紧急呼叫功能显示现象(主动)如图 2.10.12 所示。

被动　　　　　　　　　主动

图 2.10.11　被动现象　　　图 2.10.12　主动现象

(9)紧急呼叫使用时机。

正线运营中,遇紧急情况,电台频道被占用,无法及时联系到行车调度员或无法正常联系到行车调度员时,可以采用紧急呼叫功能联系行车调度员。

(10)紧急呼叫使用方法。

按压紧急呼叫按钮,无线手持台紧急呼叫功能启用,按住 PTT 通话键,与行车调度员通话。

(11)紧急呼叫功能取消。

当紧急呼叫功能触发,想要取消紧急呼叫功能时,按压手持台显示屏显示"结束"相应侧的"功能键"按钮,即可取消紧急呼叫。

模块十一　PSL 盘操作功能

任务书

（1）掌握站台门操作功能（站台 PSL 盘）。
（2）掌握紧急报警器的使用时机及方法。

一、信息通报流程

信息通报流程如图 2.11.1 所示。

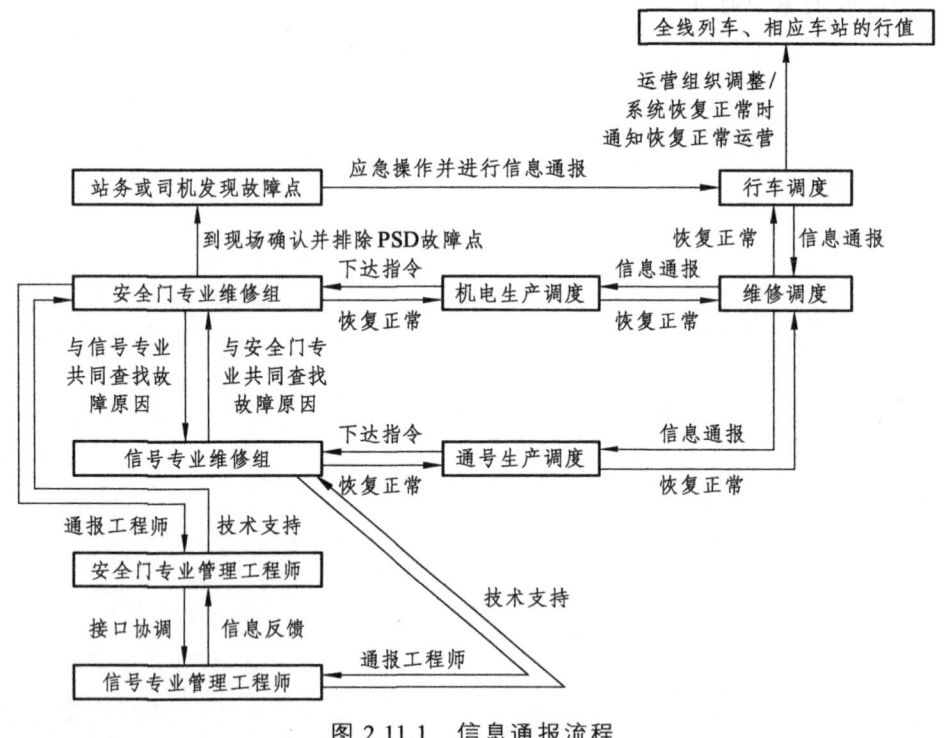

图 2.11.1　信息通报流程

二、就地操控盘

站台 PSL 盘如图 2.11.2 所示。
（1）PSL 允许：将 PSL "禁止/允许" 钥匙开关转向 PSL "允许" 位，开门/关门操作生效。

（2）开门操作：按下"开门"按钮，整侧站台滑动门全开。
（3）关门操作：按下"关门"按钮，整侧站台滑动门全关。
（4）互锁操作：将PSL"互锁/解除"钥匙开关转向PSL"互锁"位，逻辑控制单元与信号系统控制回路接通。

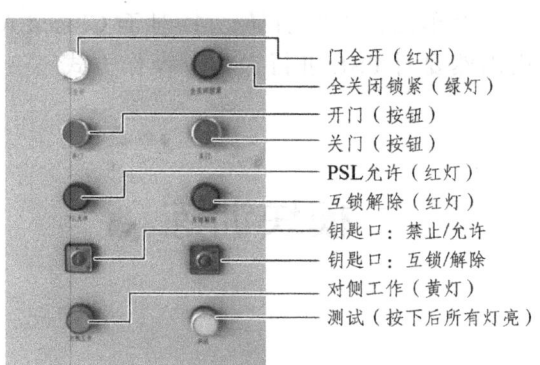

图2.11.2　站台PSL盘

（5）解除操作：将PSL"互锁/解除"钥匙开关转向PSL"解除"位，逻辑控制单元与信号系统控制回路断路。
（6）试灯操作：按下"试灯"按钮，所有指示灯将点亮。
（7）只有逻辑控制单元与信号系统出现接口故障导致的整侧站台所有滑动门无法正常开门/关门时需操作PSL，车站正常运营时禁止操作PSL。
（8）发生逻辑控制单元与信号系统出现接口故障导致的整侧站台所有滑动门无法正常开门/关门时的故障情况，严格执行《站台门系统故障处理程序》的操作步骤。

三、站台门故障处理程序

整侧站台所有滑动门无法正常开/关时的故障处理，列车司机应进行如下操作：
（1）将专用钥匙插入PSL允许/禁止面板的钥匙孔，将开关打到允许位。
（2）打到允许位后钥匙位置保持。当车门开门时，按下PSL开门按钮打开整侧站台的站台门。
（3）当车门关门时，按下PSL关门按钮关闭整侧站台的站台门。
（4）观察全关闭锁紧指示灯是否点亮，如果点亮，证明整侧站台的站台门为门关闭且锁紧状态。
（5）确保整侧站台的门关闭且锁紧后，再将插在允许位开关位置的专用钥匙恢复到禁止位。
（6）打到禁止位后拔出专用钥匙，并妥善保管。
（7）观察站台候车区域及列车与站台门的间隙，确保行车安全后列车离站。
（8）将故障信息通报给行车调度。
（9）下一趟列车停站后，该趟列车司机重复（1）至（8）条的步骤。
（10）PSD与SIG接口通过专业维修人员重新调通并检验完毕后，列车正常停站时，相应列车的司机按下司机室的开门/关门按钮观察整侧站台ASD的开门/关门，进行车门和站台门联动的功能恢复确认，确保整侧站台ASD通过信号系统的Enable/Open/Close指令可以正常开/关。
（11）再次检查PSL的所有钥匙开关是否全部恢复到相应的正确位置，妥善保管好专用钥匙。
（12）行车恢复正常。
注：① 如果PSL开、关门按钮都无法打开、关闭站台门，司机先将PSL恢复到禁止位，而后由站务人员配合操作尾端PSL（操作方法同操作头端PSL的方法）；② 如果尾端PSL开、关门按钮

都无法打开、关闭站台门，站务人员操作 LCB（对应每节车厢至少开启一组 ASD 门单元，关闭所有 ASD 门单元），同时做好上下车乘客及下一趟候车乘客（上车位置）的引导；③ 以上操作仍然都无法打开、关闭站台门，站务人员实行手动钥匙操作（对应每节车厢至少开启一组 ASD 门单元，如手动仍关闭不了站台门的情况下，站务人员操作 LCB 隔离故障门单元并做好防护措施），同时做好上下车乘客及下一趟候车乘客（上车位置）的引导；④ 对于 Closed & Locked 故障也视为整侧站台站台门系统的故障，列车司机仍然要对 PSL 进行操作（操作方式不变），其中"互锁/解除"操作由站务人员配合司机进行操作。

模块训练

任务训练

1. 电客车司机 5 种模式的转换。
2. 电客车上 DMI 各模块显示的含义。
3. PSL 盘操作功能 DMI 各模块显示的含义。
4. 列车自动控制系统（ATC）的功能。
5. 口述驾驶室 DMI 各模块显示的含义。
6. 手动降下受电弓的时机及方法。
7. ATO 模式常见故障及运行部分注意事项。

项目自测

一、填空题

1. 脚踏泵在（　　　）车上；电动泵在（　　　）车上。
2. 牵引手柄分为（　　）、（　　　）、（　　　）、（　　　）位。
3. 辅助逆变器分配在列车的（　　　）车和（　　　）车上。
4. 哈尔滨地铁 1 号线牵引供电方式为（　　　）受电，供电电压为直流 1 500 V。
5. 哈尔滨地铁车辆的净宽度为（　　　），净高为（　　　）。
6. 列车制动风缸的容积为（　　　）L，主风缸的容积为（　　　）L。
7. 试灯按钮：可实现试验司机驾驶台（　　）、（　　）、（　　）、（　　）指示灯是否能正常点亮功能的按钮。
8. 所有门关闭指示灯：车辆所有（　　　）和（　　　）全部关好后，列车门关好指示灯亮绿灯。
9. 安全环路包括（　　）、（　　）、（　　）。
10. 牵引安全环路内包含（　　）、（　　）、（　　）、（　　）。
11. 司机室激活空气开关：本端司机室处于未激活状态下该开关断开本端司机室（　　　）列车控制空气开关：此开关用于接通列车的蓄电池电源。当此空气开关断开时，列车（　　　）。
12. 制动系统逻辑输出空气开关：此开关断开，默认列车总风压力低，无法检查到总风压力，列车产生（　　　）。
13. 安全回路控制空气开关：此开关断开，紧急制动不得电，无法缓解紧急制动，列车将处于（　　　）状态。

14. 最大常用制动控制空气开关：此开关断开，推牵引制动无法缓解，列车保持（　　　）状态。

15. DC 24 V电源系统控制空气开关：此开关断开，（　　　）、（　　　）、（　　　）、（　　　）、（　　　）均操作无效。

16. 车门控制电源空气开关：此开关断开，车门保持原状态。操作（　　　）、（　　　）、（　　　）无效。

17. Mp车受电弓控制空气开关：此开关跳闸当前Mp车（　　　），并且（　　　）断开。本车失去牵引力。HMI显示当前Mp车（　　　），（　　　）分。

18. Mp车PH箱控制供电空气开关：此开关跳闸PH箱失电，本车两个转向架（　　　）。（　　　）断开。HMI显示本车（　　　）分。

二、简答题

1. 常用制动缓解旁路开关的作用和使用条件有哪些？
2. 车门系统的主要功能有哪些？
3. 司机室前端有哪些电器？
4. 列车在3个辅助逆变器同时故障或者接触网电压中断时，将由蓄电池向哪些设备提供应急供电？
5. 列车在运行中哪些情况下将实施紧急制动？
6. 牵引安全环路旁路开关的作用和使用条件有哪些？

项目三　电客车司机日常作业

课程导入

在城轨交通运营中，我们必须保证城轨列车"安全、准点、快捷、舒适"。电客车司机应有高尚的职业道德，要有强烈的责任感、高度的安全意识，才能确保列车安全运营。在日常作业中，必须对电客车司机的作业流程、作业方法、作业条件加以规定并贯彻执行，使之制度化、规范化；必须做到正常情况下的列车操作"准确"，非正常情况下确保"安全"。通过本项目学习，司机能够牢记"安全第一"的宗旨。本项目重点阐述了电客车司机的服务标准规范，系统地规范了电客车司机的作业安全准则、司机出/退勤规定、交/接班作业、整备作业、电客车出/入段/场的规定。

能力目标

（1）掌握乘务部的各项规章制度和命令。
（2）熟悉列车运行图的要求，安全、准点、快捷、舒适地运送乘客。
（3）掌握电客车整备作业流程，认真检查列车，严禁列车带"病"上线。
（4）能够严格按照"电客车司机作业标准"认真驾驶列车，规范操作，严守作业纪律，值乘时不做与工作无关的事。
（5）严格按照线路信号、标志的指示行车，严禁超速驾驶。
（6）载客运行时能够做好报站广播，人工广播时用语规范，吐字清晰。
（7）熟练掌握电客车司机作业安全准则、司机出/退勤规定、交/接班作业、整备作业、电客车出/入段/场的规定。

学习任务

（1）掌握电客车司机职责及相关定义。
（2）熟知电客车司机服务标准规范。
（3）掌握电客车司机作业安全准则。
（4）熟知出/退勤规定及交/接班作业标准。
（5）掌握电客车出/入段/场作业标准。
（6）熟知司机整备电客车作业程序。

模块一　电客车司机职责及相关定义

任务书

（1）了解调车作业的定义。
（2）掌握调试、试验车辆作业的过程。
（3）掌握与调车人员呼唤应答制度，熟知"三、二、一"车距离运行速度。

一、电客车司机

电客车司机由具有哈尔滨地铁运营分公司颁发的"地铁车辆驾驶证"，并具备独立驾驶电客车资格的人员担任，负责驾驶电客车在正线上运行及在车辆段内的调车作业和调试作业的安全。

二、城轨交通运营相关知识

1. 学习司机

学习司机指跟随司机学习的学员，其不具备独立驾驶电客车的资格，不能独立操作电客车设备，必须在司机监督下方可进行操作的人员。学习司机操作时，安全由司机负责。

2. 司机长

司机长指负责监督、指导司机（学习司机）作业，检查和落实各项管理制度和作业安全规定，协助本部管理司机日常事务，并且在正线遇突发事件时协助司机处理和做好随时顶替值乘司机工作的工班长。

3. 电客车引导员

电客车引导员指在电客车故障需要退行或推进运行时，负责在运行前端瞭望、监控的人员，指挥司机驾驶，负有安全责任。

4. 调车作业

调车作业是指调动车辆段/停车场内除进出车辆段列车以外的一切机车车辆、列车有目的的移动作业。

5. 调试作业

调试作业是指正线、车辆段内所有信号、车辆等专业的调试、试验、测试工作，以及投入运营服务前所做的准备工作。调试工作负责部门必须派出技术人员跟车负责监控车辆状态。

6. 保乘

保乘指因特殊情况下，需要双司机值乘时，对值乘司机作业过程的监督和提示。

7. 待乘

待乘指列车司机离开列车休息等待值乘的过程。

8. 添乘

添乘指因工作需要进入列车司机室进行检查，了解和观察相关的行车设备、作业程序、列车运行情况等行为。

9. 候班

候班指司机在公寓休息的过程。

10. 备班

备班指随时处于待令状态的司机。

11. 漏乘

漏乘指司机在当班期间未按规定接发列车的行为。

12. 便乘

便乘指有/无担当驾驶任务的司机坐车到指定地点的过程。

13. 职责范围

原则上每列正线运行的电客车配备司机一名，负责列车的驾驶及应急故障处理。

14. 司机

（1）严格遵守乘务部的各项规章制度和命令。

（2）坚持安全生产的方针，牢固树立安全第一的思想，按照集中领导、统一指挥的原则，认真执行调度命令，根据列车运行图的要求，安全、准点、快捷、舒适地运送乘客。

（3）列车出库前严格按照整备作业流程认真检查列车，严禁列车带"病"上线。

（4）出乘时按规定着装，严格按照"电客车司机作业标准"认真驾驶列车，规范操作，严守作业纪律，值乘时不做与工作无关的事。

（5）严格按照线路信号、标志的指示行车，严禁超速驾驶。

（6）载客运行时做好报站广播，人工广播时用语规范，吐字清晰，对待乘客询问热情周到。

（7）当班司机遇身体不适，应及时转告派班员或正线司机长，请求协助，避免影响正线服务。发生交路混乱时要有高尚的职业道德，确保有车必有人，服从司机长或派班员的安排，确保工作的顺利完成。

（8）做好行车信息传递工作，遇到问题及时与调度联系，并做好记录。对口交接时，必须做到信息的传达无误。

（9）遇到列车故障应按照《电客车故障应急处理指南》准确、及时、果断处理相关故障，尽快恢复列车运行。

（10）团结协作，树立全心全意为乘客服务的职业道德，认真学习专业知识，努力提高业务水平。

（11）及时完成领导交办的任务。

15. 客车引导员

（1）推进运行时负责在电客车前端瞭望，监控列车运行速度及运行安全。

（2）列车故障救援，推进运行时，故障车司机为引导员，负责前方进路的瞭望。

（3）负责指挥司机驾驶操作，并通过司机室对讲或无线调度电话（无线车载台或无线手持台）时刻与司机保持联系，指引司机驾驶列车运行及停车等。

（4）发现危及行车及人身安全时，立即通知司机停车，或同时采取紧急措施。

（5）与司机进行呼唤应答，保持密切联系，指挥列车停车时严格按"三、二、一"车距要求指挥。

模块二　电客车司机服务标准规范

任务书

（1）掌握行车标准用语涉及阿拉伯数字联系时应规范。
（2）熟知列车广播礼仪标准用语。
（3）熟知礼仪作业标准。

规范司机仪容仪表、行为举止、服务用语和礼仪作业标准。

一、仪容仪表

1. 对男员工的相关规定

（1）不得着无袖上装、短裤、七分袖、九分裤和其他奇装异服，若着衬衣，除风纪扣可以不扣外，其他扣子一律要正确扣住。
（2）无特殊原因不得戴太阳镜、帽子和剃光头；头发不得染过于鲜艳的颜色，鬓角不得超过耳垂，后脑头发不过衣领，并修剪整齐，无头屑，不得蓄须。
（3）不得穿拖鞋、凉拖或将其他功能性鞋类当作拖鞋穿着。
（4）不得文身。男员工只可佩带一枚简单的戒指及款式适宜的手表。

2. 对女员工的相关规定

（1）不得穿着过紧、过露的服装及短裙、短裤。
（2）女员工着淡妆上班，不允许浓妆艳抹，不得涂有色指甲油，不得美甲。
（3）头发不得染鲜艳的颜色，不得留怪异发型，长发束起，刘海不过眉。
（4）只允许佩带式样简洁大方的项链、戒指（最多戴一枚简单的）、耳钉或简洁的耳坠。

二、行为举止

（1）行为举止端正，遵守公司要求的行为守则，在岗时需要精神饱满、举止大方、行为端正、礼貌服务。
（2）司机在穿着制服乘车、候车过程中，原则上不得坐在座椅上或玩手机等电子设备，着装和行为举止一律按上岗时的规定执行。

（3）保证乘务管理用房内的卫生。严禁在折返站换乘室、中间站出乘室内追逐打闹或做与岗位工作无关的事，如看书、看报、玩游戏、会客等影响服务的行为。

（4）司机室内应时刻保持清洁无杂物，物品定置摆放。

三、服务用语

（1）司机在换乘室接听电话时，应使用普通话说："您好，XX换乘室"。

（2）文明礼貌待客，与乘客交流应根据乘客的不同身份使用恰当的称呼用语，如先生、女士、小朋友、大爷、阿姨、同志等，并使用文明用语，如您好、请讲、对不起、给您添麻烦了、谢谢、再见、请您配合我们的工作。

（3）当列车自动报站故障或其他情况需要人工报站或播放清客广播时，应使用普通话，保持语调沉稳、圆润、语速适中、音量适宜，避免声音刺耳或使乘客惊慌。

（4）在终点站，遇乘客询问如何乘车时，应说："请您在这边候车"，并指引正确的候车地点。

（5）在站台扣车或区间临时停车时（如送工作人员到区间泵房抢修时等），列车需要播放临时停车广播安抚乘客。

（6）列车对标不准，需要二次起动时，必须做好人工广播。

（7）接待乘客的投诉，态度要和蔼、礼貌谦让，不得讲斗气、训斥、顶撞、说过头及不在理的话。做到骂不还口、理解乘客、互相尊重、理性处理特殊情况并及时与行调、车站保安人员或警察联系，确保列车正常运行。

（8）在进行工作联系，应采用行车标准用语，统一采用普通话进行联系，涉及阿拉伯数字联系时应规范如下：洞（0）、幺（1）、两（2）、叁（3）、肆（4）、伍（5）、陆（6）、拐（7）、捌（8）、玖（9）。

（9）报站标准用语详见表3.2.1。

表3.2.1 列车广播礼仪标准用语

序号	名称	广播内容	备注
1	临时停车	各位乘客，现在是临时停车，请耐心等候，不便之处，敬请原谅	每1 min播放一次
2	列车再次起动	各位乘客请注意，列车即将起动，请站好扶稳，请勿倚靠车门，不便之处，敬请原谅	起动前播放一次
3	限速行车	各位乘客，现在列车临时限速，不便之处，敬请原谅	每2 min播放一次
4	客流高峰期间	各位乘客，由于客流较大，列车停站时间较短，请下车的乘客提前做好准备，多谢合作	高峰期间每列车，在客流大的车站进站前播报一次
5	不停站通过	各位乘客请注意，由于特殊情况，本次列车将不在下一站停靠，需在该站下车的乘客，请在其他站下车，下车后与工作人员联系，不便之处，敬请原谅	列车进站前播放一次
6	列车清客	各位乘客，本次列车因故退出服务，请所有乘客在本站下车，不便之处，敬请原谅	连续播放直至清客完毕
7	部分站台门打不开	各位乘客请注意，因部分站台门不能自动打开，请乘客从开启的站台门处下车，不便之处，敬请原谅	开门前播放一次
8	全部站台门打不开	各位乘客请注意，因站台门不能打开，请乘客按门上说明自行拉开站台门下车，不便之处，敬请原谅	开门前播放一次

续表

序号	名　称	广播内容	备　注
9	运行中车门解锁	解锁车门的乘客请注意，请不要惊慌，列车马上进站，不要靠近车门，将有工作人员前来处理，严禁跳下轨道	发现车门紧急解锁后连续播放直至处理完毕
10	车门故障	各位乘客请注意，因车门故障，请乘客从开启的车门处下车，不便之处，敬请原谅	开门前播放一次
11	停车不开门	各位乘客请注意，由于特殊原因，列车将在下一站停车不开车门，需在该站下车的乘客，请在其他站下车，下车后与工作人员联系，不便之处，敬请原谅	列车进站前播放一次
12	列车故障持续停车	各位乘客，现在是临时停车，请您耐心等候，切勿擅自打开车门，不便之处，敬请原谅	每 1 min 播放一次
13	区间故障救援	各位乘客请注意，由于列车故障不能继续运行，现在准备实施救援工作，请不要触动车上的设备，耐心等候，不便之处，敬请原谅	连续播放直至救援动车
14	轨道故障持续停车	各位乘客，现在是临时停车，请您耐心等候，切勿擅自打开车门，不便之处，敬请原谅	每 2 min 播放一次
15	供电故障持续停车	各位乘客，现在是临时停车，请您耐心等候，切勿擅自打开车门，不便之处，敬请原谅	每 2 min 播放一次
16	区间前端疏散	各位乘客请注意，本次列车因故需要在列车头部紧急疏散，请按秩序向列车前进的方向移动，工作人员会协助各位进入司机室，离开列车，不便之处，敬请原谅	连续播放直至清客完毕
17	区间后端疏散	各位乘客请注意，本次列车因故需要在列车尾部紧急疏散，请按秩序向列车前进的相反方向移动，到达列车尾部后，依据紧急解锁操作说明打开车门，进入司机室，并依据紧急出口操作提示打开疏散梯下车，听从隧道内工作人员的指引步行前往最近车站，多谢您的配合	连续播放直至清客完毕
18	区间两端疏散	各位乘客请注意，本次列车因故需要在列车两端紧急疏散，请按秩序向列车两端移动，到达列车端部后，依据紧急解锁操作说明打开车门，进入司机室，并依据紧急出口操作提示打开疏散梯下车，听从隧道内工作人员的指引步行前往最近车站，多谢您的配合	连续播放直至清客完毕
19	列车站内疏散	各位乘客，本次列车因故退出服务，请所有乘客在本站下车，不便之处，敬请原谅	连续播放直至清客完毕
20	车厢火警广播	各位乘客请注意，车厢内发生火情，请保持镇定，可取出列车两端的灭火器扑灭火源，不要触动列车上的其他设备	每隔 2 min 播放一次
21	车站火灾	各位乘客，本次列车因故退出服务，请所有乘客在本站下车，不便之处，敬请原谅	连续播放直至清客完毕
22	大型活动、赛事需要	乘客们，因 XX 站客流较大，为保证安全，请持单程票的乘客在下车后提前购买返程车票	预计大客流站前三站，每站发车各播报一次

续表

序号	名　　称	广播内容	备　注
23	公交接驳	各位乘客请注意，由于设备故障，请需去往XX站至XX站的乘客在XX站下车搭乘免费公交，不便之处，敬请原谅	提前2个区段，每区段播放1次公交接驳宣传广播
24	列车高峰进段/场列车清客	各位乘客请注意，本次列车将退出服务，请所有乘客下车，多谢合作	广播一次
25	列车结束本次运营清客	各位乘客请注意，今天的列车服务已经终止，请所有乘客下车，多谢合作	广播一次
26	列车报站广播	各位乘客，下一站XX站/各位乘客XX站到了	进站前或进站后2次
27	列车重启广播	各位乘客，列车因故需短暂关闭照明及空调，请勿惊慌，不便之处，敬请原谅	列车重启前2次
28	列车反方向运行广播	各位乘客，列车到站后左/右侧车门将被打开，请注意车门开启方向，切勿扶靠车门，多谢合作	进站前2次

四、礼仪作业标准

（1）司机在正线接班前须到更衣室内统一着装，佩戴标志，在整理镜前确认衣帽穿戴整齐后，方可到司机长处办理出勤手续，做到准时出乘，严禁迟到、漏乘，请假必须按有关规定提前办理。

（2）中间站出退勤时，司机在换乘室要执行立正、敬礼、报告的礼仪出勤制度。报告时机及用语：出退乘报告时，面向司机长敬礼，行礼时间为1 s，呼唤："报告，司机XXX，担当XXX次出（退）勤，请指示。"

（3）中间站接车时，司机提前5 min到达指定地点准备接车，面向列车开来方向站立，当列车驶入站台时，司机敬礼接车，列车停稳后，方可礼毕。二人并排在站台立岗（交班司机站在靠列车一侧），交班司机交接完毕随接车司机一同便乘到下一站下车后，面向列车站立，列车起动后敬礼，待全列通过，方可离开。

（4）列车运行中司机工作状态应保持精神饱满，坐姿端正，双脚平踏在地板上，不间断瞭望，左手置鸣笛按钮处，右手握住主控手柄，禁止做与行车无关的事。

（5）采用人工驾驶模式时，牵引手柄不得"急推、快拉"，保持列车平稳运行，集中精神，防止列车紧急制动。掌握好速度，对标准确，避免列车二次起动。

（6）如因列车故障，司机需进入客室操作设备，必须保证举止得当。当需从站台前往故障现场时，不得冲撞乘客。如需乘客配合，应礼貌进行协商，不得有强制行为。

（7）站台立岗时，客室门全部打开后，"口呼"确认所有站台门、客室门全部打开后，在规定位置立正立岗，身体与列车呈45°，双脚呈"V"字形，双腿并拢，收腹、挺胸、颈直，眼睛平视，（女子式）双臂自然下垂，两手在腹前相握，右手握左手第二关节处，手指不得外露。（男子式）双臂自然下垂，五指并拢贴于两侧裤缝处。面向站台，观察乘客上下车情况。不得背手、手插进口袋或手搭在物品上，不得有打哈欠或伸懒腰等影响形象的行为。

（8）在折返站或中间站有关人员需要登乘司机室时，司机需要按《登乘列车司机室管理办法》验明身份和登乘凭证后报告行车调度员，并要求登乘人员在《司机日志》《列车登乘记录簿》（格式详见《车辆中心安全管理制度》）指定位置签字。

（9）在车站行走时，要求做到左手拿包，二人成排、三人成队，步伐一致，转弯走直角。

（10）正确及时地使用报站器报站，并认真监听，发生漏报后及时进行人工报站，当报站器发生错误时，停止原设备报站，并及时更正，如无法更改，则改用人工报站。

（11）列车到达终点站前，接班司机提前到站台指定地点接车，停稳后，司机立即打开客室门，接班司机待列车客室门打开后方可打开另一端司机室门进入司机室，使用司机室对讲与交班司机办理交接手续后，交班司机下车，到换乘室休息。

（12）在正线备用列车值乘的司机，要坐姿端正，不得打盹睡觉、躺卧座椅，密切监听正线运行情况，保证职务状态良好。

模块三　出/退勤规定

任务书

（1）掌握待乘及在公寓候班的规定。
（2）掌握哈尔滨地铁1号线出/退勤的规定。

一、1号线电客车司机待乘及公寓候班的规定

公寓候班制度如下：

（1）出乘前8 h严禁饮酒或服用影响精神状态的药物，做好充分休息。值乘白班交路时，如遇天气原因或路途较远时，司机可提前到公寓候班，保持精力充沛。

（2）到公寓候班前，需到派班员处领取候班证明，领取候班证明1 h以内必须到公寓值班员处办理入住手续，将手机上交派班员存放，并做好登记。

（3）公寓候班时，必须严格执行公寓候班管理制度，入住司机公寓后，需进行指纹签到，离开时需指纹签退，签到后原则上不准外出（特殊情况下要外出时，必须经派班员批准）。

（4）公寓候班或借宿期间，不得大声喧哗，禁止饮酒及进行任何娱乐活动或影响他人休息的活动。

（5）入住人员应自觉保持室内卫生，爱惜房间内所有用品，使用完毕后应放回原处，离开公寓要随手关灯。

（6）叫班后要立即起床，严格执行叫班签认制度，按时出勤。

二、太平桥车辆段及哈南停车场出勤

（1）准时到派班员处出勤，进行指纹输入并测酒，抄写当日行车运营有关注意事项。派班员确认司机的精神状态及仪表仪容等符合上岗要求，审核《司机日志》的行车注意事项符合安全行车要求，传达上级有关通知。核对车次、车组号、列车出场方向、停放股道、发放《司机报单》（见图1.3.7）、《运营时刻表》、无线手持台等行车用品，签章确认交予司机；司机到车场调度领取列车钥匙、两把方孔钥匙、PLS盘钥匙、站台门端门钥匙和《客车状态记录卡》（格式详见《太平桥车辆段运作规则》）。

（2）司机到达规定股道核对车组号、股道，确认正确后整备列车。

三、正线出勤规定

（1）司机在正线出勤时，按接车时间提前 30 min 到西大桥站换乘室办理出勤手续，进行指纹签到、酒精测试、抄写当日与行车运营有关安全注意事项，了解正线列车（车辆）的技术状况、故障情况等。司机长确认司机的精神状态及仪表仪容等符合上岗要求，审核《司机日志》上的行车注意事项，在《司机日志》上签章交回给司机，并再次口头转达有关安全注意事项。

（2）按照《运营时刻表》确认所接车车次时间，提前 5 min 到西大桥站上下行站台头端墙处接车。

四、开车回段/场退勤作业

（1）电客车到达指定股道对标停稳后，查看风压表内里程数，记录在《客车状态记录卡》上列车入库走行里程，填写司机报单。

（2）关负载（空调、电热、CCTV 监控屏、照明），施加停放制动，分高断，鸣笛降弓，按压列车断电控制按钮，关主控钥匙（特殊情况，凭车场调度员口头通知，可不降弓、不按压列车断电控制按钮）。

（3）取下主控钥匙下车，锁好司机室门。

（4）用无线手持台联系信号楼值班员列车收车完毕。

（5）到太平桥车辆段或哈南停车场车场调度交还列车钥匙、两把方孔钥匙、PLS 盘钥匙、站台门端门钥匙和《客车状态记录卡》，再到派班室办理退勤，向派班员汇报当班的运营情况，特殊情况需填写《事故/事件、好人好事登记表》，并归还行车备品。

（6）派班员确认归还的备品齐全、状态良好，在《司机日志》上盖章确认，司机进行指纹确认后方可退勤。

（7）司机在派班员处领取候班证明，到规定的公寓房间休息候班。

五、正线退勤规定

（1）司机在哈工大站或和兴路（哈南站站、哈东站站）交接班完毕后，交班司机再到西大桥换乘室退勤。

（2）司机进出西大桥换乘室门、哈工大站或和兴路站站台门端门，不得使该车门处于常开状态，防止乘客误入，发生人身事故。

（3）填写好《司机报单》，向司机长汇报当班的运营情况，上交《司机报单》，由司机长在《司机日志》上签章，进行指纹确认、酒精测试后方可退勤，特殊情况需填写《事故/事件、好人好事登记表》。

模块四 交/接班作业

任务书

（1）掌握哈尔滨地铁 1 号线中间站司机交/接班作业标准。
（2）掌握库内交接班作业标准。

一、西大桥中间站司机交/接班作业

（1）接班司机按照《运营时刻表》确认所接车车次时间，提前 5 min 到指定地点接车。
（2）待列车停稳后，交班司机按规定程序打开站台门和客室门后，与接班司机进行对口交接。交接的内容有：
① 列车车次、方向；
② 车辆、线路等与行车相关设备设施的状态；
③ 行调命令；
④ 行车备品；
⑤ 其他行车安全注意事项。
（3）对口交接完毕后，交班司机需保乘本次列车到下一站（哈工大站或和兴路站），交班司机立岗站在接班司机的外侧，与接班司机立岗平行。接班司机确认"DTI"发车时间，距开车时间 13～15 s 时，接班司机关站台门和客室门。若未交接完毕，交班司机需继续跟车与接班司机交接，交接完毕方可退勤。
（4）非正常行车情况下（发生行车、车辆事故事件）接车时，交班司机应进行处理，接班司机协助进行处理，事故、事件处理完毕后，方可进行交接，若到达终点站故障依旧，交班司机返回西大桥退勤，接班司机报告行调，按行调指示执行。
（5）交班司机应面向列车站立，待全列车驶出站台后，交班司机方可到西大桥换乘室办理退勤手续。
（6）进出西大桥、哈工大站、和兴路站站台站台门要随手关闭，不得使该车门处于常开状态，防止乘客误入，发生人身事故。

二、终点站司机交/接班作业

（1）列车到达终点站，按规定程序打开站台门和客室门后，与接班司机通过司机室对讲交接完毕后，交班司机方可关闭司机室门离开司机室。

交接的内容有：
① 列车车次；
② 车辆、线路等与行车相关设备设施的状态；
③ 行调命令；
④ 行车备品；
⑤ 其他行车安全注意事项。

（2）交班司机离开司机室前要关闭本端设备（如刮雨器、司机室照明、电热），以及确认本端间壁门二级锁、司机室门锁闭良好。

（3）接班司机须等列车对标停稳，并确认站台门和客室门全部打开后，方可打开司机室门进入司机室。

（4）进出终点站换乘室，要随手关闭站台站台门的端门，不得使该车门处于常开状态，防止乘客误入，发生人身事故。

（5）终点站交接的列车在到达端有故障的情况下，交班司机必须将故障处理恢复至正常状态，再进行交接。若故障未排除，原则上禁止与接班司机交接，应及时报告行调列车故障无法排除，并按行调指示执行。

（6）行调命令故障列车继续运行，司机交接作业后，交班司机配合接班司机处理故障直至发车。

（7）若行调命令故障列车在终点站退出服务，列车清客完毕后，由故障列车司机担任故障车后续的工作任务。

三、正线备用车司机交/接班作业及规定

交/接班司机原则上在备用车上进行对口交接，上/下备用车须经行调同意，正线热备车司机应在运行端第一节客室内待令，行车电台必须保持开机状态，不得玩手机，不得在客室躺卧，离开/返回司机室时必须及时报告行调，并携带800 M电台，每间隔1 h检查列车状态，不得关闭主控钥匙、施加停放制动、擅自将客室广播切断或私自断合列车设备空气开关。

四、库内交接班作业

在库内作业的司机交接班时，接班司机应按规定出勤时间到车辆段/停车场派班室出勤，按规定进行对口交接。

交接的内容有：
① 车辆、线路等与行车相关设备设施的状态；
② 行调命令；
③ 行车备品；
④ 其他行车安全注意事项。

模块五　整备作业

任务书

（1）掌握哈尔滨地铁1号线列车整备作业程序。
（2）掌握哈尔滨地铁1号线列车静态检查作业细则。
（3）掌握哈尔滨地铁1号线列车检查顺序图。

一、整备作业流程

整备作业时间标准如表3.5.1所示。

表3.5.1　整备作业时间标准

序号	整备项目	时间标准	备　注
1	作业前的准备	1 min	进入司机室放下随身用品
2	走行部检查	11 min	包括两侧走行部
3	启动列车	5 min	包括列车激活、升弓、空压机打风
4	非出库端司机室的检查和试验	5 min	包括司机室内的所有功能试验（开关门、牵引等）
5	客室检查	3 min	
6	出库端司机室检查和试验	5 min	包括司机室内的所有功能试验（开关门、牵引等）
共计		30 min	

二、整备作业内容及标准

走行部检查标准如表3.5.2所示。

表3.5.2　走行部检查标准

序号	主要检查项目	内容及要求
1	车体外观	检查车体无倾斜、破损，司机室挡风玻璃、车门、车窗玻璃、头尾灯灯罩、终点站显示器及各类指示灯无破损，有无防溜设施和禁动标志
2	半自动车钩	无破损、变形，钩头腔无异物，软管无脱落
3	走行部	检查列车各阀门位置正确。各箱盖板锁闭良好，转向架各部件无机械损坏。各车之间机械电气连接良好，气动部件无泄漏

司机室静态检查标准如表 3.5.3 所示。

表 3.5.3　司机室静态检查标准

序号	主要检查项目	内容及要求
1	司机控制器（主控钥匙、方向手柄、主控手柄）	三者之间互锁正常，位置正确
2	客车车载无线调度电话、客室广播系统	外观良好，无缺损
3	HMI、DMI 显示屏	外表无损坏
4	司机室门、司机室间壁门	一级、二级锁锁闭，作用良好，动作灵活，无卡滞现象；玻璃完整，无损坏
5	各种仪表、指示灯、开关、按钮	外罩完整，各仪表、指示灯显示正确，按钮及紧急按钮位置正确
6	遮阳帘	遮阳帘完整无缺，动作灵活
7	设备柜内设备状态	按钮及开关位置正确，旁路开关外罩完整，铅封无破损
8	司机室灭火器、防毒面具	状态良好、安装牢固、无丢失
9	司机室送风口	外观良好无破损、导风叶手动灵活
10	司机座椅	无损坏，功能良好
11	紧急逃生门、逃生梯	外观良好、解锁手柄位置正确
12	照明	照明灯罩良好

客室检查标准如表 3.5.4 所示。

表 3.5.4　客室检查标准

序号	主要检查内容	要求
1	客室内观（车窗、设备柜门、盖板、地板、LCD 显示屏、动态地图、摄像头）	车内清洁，玻璃无损坏。地板、扶手、通风口、座椅外观良好，无机械损坏，设备柜门及盖板锁闭良好，摄像头外观良好
2	照明	照明灯罩、照明良好
3	车门	锁闭良好，指示灯显示正常，紧急解锁手柄位置正确，乘客报警按钮外罩无破损
4	灭火器、安全锤、空气制动截断塞门盖板、间壁门解锁盖板	消防设施无遗失，连接通道折棚无破损，连接良好，空气制动截断塞门外罩锁闭良好，间壁门解锁盖板锁闭良好

试验程序及内容如表 3.5.5 所示。

表 3.5.5　试验程序及内容

序号	项目	内容及要求	备注
1	启动列车	按下"列车上电控制"按钮，紧急负载启动，HMI 屏启动，操作"照明控制开关"，客室紧急照明灯亮	按下上电按钮后，不要操作主控钥匙、司控器和方向手柄。HMI 启动时间为 70 s 左右

续表

序号	项目	内容及要求	备注
2	激活司机台	将司控器钥匙插入并旋至开位,激活司机台,同时确认HMI屏的司机室激活状态	在HMI屏切换到"制动/空气"界面,确认制动网络已建立后,可转动主控钥匙,但方向手柄和主控手柄保持在"0"位
3	司机室顶灯测试	按压"司机室顶灯"按钮,观察司机室顶灯是否亮起	
4	ATC测试及驾驶模式确认	确认HMI屏的ATC状态图标显示ATC正常,当前驾驶模式为RM模式	列车动态试验要在RM模式下进行
5	指示灯测试	按下"试灯"按钮,观察各指示灯(司机驾驶台NRM模式、停放制动未缓解、门关好旁路、制动不缓解指示灯、所有门关闭)亮起	
6	升弓操作	升弓前首先确认蓄电池电压大于85 V,总风压力值大于350 kPa,若低于350 kPa,按压"升弓泵投入"按钮,将"升弓选择"开关转至全弓位,确认制动网络已建立,列车两侧无人,鸣笛,按下"受电弓升弓"按钮,确认升弓按钮灯常亮,HMI屏两个受电弓状态及网压值正常,客室正常照明亮起	若HMI出现钟表图案,等待3 min后(时间可在转动主控钥匙后,看HMI屏左上角的时间),制动网络未建立起来,一直处于转向架制动和总风压力值显示0.0 kPa状态,可重启列车
7	制动自检	确认满足做制动自检的4个条件:零速、停放制动施加、非紧急制动、司控器处于惰行位;点击"主菜单",点击"制动试验";切换到制动自检页面之后,当"激活测试"按钮图标亮,应立即在10 s之内按"激活测试"按钮图标;测试完成之后会有信息提醒	
8	辅助系统检查	检查HMI屏"牵引/辅助/蓄电池"界面,两Tc车BCM及一、三、六车ACM图标	
9	车载台试验	车载台上电后(或按下复位键重启),系统即开始自检,自检完毕确认车载终端的自检界面将继续显示2 s,然后跳至守候界面	
10	客室广播试验	(1)通过HMI屏中"公共广播"界面选择广播内容,通过司机室扬声器监听客室广播声音是否清晰、洪亮。 (2)使用"司机室语音控制单元"的对讲机对客室进行报站及口播,通过司机室扬声器监听报站及口播声音是否清晰、洪亮。 (3)始发站设置交路,并确认交路设置是否正确	
11	司机室门开关测试	按下"强迫开门按钮",通过DMI屏确认有开门使能信号,依次按下"开司机室左门""关司机室左门""开司机室右门"和"关司机室右门"按钮,并注意观察司机室左右门在开闭过程中有无异常、异响及HMI屏司机室门的状态显示	若不按下"强迫开门按钮",开左/右司机室门时信号蜂鸣器会报警

续表

序号	项 目	内容及要求	备 注
12	客室门开关测试	（1）观察 HMI 屏"门"界面下所有门是否均处于"关闭"状态及司机台上"所有门关好指示灯"亮。 （2）将"门模式开关"打至 MM 位，将"开门侧选择"开关转至"左侧"位，同时按下司机台上两个"开左门"按钮，观察 HMI 屏上所有左侧客室门应处于"打开"状态；再按下司机台上"关左门"按钮，确认 HMI 屏上所有左侧客室门应处于"关闭"状态及"所有门关好指示灯"亮。操作同侧司机室侧壁开/关门按钮，同时按下两个"开左门"按钮，确认 HMI 屏上所有左侧客室门应处于"打开"状态；再按下"关左门"按钮，确认 HMI 屏上所有左侧客室门应处于"关闭"状态及"所有门关好指示灯"亮。 （3）将"开门侧选择"开关打至"右侧"位，测试右侧开/关门按钮功能，操作步骤同左侧一致。 （4）客室门测试完毕，将"开门侧选择"开关转至"0"位	每次关门后，都要确认司机台上"所有门关好指示灯"亮
13	停放制动测试	（1）观察主风缸、制动风缸压力值是否处于正常范围（通过气压表或 HMI 屏），停放制动已经处于缓解状态。 （2）将司机台上的停放制动控制旋钮打到"施加"位，确认停放制动未缓解指示灯亮，HMI 屏"制动/空气"界面所有车停放制动图标为施加状态。 （3）将司机台上的停放制动控制旋钮打到"缓解"位，确认停放制动未缓解指示灯灭，及 HMI 屏"制动/空气"界面停放制动图标为缓解状态	
14	司机室风速测试	将"司机室送风"开关依次打到"低""中""高"三挡，检查司机室送风单元是否通风	
15	刮雨器测试	按压"雨刷"开关，测试喷水，并将其旋至低速和高速位，雨刷器开始移动	
16	前照灯测试	（1）将"前照灯"开关分别打至"近光""远光"位，观察前照灯工作是否正常，光照是否明亮。 （2）将开关打至"关闭"位，前照灯应关闭	
17	电笛测试	按下司机台上"电笛"按钮，注意电笛声音是否清晰、洪亮	
18	CCTV 测试	触摸屏各客室画面轮巡是否正常，无卡滞等现象；各客室画面显示是否正常，无黑屏、视频丢失等现象	
19	空调测试	在空调子菜单里，选择紧急通风测试按钮，观察界面上所有车的紧急通风是否启动，如果均启动，15 s 后，可按紧急通风停止按钮	

续表

序号	项 目	内容及要求	备 注
20	牵引制动试验	（1）按下"高断合"按钮，确认"高断合"按钮指示灯亮。 （2）检查HMI屏"牵引/辅助/蓄电池"界面所有"高速断路器"、4个动车"MCM"、空压机及干燥器图标为正常状态。 （3）检查HMI屏"制动/空气"界面所有常用制动及EPAC工作状态正常，并将HMI屏切换至"运行"界面，将控制手柄从惰性位逐步置于快速制动位，并观察"牵引/制动力"图标及风压表制动红针的变化是否正常。 （4）将HMI屏界面切换至"制动/空气"界面，鸣笛，推控制手柄至牵引位，当风压表制动缸红针为零，所有常用制动缓解图标正常，制动未缓解指示灯灭，迅速将控制手柄拉至制动位	牵引制动试验只准许向前进方向。
21	准备出场	使用车载台联系信号楼	

三、整备作业程序

1. 列车整备作业

（1）到达规定的股道后，确认股道、车组号，列车两端无警示标志，列车两侧无异物侵限。

（2）严格按照《司机整备电客车作业程序》和整备作业标准，采用目视、手指、耳听、鼻嗅的方式，做好列车整备和试验，确保电客车在投入服务前，车辆状态良好。

（3）在列车整备作业过程中发现列车故障时，司机应立即报告车场调度员，做好故障现象的确认与记录，按车场调度员指令执行。

（4）当出库检查，出现以下故障且重启后该故障现象不能清除时，列车不得上线运营：

① 一个及以上转向架制动系统显红；
② 一个及以上空压机显红；
③ 客室车门悬挂装置破裂，存在安全隐患；
④ 两个客室车门切除装置失效；
⑤ 司机室门无法打开或锁闭；
⑥ 间壁门无法锁闭或打开；
⑦ 客室玻璃有一层完全破裂；
⑧ 司机室瞭望玻璃及疏散门玻璃完全破裂；
⑨ 列车头灯、尾灯、标志灯不亮或逻辑错误；
⑩ 任一车厢220 V、110 V照明故障；
⑪ 客室内任一设备柜门无法锁闭；
⑫ 一列车两个及以上紧急通话装置失效；
⑬ 车下悬挂装置松动、脱落；
⑭ 走行部重要零部件异常；
⑮ 车钩及缓冲装置有一项不良；
⑯ 半永久性牵引杆不良；

⑰ 车体倾斜、变形超限；
⑱ 两节（及以上）车电制动失效；
⑲ 一个（及以上）停放制动无法手动缓解；
⑳ 一个（及以上）单元制动缸无法缓解或施加；
㉑ 司机控制器警惕功能失效；
㉒ 车辆由于风压不足、车门未关好、停放制动未缓解、空气制动未缓解、车间供电电源已连接等故障引起启动联锁且故障一直存在；
㉓ 紧急疏散门无法打开或锁闭；
㉔ 灭火器失效或配置数量不足；
㉕ 车载台故障（通信车辆段班组现场确认）时，禁止故障列车在未配备能与中心调度、车辆段调度进行通话的手持台的情况下上线运行；
㉖ 车载 ATC 设备故障（信号车载工班现场确认）时，禁止故障列车以 ATP/ATO 模式上线运行；
㉗ 车下箱体盖板无法锁闭或锁闭不良；
㉘ 雨、雪天气情况下，刮雨器无法使用；
㉙ 门选开关故障；
㉚ 一个及以上牵引逆变器显黄或显红；
㉛ 两个蓄电池充电机显黄或显红；
㉜ 一个及以上辅助逆变器显黄或显红；
㉝ 车辆 HMI 故障，无法正常显示；
㉞ 一个及以上牵引电机无牵引力；
㉟ 单节车停放制动无法缓解；
㊱ 制动自检不通过；
㊲ 一个及以上受电弓无法升起；
㊳ 主控钥匙转动不到位或不灵活；
㊴ 一个及以上高断无法闭合；
㊵ 客室车门关门按钮故障；
㊶ 连续两节车厢通风功能故障；
㊷ 同一节车同侧两个及其以上车门因无法正常开闭而切除；

2. 整备作业的要求

（1）整备列车时严格按规定穿荧光衣、携带手电筒，注意地面湿滑及脚下是否有障碍物，并应注意邻线列车，避免发生人身伤害。

（2）作业前必须确认电客车前后端无警示牌（灯）、司机室无禁动牌，无障碍物侵限。否则，立即通知车场调度员。

（3）列车出场前，司机严格按照本标准检查、试验列车。

（4）升弓前，司机确认无任何人员在车底下，先鸣笛后升弓。

（5）司机在出库前将里程数填写在客车状态记录卡上。

（6）备用车司机须在首列车司机出库前 30 min 整备完毕。

（7）车辆段/停车场内列车故障需要换备用车时的规定：出场列车由于故障无法处理需换备用车时，车场调度及时通知派班员和司机，司机得到通知后迅速携带钥匙、无线手持台前往备用车待令。对于库内备用车，司机无须再做动、静态检查，但动车前司机需确认列车两侧、地沟无人和物侵限。

四、司机整备电客车作业程序

1. 列车静态检查作业细则

原则:主要是通过目视检查,检车要求执行"从上到下,从左到右,从里到外"的线路原则,如图 3.5.1 所示。

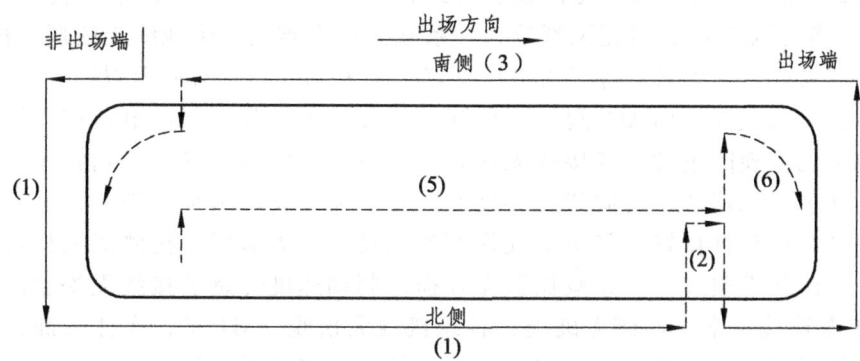

图 3.5.1 静态检查作业顺序

检车作业三禁:禁止未确认禁动牌盲目操作,禁止触摸带电部件,禁止横跨地沟。
首先做好四确认:
(1)确认股道及列车车组号。
(2)确认两侧及地沟无人,无异物侵入限界。
(3)确认进路无人或无障碍物侵入限界。
(4)确认列车头部及司机室内无"禁动"标志。
说明:
① 检查顺序:(1)和(3)车下部检查;(2)、(4)、(5)和(6)车内部检查;静态检查结束。
② 双司机作业时,客室部分的检查由副司机负责。

2. 车下部检查及内容

(1)端面检查:车体无倾斜,终点站显示屏、两块前挡风玻璃、雨刮器、防护灯及前照灯、防爬器外观良好。

(2)半自动车钩检查:半自动车钩外观良好,钩头腔无异物,各风管路连接正常,手动解钩拉手安装可靠有效,缓冲装置外观良好。

(3)从列车出库方向右侧开始,依次向后检查:Tc 车,车体表面,各门、窗正常,总风隔离塞门位置正确,电解锁开关位置正确,转向架构架良好,ATC 天线及排障器外观良好,轮下无异物,闸瓦无裂纹,一系减振器无破损,接地线无松脱,抗侧滚扭杆良好,二系空气弹簧外观良好、无泄漏,高度调整杆良好,轮下无异物,闸瓦无裂纹,一系减振器无破损,制动速度传感器接线无松脱,TWC 天线外观良好,EPAC 阀外观良好、各接线无松脱,空压机油位正常、各接线无松脱,应急通风逆变器锁闭正常、各接线无松脱,紧急解锁位置正确,AB 箱锁闭正常、各接线无松脱,蓄电池箱锁闭正常、各接线无松脱,转向架构架良好,轮下无异物,闸瓦无裂纹,一系减振器无破损,信号速度传感器接线无松脱,高度调整杆良好,二系空气弹簧外观良好、无泄漏,抗侧滚扭杆良好,接地线无松脱,轮下无异物,闸瓦无裂纹,一系减振器无破损,制动速度传感器接线无松脱。

(4)Tc-Mp2 车连接正常,遮棚无破损,各跨接线无松脱。Mp2 车,车体表面,各门、窗正常,转向架构架良好,轮下无异物,闸瓦无裂纹,一系减振器无破损,接地线无松脱,抗侧滚扭杆良好,二系空气弹簧外观良好、无泄漏,高度调整杆良好,轮下无异物,闸瓦无裂纹,一系减振器无破损,制动速度传感器接线无松脱。EPAC 阀外观良好、各接线无松脱，制动电阻箱通风口无堵塞，紧急解锁位置正确，PH 箱锁闭正常、各接线无松脱，应急通风逆变器锁闭正常、各接线无松脱，转向架构架良好，轮下无异物，闸瓦无裂纹，一系减振器无破损，接地线无松脱，高度调整杆良好，二系空气弹簧外观良好、无泄漏，抗侧滚扭杆良好，接地线无松脱，轮下无异物，闸瓦无裂纹，一系减振器无破损，制动速度传感器接线无松脱。

（5）Mp2-M2 车连接正常，遮棚无破损，各跨接线无松脱。M2 车，车体表面，各门、窗正常，转向架构架良好，轮下无异物，闸瓦无裂纹，一系减振器无破损，接地线无松脱，抗侧滚扭杆良好，二系空气弹簧外观良好、无泄漏，高度调整杆良好，轮下无异物，闸瓦无裂纹，一系减振器无破损，制动速度传感器接线无松脱。EPAC 阀外观良好、各接线无松脱，制动电阻箱通风口无堵塞、各接线无松脱，接地汇流排锁闭正常、各接线无松脱，紧急解锁位置正确，P 箱锁闭正常、各接线无松脱，制动电阻箱通风口无堵塞，转向架构架良好，轮下无异物，闸瓦无裂纹，一系减振器无破损，接地线无松脱，高度调整杆良好，二系空气弹簧外观良好、无泄漏，抗侧滚扭杆良好，接地线无松脱，轮下无异物，闸瓦无裂纹，一系减振器无破损，制动速度传感器接线无松脱。

（6）M2-M1 车连接正常，遮棚无破损，各跨接线无松脱。M1 车，车体表面，各门、窗正常，总风隔离塞门位置正确，转向架构架良好，轮下无异物，闸瓦无裂纹，一系减振器无破损，接地线无松脱，抗侧滚扭杆良好，二系空气弹簧外观良好、无泄漏，高度调整杆良好，轮下无异物，闸瓦无裂纹，一系减振器无破损，制动速度传感器接线无松脱。EPAC 阀外观良好、各接线无松脱，转向架制动隔离阀位置正确，ACM 滤波电抗器通风口无堵塞，紧急解锁位置正确，PA 箱锁闭正常、各接线无松脱，辅助控制箱盖板锁闭正常、各接线无松脱，制动缸、主风缸无漏气，转向架制动隔离阀位置正确，转向架构架良好，轮下无异物，闸瓦无裂纹，一系减振器无破损，接地线无松脱，高度调整杆良好，二系空气弹簧外观良好、无泄漏，抗侧滚扭杆良好，接地线无松脱，轮下无异物，闸瓦无裂纹，一系减振器无破损，制动速度传感器接线无松脱，总风隔离塞门位置正确。

（7）M1-Mp1 车连接正常，Mp1 车，车体表面，各门、窗正常，总风隔离塞门位置正确，转向架构架良好，轮下无异物，闸瓦无裂纹，一系减振器无破损，接地线无松脱，抗侧滚扭杆良好，二系空气弹簧外观良好、无泄漏，高度调整杆良好，轮下无异物，闸瓦无裂纹，一系减振器无破损，制动速度传感器接线无松脱。EPAC 阀外观良好、各接线无松脱，转向架制动隔离阀位置正确，MCM 滤波电抗器通风口无堵塞，紧急解锁位置正确，PH 箱箱门锁闭正常、各接线无松脱，辅助控制箱盖板锁闭正常，各接线无松脱，制动缸、主风缸无漏气，转向架制动隔离阀位置正确，转向架构架良好，轮下无异物，闸瓦无裂纹，一系减振器无破损，接地线无松脱，高度调整杆良好，二系空气弹簧外观良好、无泄漏，抗侧滚扭杆良好，接地线无松脱，轮下无异物，闸瓦无裂纹，一系减振器无破损，制动速度传感器接线无松脱，总风隔离塞门位置正确。

（8）Mp-Tc 车连接正常，Tc 车，车体表面，各门、窗正常，总风隔离塞门位置正确，转向架构架良好，轮下无异物，闸瓦无裂纹，一系减振器无破损，接地线无松脱，抗侧滚扭杆良好，二系空气弹簧外观良好、无泄漏，高度调整杆良好，轮下无异物，闸瓦无裂纹，一系减振器无破损，制动速度传感器接线无松脱。EPAC 阀外观良好、各接线无松脱，转向架制动隔离阀位置正确，蓄电池箱锁闭正常、各接线无松脱，紧急解锁位置正确，AB 箱箱门锁闭正常、各接线无松脱，ACM 滤波电抗器各接线无松脱，辅助控制箱盖板锁闭正常、各接线无松脱，制动缸、主风缸无漏气，转向架制动隔离阀位置正确，转向架构架良好，轮下无异物，闸瓦无裂纹，一系减振器无破损，信号速度传感器接线无松脱，高度调整杆良好，二系空气弹簧外观良好、无泄漏，抗侧滚扭杆良好，接地线无松脱，轮下无异物，闸瓦无裂纹，一系减振器无破损，制动速度传感器接线无松脱，ATC 天线及排障器外观良好，电解锁开关位置正确，上车确认司机室无各类禁动牌。

（9）另一个端面检查：确认列车两侧和地沟内无人作业、列车进路无人或无障碍物侵入限界、司机室前部无各类禁动牌，然后自上而下检查；车体外壳正常、目的地显示屏外观良好、两块前挡风玻璃外观良好、雨刮器外观良好、防护灯及头灯外观良好、防爬器外观良好、车体无倾斜。

（10）半自动车钩检查：半自动车钩外观良好，各风管路连接正常，手动解钩拉手安装可靠有效，缓冲装置外观良好。

（11）Tc车同（3）。

（12）Mp车同（4）。

（13）M1车体表面，各门、窗正常，转向架构架良好，轮下无异物，闸瓦无裂纹，一系减振器无破损，接地线无松脱，抗侧滚扭杆良好，二系空气弹簧外观良好、无泄漏，高度调整杆良好，轮下无异物，闸瓦无裂纹，一系减振器无破损，制动速度传感器接线无松脱。EPAC阀外观良好、各接线无松脱，制动电阻箱通风口无堵塞、各接线无松脱，接地汇流排锁闭正常、各接线无松脱，紧急解锁位置正确，PA箱锁闭正常、各接线无松脱，应急通风逆变器锁闭正常、各接线无松脱，辅助控制箱盖板锁闭正常、各接线无松脱，转向架构架良好，轮下无异物，闸瓦无裂纹，一系减振器无破损，接地线无松脱，高度调整杆良好，二系空气弹簧外观良好、无泄漏，抗侧滚扭杆良好，接地线无松脱，轮下无异物，闸瓦无裂纹，一系减振器无破损，制动速度传感器接线无松脱。

（14）M2车体表面，各门、窗正常，总风隔离塞门位置正确，转向架构架良好，轮下无异物，闸瓦无裂纹，一系减振器无破损，接地线无松脱，抗侧滚扭杆良好，二系空气弹簧外观良好、无泄漏，高度调整杆良好，轮下无异物，闸瓦无裂纹，一系减振器无破损，制动速度传感器接线无松脱。EPAC阀外观良好、各接线无松脱，转向架制动隔离阀位置正确，应急通风逆变器锁闭正常、各接线无松脱，紧急解锁位置正确，P箱锁闭正常、各接线无松脱，辅助控制箱盖板锁闭正常、各接线无松脱，制动缸、主风缸无漏气，转向架制动隔离阀位置正确，转向架构架良好，轮下无异物，闸瓦无裂纹，一系减振器无破损，接地线无松脱，高度调整杆良好，二系空气弹簧外观良好、无泄漏，抗侧滚扭杆良好，接地线无松脱，轮下无异物，闸瓦无裂纹，一系减振器无破损，制动速度传感器接线无松脱，总风隔离塞门位置正确。

（15）Mp车同（7）。

（16）Tc车同（8）。

3. 车内部检查

（1）两端司机室内设备检查。

灭火器状态良好、安装牢固、无遗失，防毒面具无遗失，逃生门及逃生梯解锁手柄位置正确；遮阳帘无破损、收缩正常；HMI、DMI显示屏外表无损坏；各种仪表、指示灯、按钮外罩完整，按钮及紧急按钮位置正确；设备柜内设备状态按钮及开关位置正确，旁路开关外罩完整，铅封无破损；司机室送风口外观良好、导风叶手动灵活；司机座椅无损坏，功能良好；客车车载无线调度电话、客室广播系统外观良好、无缺损；司机控制器位置正确。

（2）客室内部设备检查。

从这端司机室到另一司机室过程中，依次检查司机室间壁门紧急解锁盖板、客室设备柜门及座椅下转向架制动隔离阀箱门关闭，地板、座椅、扶手、车门紧急解锁、紧急报警、摄像头、照明灯罩、空调通风口、贯通道、LCD电视、LED动态地图显示器外观良好，安全锤及灭火器材齐全。

五、出乘前的故障处理

每次升弓前，应先确认空调和电热负载是否已关闭，否则可能造成ACM启动失败，影响行车。每次收车前，需进行空调关机、CCTV关机、电热关闭。碰到如下故障，先根据"处理建议"进行处理，若故障消失，则投入运营，若故障仍然存在，立即报告车场调度。

（1）司机室门电解锁无法打开车门。

第一步：司机未登车前，在车门无电的情况下，可采用机械解锁开关打开司机室车门。

第二步：司机登车后，司机室开门按钮无法正常开关门时，打开开主控钥匙后，可将司机室侧门上方的盖板打开隔离此车门，手动解锁车门。此时应联系检调处理故障，根据当日用车情况，判断是否用备用车出库。

（2）列车无法激活。

第一步：检查司机室电气柜中"32-F01 列车激活"空气开关是否在闭合位，如空气开关不在闭合位，将此空气开关闭合，按下"列车上电控制按钮"激活列车。

第二步：到另一端司机室操作"列车上电控制按钮"，查看列车是否激活。

第三步：如果发生一端不能激活，另一端能够激活的情况，此时应联系检调处理故障，用备用车出库（需确定此种工况，列车是否可以上线运营，技术分析对正线行车影响不大）。

（3）110 V 电压表显示 0 V。

第一步：再次操作"列车上电控制按钮"。

第二步：按下升弓按钮，看是否能够升弓。

第三步：受电弓升起后，查看 110 V 电压表和 HMI 显示屏中 110 V 部分是否正常，如 HMI 屏显示正常，则发车；如不正常，联系检调换车。

（4）司机台激活 2 min 后 HMI 黑屏、死机、显示异常。

第一步：检查司机室电气柜中 HMI 的"42-F01 HMI 电源"空气开关是否在闭合位，如空气开关不在闭合位，将此空气开关闭合；如空气开关在闭合位，将"42-F01 HMI 电源"空气开关断开再闭合。

第二步：操作"列车上电控制按钮"重新激活列车。如不正常，联系检调换车。

（5）双弓无法升起。

第一步：检查司机室是否激活，升弓选择是否为升全弓；在 HMI 屏查看两端蘑菇按钮是否被按下。

列车重新升弓后，必须重新闭合高速断路器。

第二步：查看主风是否欠压（低于 450 kPa），如高于 450 kPa 且不能升弓，联系检调换车。

第三步：如低于 450 kPa，按压升弓泵投入观察受电弓是否升起，如正常，继续发车（测试一下，是否还需按压升弓按钮）。

第四步：如启动电动泵后仍不能升弓，联系检调换车。

第五步：检查两 Mp 车客室内一位端一位侧电气柜内"22-F01 受电弓控制"空气开关是否在闭合位，将此空气开关断开再闭合，再次按下升弓按钮。

（6）单弓无法升起。

第一步：检查升弓选择是否为升全弓位，再次按下升弓按钮；列车重新升弓后，必须重新闭合高速断路器。

第二步：检查故障受电弓所在车客室内一位端一位侧的电气柜"22-F01 受电弓控制"空气开关是否闭合，将空气开关断开再闭合，回司机室按下升弓按钮。

第三步：如不能升弓，联系检调换车。

（7）高速断路器无法闭合。

第一步：检查司机室控制柜"22-F04 高速断路器控制"空气开关是否在闭合位，将此空气开关断开再闭合，重新按下高断合按钮。

第二步：检查两个 Mp 车客室内一位端一位侧电气柜内"25-F01 LCB1 控制电源""25-F02 LCB2 控制电源""25-F05 PH 箱电源"空气开关是否闭合，将这些空气开关断开再闭合。

第三步：以上操作和检查完成后，重新闭合高断，如不能闭合高断，联系检调换车。

（8）高速断路器闭合后牵引辅助界面显示电压为 0。

进入维修界面重新主复位一次。如不能复位，联系检调换车。

（9）紧急制动不能缓解。

第一步：检查总风压力表显示是否正常，确认"26-F05 安全回路控制"是否在闭合位，如在断开位，将空气开关打至闭合位。

第二步：查看驾驶模式和 HMI 屏互锁界面，HMI 的互锁界面有紧急制动触发条件的提醒，需对相应的触发条件进行逐一排查。

第三步：如排查后仍不能恢复，联系检调换车。

（10）车门显示紧急解锁。

在 CCTV 监控屏上显示某车门紧急解锁，先通过 HMI 和车门关好指示灯判断车门是否真的被紧急解锁；若信号为真，司机到现场处理完紧急情况，复位紧急解锁开关。

（11）司机室门无法关门到位。

第一步：重新按下司机台上"关司机室门"按钮。

第二步：如不能恢复，联系检调换车。

（12）空压机不能正常启动。

第一步：检查 Tc 车客室二位端二位侧电气柜内"23-F02"AC 380 V 空气开关（红黑）是否在闭合位，将此空气开关断开再闭合观察空压机是否正常启动。

第二步：检查两 Tc 车客室二位端一位侧电气柜内"23-F01 空压机启动"控制空气开关是否在闭合位，将此空气开关断开再闭合观察空压机是否正常启动。

第三步：按下司机室电气柜内"空压机强迫启动"按钮，持续按压 10 s 以上，查看两个空压机是否动作。

第四步：如有任一空压机未启动，联系检调换车。

（13）制动系统内网无法建立（HMI 显示制动界面 EPAC 全为红色）。

第一步：在列车激活过程中，在 2.5 min 左右时，在 HMI 显示屏上查看，确认制动系统内网没有建立成功，可继续等待至 3 min。

第二步：重新激活列车。

第三步：如无法重新建立，联系检调换车。

模块六 电客车出/入段/场

任务书

（1）熟悉电客车出段/场作业程序。
（2）熟悉电客车入段/场作业程序。

一、电客车出段/场作业程序

（1）列车整备完毕，列车状态符合正线服务要求，司机报告信号楼值班员列车整备完毕。

（2）库内执行"问路式"作业办法，司机得到信号楼值班员的通知后，司机开启库门并挂好安全锁链，确认地面信号开放，复述信号楼值班员的指令后，以 RM 模式驾驶列车出库。

（3）在平交道口处一度停车，确认无人员或异物侵限，线路状况良好后鸣笛动车。

（4）库内限速 10 km/h，待全列车完全出库后，才能加速。

（5）列车进入转换轨后，司机驾驶列车在"停车位置标"处停车，根据《运营时刻表》对本次列车的要求将模式转换为 ATO/ATP 模式，并确认是否建立 ATO/ATP 模式，再用无线调度电话联系行调。凭行调命令，确认推荐速度、地面信号开放及库门开启状态后方可动车。

二、电客车入段/场作业程序

（1）运营结束时，司机在清客站广播清客，并打开间壁门观察客室无乘客及其他人员，凭站务人员"好了"信号关闭站台门、客室门。

（2）列车入段/场时，司机将客室照明、空调关闭，确认进路信号开放、推荐速度有，以 ATP 模式驾驶列车回段/场，在入段线大门前需一度停车，确认库门开启状态后方可动车。

（3）列车以 ATP 驾驶模式运行至入段/场信号机前停稳后，司机转换成 RM 模式，用无线调度电话或无线手持台联系信号楼回库进路。

（4）得到信号楼值班员的通知后，司机先确认进段/场信号机已开放，并复述信号楼值班员指令后，再驾驶列车入库。

模块训练

任务训练

1. 电客车出段/场作业程序。
2. 电客车入段/场作业程序。
3. 司机整备电客车作业程序
4. 电客车司机服务标准规范。

项目自测

一、填空题

1. 坚持（　　　　　）的方针，牢固树立安全第一的思想，按照（　　　　　）、（　　　　　）的原则，认真执行（　　　　　）命令，根据列车运行图的要求，安全、准点、快捷、舒适地运送乘客。
2. 列车出库前应严格按照整备作业流程认真检查列车，严禁列车（　　　　　）。
3. 严格按照线路信号、标志的指示行车，严禁（　　　　　）。
4. 发生交路混乱时要有高尚的职业道德，确保有（　　　　　），服从司机长或派班员的安排，确保工作的顺利完成。
5. 推进运行时负责在电客车（　　　　　）瞭望，监控列车运行速度及运行安全。
6. 列车故障救援，推进运行时，（　　　　　）司机为引导员，负责前方进路的瞭望。
7. 临时停车广播：（　　　　　　　　　　）。
8. 部分站台门不能打开广播：（　　　　　　　　　　）。
9. 车门故障广播：（　　　　　　　　　　）。
10. 列车清客广播：（　　　　　　　　　　）。
11. 起动列车前，必须确认信号显示正确，防止（　　　　　）。
12. 穿越道岔区时，严禁脚踏（　　　　　）与（　　　　　）部分。
13. 整备作业前必须了解列车（　　　　　）及（　　　　　）。
14. 在洗车作业和离开洗车库时司机必须采用洗车模式人工驾驶限速（　　　　　）。
15. 严格按《运营时刻表》时刻动车，动车前必须确认行车"五要素——（　　　　　）"。
16. 操作旁路开关及模式转换开关前，必须确认符合（　　　　　），并取得（　　　　　）的授权。操作时必须先确认清楚再操作，操作后再确认操作是否正确。
17. 折返作业严格遵守交接班制度，坚持"（　　　　　）"的原则。
18. 必须严格执行"（　　　　　）"制度，必须认真确认并"手指口呼"站台门、客室门状态。

二、简答题

1. 整备作业安全准则有哪些？
2. 洗车作业安全准则有哪些？
3. 正线出勤作业流程是什么？
4. 开车回段/场退勤作业是什么？
5. 终点站司机交/接班作业交接内容有哪些？
6. 西大桥中间站司机交/接班作业有哪些？
7. 电客车静态检查"四确认"有哪些？
8. 简述电客车出段/场作业流程？

项目四　太平桥车辆段行车组织

课程导入

　　太平桥车辆段是哈尔滨地铁 1 号线行车组织、运营管理、车辆维修的重要部门。该项目重点阐述了太平桥车辆段的功能，新入职司机应充分了解车辆段的相关职能，掌握车辆段运用设施与检修设施之间的联锁关系，熟悉哈尔滨地铁 1 号线配属车辆的停放、列检、整备的原则，重点学习列车运行时手信号的显示方式及要求，掌握工程车调动电客车的作业标准及使用无线调车电台的规定。通过该项目的学习，可以使新入职司机对太平桥车辆段有明确的认知。

能力目标

（1）了解太平桥车辆段范围内机电、供电、通信、信号、轨道等系统的设备及作用。
（2）了解太平桥车辆段一般故障处理和列车清扫洗刷的规定。
（3）掌握车辆段与区间分界线的划分原则。
（4）了解洗车线 L-4 道和检修股道的运用规定。
（5）掌握列车运行时手信号的显示。
（6）掌握车辆段内调车作业的规定。
（7）熟悉使用无线调车电台的规定。

学习任务

（1）了解太平桥车辆段行车组织结构。
（2）了解车辆段概况。
（3）熟知车辆段技术设备。
（4）熟知车辆段行车组织工作。
（5）掌握车辆段内调车作业的规定。
（6）掌握车辆段内调试作业对司机的要求。
（7）掌握列车运行时手信号的显示方式及要求。
（8）熟悉工程车调动电客车的规定。
（9）熟悉使用无线调车电台的规定。

模块一　车辆段概况

任务书

（1）熟悉太平桥车辆段的主要设备和设施。
（2）掌握车辆段与区间分界线及相邻车站的划分。
（3）了解太平桥车辆段行车组织结构。

一、太平桥车辆段主要设备设施

太平桥车辆段按功能划分为 7 个分区。停车列检库位于段东端南部，包括洗车库、镟轮库、停车列检库、月检库；检修设施位于段西部；包括静调库、定临修库、厂架修库；中部区域分南北两部分：运用设施与检修设施之间设调机和特种车辆联合车库，北部为综合维修中心、机加工修配中心、汽车总库、跟随式变电所、信号楼和易燃品库；段东部停车列检库北侧为材料棚和物资总库、材料线；段西部检修库以西，为段汽车库、办公综合楼、单身宿舍和食堂浴室。太平桥车辆段与哈尔滨枢纽太平桥站毗邻。太平桥车辆段主要设备设施中，试车线有效长度为 1 220 m，基本可满足高速试车需要，铺轨 12.662 km，总建筑面积达 86 682 m^2。

二、太平桥车辆段与区间分界线及相邻车站的距离

入段线 D1602 岔心至 XJD1 距离为 1 069 m；出段线 D1503 岔心至 XJD2 距离为 1 040 m，如表 4.1.1 所示。

表 4.1.1　太平桥车辆段与区间分界线及相邻车站的距离

线　别	邻　站	站间距离/km	站界名称
入段线 D1602	交通学院站	1 069	进段信号机 XJD1
出段线 D1503	太平桥站	1 040	进段信号机 XJD2

三、太平桥车辆段的功能

（1）提供运用列车投入服务，确保哈尔滨地铁 1 号线《运营时刻表》的实现。
（2）承担太平桥车辆段范围内机电、供电、通信、信号、轨道等系统的日常运行管理、巡检和定期维修养护工作。

（3）承担太平桥车辆段内设备设施维修等工作。

（4）承担哈尔滨地铁1号线配属车辆的停放、列检、整备以及全线配属车辆的月检、定（临）修、架修、大修等工作。

（5）太平桥车辆段是哈尔滨地铁1号线救援基地。

（6）提供后勤保障服务。

四、行车指挥构架

行车指挥构架如图4.1.1所示。

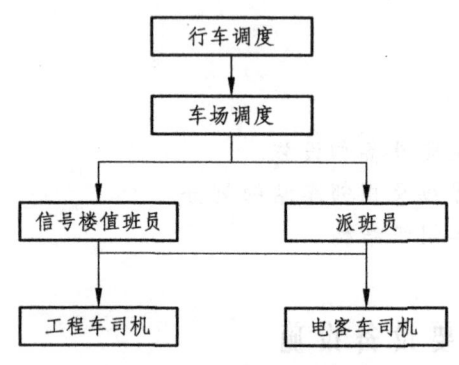

图 4.1.1　行车指挥构架

模块二　车辆段技术设备

任务书

（1）掌握车辆段内线路技术要求。
（2）掌握太平桥车辆段信号机的设置原则及显示意义。
（3）熟知哈尔滨市轨道交通1号线电客车近期配置。
（4）了解通信、照明、供电、给水设备。
（5）熟知太平桥车辆段内非正常情况下的行车作业规定。

一、太平桥车辆段线路

（1）太平桥车辆段线路轨距为 1 435 mm（误差为 + 6 mm，- 2 mm），钢轨型号除试车线为 60 kg/m（9号道岔）外，其余均为 50 kg/m（7号道岔）。道岔限速表如表 4.2.1 所示。

表 4.2.1　道岔限速表

辙叉号	限制速度/（km/h）
9	35
7	25

（2）车辆段线路最小平面曲线半径为 150 m。
（3）段内线路按作业目的、功能可分为运用线，包括停车列检线、检修线、洗车线、试车线、机走线、机待线、牵出线等；检修线，包括定修线、临修线、厂架修线、静调线、内燃调车机及特种车库线、月检线和不落轮镟修线等；其他线，包括平板车线、材料总库线等。
（4）太平桥车辆段股道名称、用途和长度，如表 4.2.2 所示。

表 4.2.2　太平桥车辆段股道名称、用途和长度

序号	信号编号	股道编号	用途	有效长度			接触网	轨道电路	备注（特殊说明）
				始点	终点	长度/m			
1	G1525	L-1	转换轨Ⅰ	S1611	XJD1	259	有		
2	G1619	L-2	转换轨Ⅱ	X1515	XJD2	250	有		
3	D3G	L-3	牵出线	D3	6	163	有		

续表

序号	信号编号	股道编号	用途	有效长度			接触网	轨道电路	备注（特殊说明）
				始点	终点	长度/m			
4	无	L-4	洗车线	D16	库内车挡	274		无	靠信号机25 m部分有轨道电路，洗车机段没有轨道电路
5	无	L-5	不落轮镟线	D17	库内车挡	274		无	靠信号机25 m部分有轨道电路
6	6G	L-6	停车列检线	S6	库内车挡	269		有	分为A、B两段
7	7G	L-7	停车列检线	S7	库内车挡	269		有	分为A、B两段
8	8G	L-8	停车列检线	S8	库内车挡	269		有	分为A、B两段
9	9G	L-9	停车列检线	S9	库内车挡	269		有	分为A、B两段
10	10G	L-10	停车列检线	S10	库内车挡	269		有	分为A、B两段
11	11G	L-11	停车列检线	S11	库内车挡	269		有	分为A、B两段
12	12G	L-12	停车列检线	S12	库内车挡	269		有	分为A、B两段
13	13G	L-13	停车列检线	S13	库内车挡	269		有	分为A、B两段
14	14G	L-14	停车列检线	S14	库内车挡	269		有	分为A、B两段
15	15G	L-15	停车列检线	S15	库内车挡	269		有	分为A、B两段
16	16G	L-16	停车列检线	S16	库内车挡	269		有	分为A、B两段
17	17G	L-17	停车列检线	S17	库内车挡	269		有	分为A、B两段
18	D18G	L-18	月检线	D18	库内车挡	153		有	
19	D19G	L-19	月检线	D19	库内车挡	153		有	
20	D20G	L-20	月检线	D20	库内车挡	153		有	
21	18AG	L-21	材料线	S18	车挡	140		有	
22	19AG	L-22	轨道平车线	S19	车挡	214		有	
23	31/34WG	L-23	牵出线	D27	D29	130		有	
24	33/34WG	L-24	机走线	D28	D30	130		有	
25	D31G	L-25	机待线	D31	车挡	42		有	
26	TG	L-26	试车线	TX1	TS6			有	
27	D36G	L-31	内燃调机及特种车线	D36	库内车挡	66		有	
28	D37G	L-30	内燃调机及特种车线	D37	库内车挡	66		有	
29	D38G	L-29	内燃调机及特种车线	D38	库内车挡	66		有	
30	D39G	L-28	内燃调机及特种车线	D39	库内车挡	66		有	
31	D41G	L-32	静调线	D41	库内车挡	158		有	

续表

序号	信号编号	股道编号	用 途	有效长度			接触网	轨道电路	备注（特殊说明）
				始点	终点	长度/m			
32	D42G	L-33	定修线	D42	库内车挡	158		有	
33	D43G	L-34	临修线	D43	库内车挡	158		有	
34	无	L-35	厂架修线		库内车挡	无		无	靠信号机30 m部分有轨道电路
35	无	L-36	厂架修线		库内车挡	无		无	靠信号机30 m部分有轨道电路
36	无	L-37	厂架修线		库内车挡	无		无	靠信号机30 m部分有轨道电路

二、太平桥车辆段道岔编号、辙叉号、联锁方式、侧向运行速度

太平桥车辆段道岔编号、辙叉号、联锁方式、侧向运行速度如表4.2.3所示。

表4.2.3 太平桥车辆段道岔编号、辙叉号、联锁方式、侧向运行速度

序号	编号	辙叉号	定位开通股道	联动或单动	操纵方式	钥匙及手摇把保管地	操作负责人	钢轨类型/(kg/m)
1	1/2	7	洗车线、镟轮线、6G~9G/洗车线、镟轮线、6G~17G、月检线、材料线、平板车线、牵出线、机走线、机待线	联动	集中	信号楼	信号楼值班员	50
2	3/4	7	月检线、材料线、平板车线、牵出线、机走线、机待线/洗车线、镟轮线、6G~17G、月检线、材料线、平板车线、牵出线、机走线、机待线	联动	集中	信号楼	信号楼值班员	50
3	5/6	7	洗车线、镟轮线、6G~17G/月检线、材料线、平板车线、牵出线、机走线、机待线	联动	集中	信号楼	信号楼值班员	50
4	7/8	7	10G~17G/洗车线、镟轮线、6G~9G	联动	集中	信号楼	信号楼值班员	50
5	9	7	6G~9G	单动	集中	信号楼	信号楼值班员	50
6	10	7	8G、9G	单动	集中	信号楼	信号楼值班员	50
7	11	7	9G	单动	集中	信号楼	信号楼值班员	50
8	12	7	7G	单动	集中	信号楼	信号楼值班员	50
9	13	7	镟轮线	单动	集中	信号楼	信号楼值班员	50
10	14	7	10G~13G	单动	集中	信号楼	信号楼值班员	50

续表

序号	编号	辙叉号	定位开通股道	联动或单动	操纵方式	钥匙及手摇把保管地	操作负责人	钢轨类型/(kg/m)
11	15	7	10G、11G	单动	集中	信号楼	信号楼值班员	50
12	16	7	10G	单动	集中	信号楼	信号楼值班员	50
13	17	7	12G	单动	集中	信号楼	信号楼值班员	50
14	18	7	16G、17G	单动	集中	信号楼	信号楼值班员	50
15	19	7	17G	单动	集中	信号楼	信号楼值班员	50
16	20	7	15G	单动	集中	信号楼	信号楼值班员	50
17	21	7	材料线、平板车线、牵出线、机走线、机待线	单动	集中	信号楼	信号楼值班员	50
18	22	7	材料线、平板车线、牵出线、机走线、机待线	单动	集中	信号楼	信号楼值班员	50
19	23	7	D18G、D19G	单动	集中	信号楼	信号楼值班员	50
20	24	7	D19G	单动	集中	信号楼	信号楼值班员	50
21	25	7	材料线、平板车线、牵出线、机走线、机待线、D36G~D39G	单动	集中	信号楼	信号楼值班员	50
22	26	7	D36G、材料线、平板车线、牵出线、机走线、机待线	单动	集中	信号楼	信号楼值班员	50
23	27	7	D37G	单动	集中	信号楼	信号楼值班员	50
24	28	7	D38G	单动	集中	信号楼	信号楼值班员	50
25	30	7	材料线、平板车线、牵出线	单动	集中	信号楼	信号楼值班员	50
26	31	7	牵出线	单动	集中	信号楼	信号楼值班员	50
27	32	7	平板车线	单动	集中	信号楼	信号楼值班员	50
28	33	7	机走线	单动	集中	信号楼	信号楼值班员	50
29	34	7	机待线	单动	集中	信号楼	信号楼值班员	50
30	35	7	静调线、定修线、临修线	单动	集中	信号楼	信号楼值班员	50
31	36	7	定修线、临修线	单动	集中	信号楼	信号楼值班员	50
32	37	7	定修线	单动	集中	信号楼	信号楼值班员	50
33	38	7	厂架修线	单动	集中	信号楼	信号楼值班员	50
34	39	7	厂架修线	单动	集中	信号楼	信号楼值班员	50
35	40	9	试车线	单动	集中	信号楼	信号楼值班员	60

图 4.2.1 为单开道岔，图 4.2.2 为道岔号数计算示意图。

图 4.2.1 单开道岔

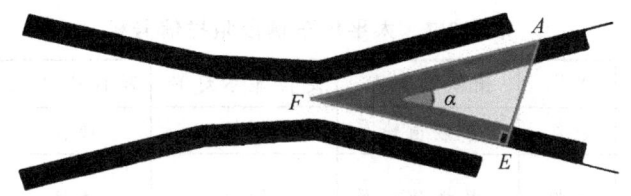

图 4.2.2 道岔号数计算示意图

三、太平桥车辆段进段固定信号设备、出段信号机、调车信号机、阻拦信号机

太平桥车辆段进段固定信号设备、出段信号机、调车信号机、阻拦信号机如表 4.2.4~4.2.7 所示。

表 4.2.4 太平桥车辆段进段固定信号设备

序号	方向	用途	编号	类别	操纵方式	操纵负责人	是否兼作他用	定位显示灯光	有无引导信号	附注
1	太平桥车辆段	交通学院站进车辆段	XJD1	色灯	集中	信号楼值班员	调车信号	红灯	有	高柱
2		太平桥站进车辆段	XJD2	色灯	集中	信号楼值班员	调车信号	红灯	有	高柱

表 4.2.5 太平桥车辆段出段信号机

序号	方向	用途	编号	类别	操纵负责人	是否兼作他用	定位显示灯光	附注
1	转换轨	6G 出段	S6	色灯	信号楼值班员	调车信号	红灯	矮柱
2		7G 出段	S7	色灯	信号楼值班员	调车信号	红灯	矮柱
3		8G 出段	S8	色灯	信号楼值班员	调车信号	红灯	矮柱
4		9G 出段	S9	色灯	信号楼值班员	调车信号	红灯	矮柱
5		10G 出段	S10	色灯	信号楼值班员	调车信号	红灯	矮柱
6		11G 出段	S11	色灯	信号楼值班员	调车信号	红灯	矮柱
7		12G 出段	S12	色灯	信号楼值班员	调车信号	红灯	矮柱
8		13G 出段	S13	色灯	信号楼值班员	调车信号	红灯	矮柱
9		14G 出段	S14	色灯	信号楼值班员	调车信号	红灯	矮柱
10		15G 出段	S15	色灯	信号楼值班员	调车信号	红灯	矮柱
11		16G 出段	S16	色灯	信号楼值班员	调车信号	红灯	矮柱
12		17G 出段	S17	色灯	信号楼值班员	调车信号	红灯	矮柱
13		18AG 出段	S18	色灯	信号楼值班员	调车信号	红灯	矮柱
14		19AG 出段	S19	色灯	信号楼值班员	调车信号	红灯	矮柱

表 4.2.6　太平桥车辆段调车信号机

序号	方向	编号	类别	操纵负责人	定位显示灯光	附注
1	西	D4/D5/D7/D10/D16/D17/D18/D19/D20/D22/D27/D28/D31/D32/D33/D40/D6A～D17A	色灯	信号楼值班员	蓝灯	矮柱
2		D6B～D17B	色灯	信号楼值班员	红灯	矮柱
3	东	D1/D2/D3/D6/D8/D9/D11/D12/D13/D14/D15/D21/D23/D24/D29/D30/D34/D35/D36/D37/D38/D39/D41/D42/D43/D44/D45/D46	色灯	信号楼值班员	蓝灯	矮柱

表 4.2.7　太平桥车辆段阻拦信号机

序号	方向	编号	类别	操纵负责人	定位显示灯光	高柱或矮柱	附注
1	西	TX1	色灯	信号楼值班员	红灯	矮柱	试车线尽头，只显示红灯
2	东	TS6/Z1/Z2	色灯	信号楼值班员	红灯	矮柱	试车线、材料线、平板车线尽头，只显示红灯

四、太平桥车辆段信号机的设置原则及显示意义

（1）入段信号机采用四显示（一个四灯位机构）：
① 黄灯——允许列车进车辆段；
② 红灯——禁止越过该信号机；
③ 黄/红灯——引导信号进车辆段（黄、红灯位间设空灯位）；
④ 月白灯——允许调车作业，可以越过该信号机。
（2）出段信号机采用三显示（一个三灯位机构）：
① 黄灯——允许列车出段；
② 红灯——禁止越过该信号机；
③ 月白灯——允许段内调车作业，可以越过该信号机。
（3）调车信号机采用两显示（一个两灯位机构）：
① 蓝灯——停止调车作业，禁止越过该信号机；
② 月白灯——允许调车作业，可以越过该信号机；
③ 红灯——停止列车/调车作业，禁止越过该信号机。
（4）停车库内调车信号机采用两显示（一个两灯位机构）：
① 红灯/蓝灯——停止列车/调车作业，禁止越过该信号机；
② 月白灯——允许越过该信号机。
（5）试车线尽头及材料线、平板车线尽头设置阻拦信号机，采用一显示（一个灯位机构），固定显示红色灯光，禁止机车车辆越过该信号机。

五、太平桥车辆段联锁设备

1. 计算机联锁系统

太平桥车辆段信号系统为 TYJL-Ⅱ型双机热备计算机联锁系统，如表 4.2.8 所示。其室内设备设

于车辆段信号楼信号设备室,微机操作台及单元控制台设于信号控制室。信号机和道岔由信号楼集中控制。车辆段内信号联锁轨道电路采用 50 Hz 单轨条相敏轨道电路。车辆段内 7 号道岔均采用 ZD6-D 型直流转辙机,试车线上 9 号道岔采用与 1 号线一致的 ZDJ9 型三相交流电动转辙机。

表 4.2.8　太平桥车辆段联锁设备种类及型号

位　　　置	联锁设备种类	计算机联锁型号及软件版本
太平桥车辆段	双机热备	TYJL-II

信号机按作业目的可分为出段信号机、入段信号机、调车信号机、阻拦信号机;所有信号机均设置在运行方向右侧。试车线 T1G～T7G 区段采用日本 AFTC 数字轨道电路,其设备设于试车线信号设备室,复示至信号楼。

2. 计算机联锁系统功能

(1) 根据作业情况可办理列车进出段、调车转线作业、引导接车或总锁闭接车等功能,可实现单独操纵道岔和单独锁闭道岔、总取消、总人解、信号机及道岔封锁和清封锁、破封检查等,若办理进路的操作有误或挤岔、断丝时,具有显示提示或语音报警功能。

(2) 向被占用线路上排列列车进路时,信号机不能开放。

(3) 能监督是否挤岔,并于挤岔的同时,使防护该进路的信号机自动关闭。被挤道岔未恢复前,有关信号机不能开放。

(4) 能够监视线路与道岔区段是否被占用,进路开通及锁闭,复示地面信号机的显示状态。

(5) 当道岔第一连接杆处的尖轨与基本轨间有 4 mm 及以上间隙时,不能锁闭或开放信号机。

(6) 车辆段与太平桥、交通学院方面出入段设照查电路,出段线(转换轨)轨道电路设于太平桥站,入段线(转换轨)轨道电路设于交通学院站,并将轨道条件复示至车辆段信号楼,当向转换轨排列出段列车进路时,需检查正线车站未往出入段线排列进路、轨道电路空闲等条件;车辆段内进行调车作业时,不得越过 XJD1、XJD2 信号机,占用转换轨。

3. 自动列车监控系统(ATS)设备

(1) 车辆段内装配两台 ATS 人机接口设备 HMI1 和 HMI2,分别安装在信号楼和派班室。

(2) 信号楼及派班室内的人机接口设备 HMI 具有车辆管理功能,可以在该设备上输入列车车组号、服务号和目的地码号,可统计、调整客车走行里程,监视正线运行情况等。

六、通信、照明、供电、给水设备

1. 专用通信系统

车辆段设置的通信系统主要包括传输系统、公务电话系统、专用电话系统、专用无线系统、闭路电视监控系统、广播系统、时钟系统、电源系统、乘客信息系统、OA(Office Automation,办公室自动化)系统、集中告警系统等。

(1) 传输系统设备。

传输系统节点设备设置在信号楼通信机房内,可为车辆段内的其他通信子系统及 AFC(Automatic Fare Collection System,自动售检票系统)、BAS(Building Automation System,环境与设备监控系统)、信号等系统提供传输通道。

(2) 公务电话系统设备。

车辆段设置 1 套数字程控交换设备,向车辆段用户提供语音、数据、传真等通信业务服务。

（3）专用电话系统设备。

车辆段内专用电话系统设置了40键按键式操作台、144键按键式操作台等设备，设置有录音功能，可实现行调、车场调度员、信号楼值班员、检修调度员、车站值班员的直接通话。其中144键按键式值班操作台设置在车辆段信号楼控制室，40键按键式值班操作台设置在运用组合库DCC控制室、特种车库值班室等处。按键式操作台具有单呼、组呼和全呼通话功能，各处值班人员可使用按键式操作台与控制中心调度员利用快键直接取得联系，并能在紧急情况下发起紧急呼叫；同时可与车辆段内专用电话系统直通用户通话，与相邻车站值班员（设直通键）进行通话。

（4）专用无线系统设备。

车辆段内专用无线系统主要包括基站、铁塔、天线、直放站、无线固定台、手持台等设备，可实现车辆段内值班员与段内列车司机之间及段内手持台持有人员之间的通话。其中太平桥车辆段专用无线调度台设置在车辆段信号楼控制室，信号楼值班员可以通过专用无线调度台对车辆段内所有车载台、手持台和固定台进行无线调度通话，包括单呼、组呼、紧急呼叫、车次号/车底号呼叫、集中站管区呼叫等。

（5）闭路电视监控系统设备。

车辆段内闭路电视监控系统主要包括摄像机、红外周界报警设备、视频监控终端等设备，可对车辆段内重点区域进行实时视频监控。

（6）广播系统设备。

车辆段内广播系统主要包括广播控制设备、功放、扬声器、广播控制盒、扩音对讲终端等设备，段内相关人员可向车辆检修组合库、运用组合库、内燃调机及特种车库区域进行语音广播，库内的流动人员可以通过库内扩音对讲终端对相应广播区域进行语音广播。

（7）时钟系统设备。

时钟系统在车辆段内设置了二级母钟、子钟等设备。二级母钟设置在信号楼通信机房内，可以与控制中心一级母钟进行时间同步，同时驱动设置在车辆段内的子钟，为车辆段内的相关人员提供标准时间信息。

（8）电源系统设备。

电源系统在车辆段信号楼通信机房内设置了UPS电源、蓄电池组、交流配电柜等设备，可为车辆段内其他通信子系统提供稳定电源，蓄电池组后备时间为2 h。

（9）乘客信息系统设备。

乘客信息系统在车辆段内设置了交换机、AP天线等设备，当列车停靠在库内进行检修等作业时，可通过无线网络向车载播放控制器下发视频信息、播放列表等数据。

（10）OA系统设备。

OA系统在车辆段信号楼内设置了汇聚交换机，在段内各单体建筑内设置了接入交换机，可为车辆段内相关办公人员提供登录OA系统、浏览Internet、收发邮件等服务。

（11）集中告警系统设备。

集中告警系统在车辆段内设置了一套告警监控终端，通过集中告警监控终端可以实时调看各通信子系统的故障告警信息。

太平桥车辆段主要照明设备设置地点、数量、控制人如表4.2.9所示。

表4.2.9 主要照明设备设置地点、数量、控制人

序号	照明设备名称	设置地点	数量	总功率	开关设置地点	控制人	附记
1	室外路灯、灯塔照明	室外道路及道岔	145+2	30 kW	三处门卫室	（1）门卫手动 （2）自动时控 （3）光感自控	智能照明系统

续表

序号	照明设备名称	设置地点	数量	总功率	开关设置地点	控制人	附记
2	运用组合库照明	运用组合库	1 000	150 kW	运转值班室总控，就地设置面板开关	值班人员作业人员	智能照明系统
3	运用组合库边跨房屋照明	运用组合库边跨房屋	300	15 kW	各房屋就地控制	房间办公人员	
4	检修组合库照明	检修组合库	665	166 kW	检修库值班室总控，就地设置面板开关	值班人员作业人员	智能照明系统
5	检修组合库边跨房屋照明	检修组合库边跨房屋	380	27.6 kW	各房屋就地控制	房间办公人员	
6	内燃调机及特种车库照明	内燃调机及特种车库	50	10 kW	内燃调机及特种车库值班室总控，就地设置面板开关	值班人员作业人员	智能照明系统
7	内燃调机及特种车库边跨房屋照明	内燃调机及特种车库边跨房屋	100	5 kW	各房屋就地控制	房间办公人员	

2. 供 电

接触网导线距轨面的标准距离：地下线为 4 040 mm；出/入段线为 4 800 mm；车场线、试车线、列检停车库为 5 000 mm；洗车库、镟轮库、检修库为 5 400 mm；月检库为 5 700 mm；施工作业时离接触网带电体（含隔离开关等带电部分）距离不足 1 m 时需要接触网停电并挂地线。距离小于 2 m，但大于 1 m 时只进行接触网停电。大于 2 m 时不需要接触网停电。段内工程车平板车运送货物时，货物高度超过车体高度时需停电。太平桥车辆段隔离开关编号、设置和控制范围如表 4.2.10 所示。

表 4.2.10　太平桥车辆段隔离开关编号、设置和控制范围

序号	供电分区	定义	备注	越区供电开关
1	1D1	车辆段 2111 号隔离开关以南	D 表示太平桥车辆段接触网	无
2	1D2	车辆段 2121 号隔离开关以南		无
3	1D3	车辆段 2162 号隔离开关—车辆段 2161 号隔离开关—车辆段 2156 号隔离开关		2162 号、2156 号
4	1D4	车辆段 2113 号隔离开关—车辆段 2161 号隔离开关—运用组合库前 10 至 20 股道		2161 号、2113
5	1D5	车辆段 2124 号隔离开关～运用组合库前 4 至 9 股道		2124 号
6	1D6	车辆段 2151 号隔离开关与车辆段 2155 号隔离开关以北		2151 号

七、哈尔滨市轨道交通 1 号线机车车辆设备

（1）哈尔滨市轨道交通 1 号线电客车近期配置 17 列共 102 辆。

（2）车辆段配备工程车 3 台、接触网检修辅助作业车 1 台，其技术参数如下。

① 内燃调车机，设备主要技术规格及参数如表 4.2.11 所示。

表 4.2.11 内燃调车机参数

型号	GCY450 型内燃调车机	辆数	2 辆	编号	G011、G012
外形尺寸（长×宽×高）	13 888 mm×2 800 mm×3 800 mm					
适用轨距	1 435 mm					
传动方式	液力传动或电传动					
发动机输出功率	444 kW					
轴列式	B-B					
轴距	2 200 mm					
定距	12 600 mm					
车轮直径	新轮 840 mm，半磨耗轮 805 mm，磨耗轮 770 mm					
通过最小曲线半径	80 m					
构造速度	55 km/h					
单机最高运行速度	50 km/h					
持续速度	8 km/h					
制动方式	空气制动及停车制动					
单机制动距离（平直道，车速 80 km/h）	≤400 m					
车钩形式	13 号上作用式车钩＋橡胶缓冲器或环簧缓冲器					
车钩中心距轨面高度	（880±10）mm					
轴重	≤16 t					
整备质量	46 t					
回送速度	120 km/h					
噪声	司机室噪声≤76 dB（A）					
车外噪声	在平直线路上运行速度 v = 80 km/h，距线路中心 25 m，噪声≤80 dB（A）					
使用寿命	整机使用寿命不小于 30 年，大修周期大于 10 年					

② 轨道车，设备主要技术规格及参数如表 4.2.12 所示。

表 4.2.12 轨道车参数

型号	GCY230 型轨道车	辆数	1 辆	编号	G013
外形尺寸（长×宽×高）	13 800 mm×2 800 mm×3 800 mm					
适用轨距	1 435 mm					
传动方式	液力机械传动					
发动机输出功率	224 kW					
轴列式	1A-A1					
轴距	2 400 mm					
定距	6 800 mm					

续表

车轮直径	840 mm
通过最小曲线半径	110 m
构造速度	100 km/h
单机最高运行速度	80 km/h
持续速度	8 km/h
制动方式	空气制动及停车手制动
单机制动距离（平直道，车速 80 km/h）	≤400 m
车钩形式	13 号车钩＋MT-3 型缓冲器
车钩中心距轨面高度	（880±10）mm
轴重	10 t
整备质量	40 t
回送速度	120 km/h
噪声	司机室噪声≤76 dB（A）
车外噪声	在平直线路上运行速度 $v=80$ km/h，距线路中心 25 m，噪声≤80 dB（A）
使用寿命	整机使用寿命不小于 30 年，大修周期大于 10 年

③ 接触网作业机车，设备主要技术规格及参数如表 4.2.13 所示。

表 4.2.13　接触网作业车参数

型号		辆数	1 辆	编号	G014
外形尺寸（长×宽×高）		13 800 mm×2 800 mm×3 800 mm			
适用轨距		1 435 mm			
传动方式		液力-机械传动			
发动机输出功率		224 kW			
轴列式		B-B			
轴距		2 200 mm			
定距		7 000 mm			
车轮直径		840 mm			
通过最小曲线半径		80 mm			
构造速度		120 km/h			
单机最高运行速度		80 km/h			
持续速度		10 km/h			
制动方式		空气制动及手制动			
单机制动距离（平直道，车速 80 km/h）		≤400 m			
车钩形式		2 号机车前钩			
车钩中心距轨面高度		（880±10）mm			
轴重		10 t			

续表

整备质量	40 t
回送速度	拆卸下传动箱与双级车轴箱之间万向轴 120 km/h
噪声	司机室 < 80 dB（A）
车外噪声	距离车 7.5 m、高 1.5 m 处 ≤ 89 dB（A）
使用寿命	40 年

（3）车辆段配备 2 辆轨道平车，型号为 PC30，编号为 P0101、P0102，平板车的载重为 30 t，自重为 5 t，外形尺寸（长×宽×高）为 14 300 mm×2 800 mm×3 450 mm。

（4）与行车有关的其他设备。

模块三　车辆段行车组织工作

任务书

（1）了解车辆段行车组织原则。
（2）熟悉电客车出入太平桥车辆段规定。
（3）熟悉开行救援列车/备用电客车规定。
（4）掌握电客车回库交接方法。
（5）掌握太平桥车辆段内非正常情况下的行车作业规定。
（6）掌握列车运行时手信号的显示方式。

一、车辆段行车组织原则

太平桥车辆段内运作，应该认真贯彻安全第一的生产方针，坚持高度集中、统一指挥的原则，与行车有关部门主动配合，紧密联系，协同动作，确保及时提供技术状态良好、数量足够的列车投入服务。

车辆段行车工作由车场调度员集中领导、统一指挥，信号楼值班员负责办理接发列车，排列列车进路和调车作业进路控制，行车人员及相关岗位应严格执行《1号线行车组织规则》和本规则的有关规定。

二、太平桥车辆段内接发列车规定

（1）太平桥车辆段内应优先办理接发列车，接发列车时应灵活运用股道，做到不间断接车，正点发车，减少转线作业。在车辆段接发车点提前5 min停止影响列车进路的调车作业，准备接发车进路。非紧急情况下其他作业不得影响列车出、入太平桥车辆段。

（2）列车进入太平桥车辆段作业时，接车线必须空闲（如接车线含A、B段，则A段必须空闲），办理停放在B段的列车出太平桥车辆段作业时，可按调车方式将列车调至A段再办理发车作业。

（3）列车进入太平桥车辆段时，司机应在转换轨处一度停车后呼叫信号楼值班员，信号楼值班员在接到司机停稳的报告后开放入段信号组织列车回段，如特殊情况下不能及时开放信号机时，应及时通知车场调度员、司机并说明情况。

（4）列车出太平桥车辆段占用转换轨的行车凭证为开放的出段信号及信号楼值班员指令，列车入太平桥车辆段占用转换轨的行车凭证为相邻车站开放的回段信号及行调指令。因故需要利用出段线接车或入段线发车时,必须得到行车调度员的同意并由其发布命令通知车场调度员、司机及太平桥站、交通学院站行车值班员后方可执行。

(5)空电客车、工程车、调试列车、救援列车进出太平桥车辆段按列车办理。

电客车发车作业如出现故障修复不了时,按以下两种方式办理:

① 故障未排除但不影响上线运营的情况下,检修调度员应到车场调度员处在《收发车计划表》该车次后注明"XX 故障未排除,但可上线运营"字样并加盖名章,车场调度员方可将此电客车安排上线运营。

② 如该故障无法处理需扣修换热备车时,检修调度员应到车场调度员处在《收发车计划表》该车次后注明"XX 故障未排除,扣修更换热备车"字样并加盖名章(如调整为新电客车时,应同时提供新的《客车状态记录卡》交予车场调度员),车场调度员应调整发车顺序,组织司机更换热备车并将此情况及时向行调汇报。

列车停车规定:

① 列车进入停车股道后,应停在驾驶端前方防护信号机内方,其头部不得越过前方防护信号机。

② 列车进出运用库、检修库、平交道口前应一度停车,确认大门开启(出库时由司机开启,入库时由检修人员开启,大门开启人员应挂好防护锁链,所有库门关闭由检修人员负责)无侵限、平交道口及轮缘槽无障碍物后,方可通过。

三、电客车出入太平桥车辆段规定

(1)电客车出入段均按列车办理,排列列车进路。特殊情况下不能办理列车信号时,信号楼值班员需得到车场调度员同意后按调车方式办理出入段进路。

(2)出段的电客车应技术状态良好,符合《1号线电客车上线运营标准》中的规定。投入运用的车辆应经车辆检修调度员签字确认方可投入使用。

(3)电客车有检修计划时,回车辆段后应及时送入检修股道,确保不影响下一批作业进行。

四、工程车按列车出入太平桥车辆段规定

(1)原则上工程车在 L21 道办理接车作业,在 L21 和 L22 办理发车作业。特殊情况下需在其他股道办理接发车作业时,应经车场调度员同意,并确保不影响电客车作业和行车安全。

(2)轨道平车装载设备不得超过车辆限界(限界参见《行车组织规则》)。进入正线时,车辆装载货物高度不能超过轨面 3 790 mm,宽度不超过 2 800 mm,长度不许超过所装平板车端板的长度,当达到距轨面 3 790 mm 时接触网应停电。

(3)原则上不允许办理超过车辆限界的列车(由车长确认装载货物是否超限),特殊原因需办理超过车辆限界的列车,应由运输申请部门向运营分公司申请,并提出明确装载和运输要求,装载后由车长及施工负责人共同确认装载加固良好。

五、开行救援列车/备用电客车规定

(1)开行救援列车或备用电客车时,应迅速准备,按行车调度员要求时间组织救援列车安全出段。车场调度员接到行调命令后及时报告本部门部长。救援列车由救援列车负责人指挥,由车场调度员督促救援有关人员及时到岗。

（2）车场调度员接到开行救援列车或备用电客车命令时，应与行调落实开行车次、时间、故障列车回场情况并向相关岗位布置清楚（如开行救援列车，还应与行调落实救援命令内容，明确救援任务、注意事项），派班员接到车场调度员通知后，向司机传达注意事项和交路安排，信号楼值班员接到车场调度员命令后，与车场调度员核对无误后办理发车作业。

（3）利用工程车担当救援任务时，走行部、制动装置及过渡车钩须处于良好状态，当双机重联时制动软管必须保持连接状态，确保制动状态良好（除运送救援物资外，工程车担任救援列车时不允许连挂平板车）。

六、电客车回库交接

（1）电客车回库后，司机将《客车状态记录卡》交还检修调度员，将方孔钥匙、列车主控钥匙交到车场调度员处，再到派班员处交还 800 M 对讲机、行车文件夹和《司机报单》等行车备品办理退勤手续，并在《司机出退勤登记簿》上登记。

（2）对回库的车辆，检修调度员根据《客车状态记录卡》的记录情况及时填写《故障汇总单》。

（3）交接后的车辆由检修调度安排保洁、检修等作业。

（4）电客车出库前，司机到车场调度员处领取方孔钥匙、列车主控钥匙、《客车状态记录卡》，再到派班员处领取 800 M 对讲机、行车文件夹和《司机报单》，并在《司机出退勤登记簿》上登记。出勤后，司机到达指定列车进行整备作业，并与信号楼值班员联系做好发车准备。

七、太平桥车辆段内非正常情况下的行车作业规定

1. 退行规定

太平桥车辆段内禁止一切车辆退行作业。电客车因故需退行时，司机必须进行换端后牵引退行。工程车连挂平板车退行时需在前方有调车员的情况下推进运行。

2. 列车信号机故障行车组织

（1）开放入段信号黄灯无显示，经通号人员确认联锁设备、控制台上监督器作用良好时，确认进路空闲并经车场调度员同意后，按下列优先等级依次排列：引导进路、调车进路、分段排列进路及单操单锁道岔、单操单锁道岔。

（2）开放出段信号黄灯无显示，经通号人员确认联锁设备、控制台上监督器作用良好时，确认进路空闲并经车场调度员同意后，按下列优先等级依次排列：调车进路、分段排列进路及单操单锁道岔、单操单锁道岔。

（3）若以上均不能办理时，采用人工排列进路方式办理接发车作业。

3. 道岔故障行车组织

（1）信号楼值班员在办理电客车出入段时，如遇单独道岔无法操作，应立即将故障道岔先操作回原位，再对故障道岔单独操作几次确认良好后继续使用。

（2）如道岔故障未排除，则必须上报车场调度员并做好相应防护工作，车场调度员接到故障报告后立即与设备（维修）（简称"设备（维修）"）联系说明故障情况，由设备（维修）通知生产调度组织相关维修人员到现场进行维修。如车场调度员接到设备（维修）通知时故障不能立即恢复，车场调度员按规定与维修人员办理停用手续后通知信号楼值班员对故障道岔进行人工操作。

（3）信号楼前台值班员赶赴现场对故障道岔进行人工操作至正确位置并使用加钩锁后报后台值班员，信号楼后台值班员接到报告后做好记录并对进路中其他道岔电操至正确位置后进行单锁防护，使用光带接通功能查看进路除故障道岔区段外其他区段显示开通正确后，命令司机可越过关闭的信号灯沿途加强确认道岔位置动车。

（4）如道岔定反位一侧位正常时，可经现场维修负责人同意后对故障道岔进行人工加钩锁器后使用。

4. 轨道电路故障行车组织

接发列车线路轨道电路故障操作办法如下：

（1）线路有车占用，但轨道电路无显示时，必须在微机联锁屏该股道线路上输入车底号并在占线板上揭挂占线牌。

（2）线路无车占用，而轨道电路显示红光带时，信号楼须上报车场调度员，由车场调度员通知设备（维修）组织维修人员现场检查确认轨道具备接车条件后，信号楼方可办理接车作业。

5. 联锁设备故障行车组织

（1）正线联锁设备正常，太平桥车辆段联锁故障时。

信号楼值班员发现微机联锁系统故障不能排列进路时，必须立即停止段内动车作业，及时通知车场调度员故障情况。

车场调度员接到故障汇报后，立即向行调、设备（维修）汇报申请维修。

如故障不能短时恢复，则按行调命令启动人工排列进路方式组织接发车进路。

办理时，信号楼值班员按车场调度员命令组织列车出入段。信号楼前台值班员现场作业时按来车方向"由近及远"对进路中的道岔进行操作并加锁，整条进路排列完毕后，反方向对进路上的道岔进行确认，无误后向信号楼后台值班员进行汇报。

信号楼后台值班员接到汇报后，与车场调度员确认是否可进行接/发车作业，车场调度员与行调确认后通知信号楼值班员使用无线调度台命令司机动车（无线调度台故障时改为信号楼前台值班员使用信号旗指挥司机动车），禁止开放该进路的车辆段出、入段信号机接发列车。

人工现场排列进路时必须停止段内所有正常施工作业，由信号楼值班员及检修人员进行操作，通号人员配合，待作业完毕后由通号人员对道岔进行恢复。

（2）正线联锁设备故障，太平桥车辆段联锁正常时。

① 行调发布采用电话联系法组织行车，行调与车站值班员、信号楼值班员共同确认转换轨空闲后，组织列车到转换轨待令。

② 信号楼值班员办理进路时正常排列进路组织列车出段及回库作业。

③ 太平桥车辆段轨行区按道岔位置分别配置5个钩锁器箱，每个钩锁器箱按区域内的道岔数量配置相应的钩锁器，由车辆中心负责定期检查。

④ 电动转辙机手摇把及钩锁器箱钥匙存放在信号楼值班室行车备品箱内，由信号楼值班员保管。

八、其他作业规定

（1）检修调度员确认电客车状态并填写《客车状态记录卡》，于首列车发车前2 h交予车场调度员，车场调度员签字接收。车场调度员应在首列电客车出段前30 min，按《运营时刻表》的计划分别向行调、信号楼值班员提供当日合格上线运营的电客车车组号（包括备用车）及出车顺序。

（2）热备车应停放在停车列检线 A 段，随时做好发车准备。原则上备用车（热备、冷备）除值乘司机外，不得有任何其他作业人员私自登乘作业，如必须登乘时，车场调度员需向行调征得同意后方可在值乘司机的陪同下登乘备用车。

（3）备用车无特殊情况下不得随意调整。因故需调整时，检修调度员必须向车场调度员提出申请，说明调整原因并在《收发车计划表》中注明，车场调度员应及时向行调进行汇报，征得行调同意后方可允许检修调度员进行调整，调整后车场调度员应及时告知行调备用车调整结果。

（4）需要使用月检股道停放机车车辆或进行其他作业时，应得到车场调度员批准，并得到车辆检修调度员同意后，做好相关安全防护措施。

（5）对需输入口令或破封才能使用的设备功能，信号楼值班员在使用完后应在《车场信号楼交接班日志》中记录，并针对破封的设备及时通知相关人员重新加封。

（6）微机联锁试验期间，太平桥车辆段必须停止一切接发车作业及调车作业，联锁试验结束后才能动车。

（7）太平桥车辆段信号楼值班员办理进路时原则上须一次排列完成，遇特殊情况进路不能一次排列时，应优先排列短进路、利用设备功能进行自身防护，对不能排列进路区段须单操道岔、锁定并及时通知司机加强瞭望，注意确认进路上信号机显示及道岔开通位置。

（8）原则上不得在非接发车线上办理列车到发作业。特殊情况须经车场调度员同意后，信号楼值班员采用开放调车信号准备接发车进路。

（9）运用组合库 L-4 道为洗车作业用、L-5 道为镟轮作业用，特殊情况需要停放机车车辆时应得到车场调度员同意。

（10）特殊情况下，列车运行时有关人员应遵守下列手信号的显示，如表 4.3.1 所示。

表 4.3.1　手信号的显示

序号	类别	含义	显示方式		显示时机	收回时机	显示地点
			昼间	夜间			
1	停车信号	要求列车停车	展开的红色信号旗	红色灯光，无红色灯光时，用白色灯光上下摇动	接车股道处看见列车头部灯光	列车至规定停车位置停稳	接车股道阻挡信号机处安全位置
2	紧急停车信号	要求司机紧急停车	展开红旗下压数次	红色灯光下压数次，无红色灯光时，用白色灯光上下急剧摇动	发现危及行车安全的紧急情况时	列车停稳	危及行车安全事发点处迎来车方向安全位置
3	减速信号	要求列车降低速度运行	展开的黄色信号旗，无黄色信号旗时，用绿色信号旗下压数次	黄色信号灯光，无黄色灯光时，用白色或绿色灯光下压数次	要求列车降低速度运行时	列车运行速度降低	列车运行线路迎来车方向安全位置
4	发车信号	要求司机发车	展开的绿色信号旗上弧线向车体方向做圆形转动	绿色灯光上弧线向车体方向做圆形转动	具备发车条件	列车起动	发车端列车驾驶室侧窗旁安全位置
5	引导信号	准许列车进入车站或车场	展开黄色信号旗高举头上左右摇动	黄色灯光高举头上左右摇动	转换轨处看见列车头部灯光	列车头部越过引导信号	进段信号机迎来车方向安全位置

续表

序号	类别	含义	显示方式 昼间	显示方式 夜间	显示时机	收回时机	显示地点
6	降弓信号		左臂垂直高举，右臂前伸并左右水平重复摇动	白色灯光上下左右重复摇动	发现接触网异物危及行车安全须降弓通过时	列车降弓	降弓地点迎来车方向安全位置
7	升弓信号		左臂垂直高举，右臂前伸上下重复摇动	白色灯光做圆形转动	越过接触网异物危时	列车升弓	升弓地点迎来车方向安全位置

模块四　车辆段内调车作业

任务书

（1）了解段内调车工作原则。
（2）熟悉调车计划内容。
（3）掌握调车作业规定。
（4）掌握工程车调动电客车的规定。
（5）熟悉无线调车电台的使用规定。

一、调车工作

（1）段内调车工作由车场调度员统一领导，调车作业人员应按本标准和调车作业计划单执行。

（2）车场调度员应根据机车车辆、线路、设备检修计划和现场作业情况，合理、科学、正确地编制调车作业计划，组织调车人员安全、及时地完成调车任务。

（3）调车作业由调车员单一指挥。根据调车作业计划，正确、及时地显示手信号，及时地发出信号指令，调车司机要认真确认并严格执行信号指令，并鸣笛回示。

（4）调车司机认真确认信号，不间断进行瞭望，认真执行呼唤应答制度，正确及时执行信号显示要求；没有信号不许动车，信号不清立即停车。

二、调车计划

1. 车场调度员编制调车作业计划资料来源

（1）车辆中心检修调度提供的车辆检修计划及签认的临时调试计划；
（2）车辆中心派班员提供的工程车运用计划；
（3）材料库车辆装卸情况；
（4）承建商、未交付使用的机车车辆厂家的动车计划；
（5）车辆扣修计划和工程车故障报修单；
（6）需要动车的其他情况。

2. 调车、调试作业计划的提交和实施规定

车辆检修调度根据车辆的定检计划及临时性抢修计划，应认真确认转线机车车辆状态符合动车

条件后，以书面形式及时向车场调度员提报转线计划。机车车辆转线计划提报时间要求：

① 对计划性维修、调试和改造的调车作业至少提前 4 h（暂定）；
② 对临时维修或调试的调车作业至少要提前 2 h（暂定）；
③ 对临时故障抢修的调车作业至少提前 1 h（暂定）；
④ 对需工程车调动车辆的调车作业至少要提前 3 h（暂定）；
⑤ 车场调度员在接到有关调车作业申请后，尽快组织有关岗位在要求的时间内完成。

原则上（受列车出入段、其他调车作业或施工作业影响时除外）从车场调度员发出调车作业单开始，若采用工程车调动电客车，整列电客车转线须在 1 h 内调到位。若电客车凭自身动力转线，整列电客车应在车场调度员发出调车作业单后 45 min 内调到位。调车作业单未能及时发出时，车场调度员应通知有关部门未能及时调车的原因。

车场调度员在接到有关调车作业申请后，尽快组织有关岗位在要求的时间内完成。

因检修作业需增派司机时，车辆检修调度应做好书面计划，提前 4 h 交车场调度员，车场调度员及时联系派班员组织人员完成。

检修人员需要在库内短距离动车作业时，须准备妥当后报告车辆检修调度，车辆检修调度向车场调度员提出动车申请。

检修调度应按规定认真填写车辆转轨申请单（分电客车、工程车两种），车辆转轨申请单需填写的内容：

① 计划转线时间，车辆停留位置及所需转往的股道，是否具备动车条件；
② 车辆状态、调试何种故障及调试所需的时间；
③ 车辆是否凭自身动力动车；
④ 车辆是否需要工程车调动；
⑤ 车辆动车前停放股道隔离开关是否断开，是否挂有接地线；
⑥ 线路、车辆是否侵限，车辆的制动系统状态；
⑦ 作业完毕计划所回的停放股道。

车场调度员书面向调车员下达调车作业计划。一批计划小于三钩时（不包含三钩），可用口头方式布置，调车员用调车作业通知单抄收并复诵。调车员应根据作业计划制定安全防范措施及其他注意事项，亲自向司机交递和传达。

车场调度员用调度录音电话向信号楼值班员传达调车作业计划并在占线板上做好标记，信号楼值班员抄收调车作业计划并复诵核对。

变更作业计划必须停车传达，确认有关人员复诵清楚，超过二钩时须下达书面调车作业计划。

3. 调车作业前的准备

（1）调车作业前，调车员应充分做好准备（按规定着装、佩戴防护用品，确认无线对讲机或平面调车系统良好），并认真检查调车组其他人员的准备情况。

（2）对线路进行检查：确认进路、车辆底下和上部无障碍物。

（3）对车辆进行检查：内容包括机车（电客车）的制动试验、车辆防溜措施情况、是否进行技术作业、是否有侵限物搭靠、装载加固是否良好、是否插有防护信号及禁动牌等。

三、调车作业规定

在调车作业中，调车有关人员要认真执行要道还道制度。单机运行或牵引车辆运行时，前方进路的确认由司机负责；推进车辆运行时，前方进路的确认由领车员负责，推送车辆时，要先试拉，列车前部有人进行瞭望，及时显示信号。

信号楼值班员操纵调车信号要执行"一看、二点击（按）、三确认、四显示"制度。根据调车作业计划和现场作业情况、机车车辆停放股道、司机（车长）的要道请求，正确、及时地排列调车进路、开放调车信号，通过微机联锁设备认真监控机车车辆运行，并执行"干一钩划一钩"制度。严格执行调车作业程序和联控用语，确保调车作业安全。

车辆段内开行工程车进行接触网检查作业时，按调车方式办理，开放调车信号组织行车。若需要在出入段线进行接触网检查作业开行工程车时，车场调度员需得到行调同意后，方可组织信号楼值班员办理出入段线的接触网检查作业。

需要占用交通学院站方向入段线（含转线轨）时，车场调度员与行车调度确认无列车回段情况下方可办理，作业完毕通知交通学院站及行调。

遇下列情况禁止调车作业：

（1）设备或障碍物侵入线路设备限界时；

（2）有影响运行安全的走行部故障时，车体倾斜超限时；

（3）机车车辆制动系统故障，影响行车安全时；

（4）能见度小于 50 m 时，禁止调车作业和调试作业；

（5）电客车转向架横向减振器被拆除且空气弹簧无气时，禁止调车作业；

（6）电客车停放股道接触网挂有接地线时，禁止调车作业。

在尽头线上调车时，距车挡应有 10 m 安全距离，特殊情况近于 10 m 时，调车员应与司机联系妥当，严格控制速度并采取防溜措施。

（7）组织两列电客车或工程车在同一股道作业时，信号楼值班员应通知一列电客车或工程车在指定位置停车（电客车降弓）待令，向另一列电客车或工程车司机布置安全注意事项及存车位置情况后，再开放防护信号机放行该电客车或工程车到指定位置进行作业。

（8）调车作业连挂时，被连挂车辆前端必须有人并采取防溜措施。连挂妥当，进行试拉，确认制动状态良好后撤除防溜措施。

（9）调车作业人员均需在司机驾驶侧正确及时地显示信号，司机应认真地、不间断确认信号，并鸣笛回示。没有调车员的起动信号禁止动车；没有鸣笛回示时，调车员应立即显示停车信号。信号显示错误或不清，司机应立即停车。

（10）调车信号机故障开放不了，须越过关闭的信号机时，调车员/司机得到信号楼值班员通知，并确认道岔开通位置正确后，方可越过该信号机。

（11）调车信号机开放后，需要取消时，信号楼值班员应通知司机或调车员，并得到应答确认列车停车或未动车后，方可关闭开放的信号机。

（12）越出太平桥车辆段占用转换轨调车时，应得到行车调度员同意。无行调命令时禁止越出太平桥车辆段占用转换轨调车。

（13）列车进入接车线后需转线时，信号楼值班员必须收到司机报列车停稳的通知后，确认司机明确作业计划再开放调车信号。

连挂车辆规定如下：

（1）连挂车辆，调车员显示连挂信号和距离停留车位置信号三、二、一车（三车约 60 m，二车约 40 米，一车约 20 m）。没有显示连挂信号和距离信号不准挂车。

（2）机车、车组接近被连挂车辆不少于 5 m 时一度停车，确认车钩位置正确后再连挂。

（3）单机连挂车辆，无须显示距离信号，但在距停留车不少于 5 m 时，应一度停车，确认车钩位置正确后再连挂，凭调车员手信号挂车。

（4）太平桥车辆段内道岔区段及其他 300 m 以下曲线半径线路原则上不得进行电客车连挂作业。

（5）特殊情况下需进行连挂作业时，须确认钩位，特殊情况下在 150 m 曲线半径的线路上连挂时，如果没有车辆系统专业人员在现场进行技术指导，则禁止连挂。

（6）除电客车自身动力调车外，原则上电客车的调动只允许使用内燃调车机。

进入库内作业规定如下：

（1）进入材料库、检修库、各机车车辆存放库取送车辆时，应在车库平交道口前一度停车，确认库门开启、道口轮缘槽无障碍物、道口无障碍物或行人。

（2）检查库内线路状态、货物及设备堆放状况，通知有关人员停止影响调车作业的工作和撤销防护信号。

设置止轮器防溜的规定如下：

（1）电客车需设置止轮器时，在出场端 Tc 车的北侧第三轮对上对向设置。

（2）电客车单辆车需设置止轮器防溜时，在北侧第二轮对及第三轮对上对向设置。

压岔调车或原路折返时，信号楼值班员必须通过接通光带确认进路道岔位置正确，加锁该进路有关道岔并确认进路道岔位置正确后，方可允许司机动车。

机车车辆调车转线时，司机换端后必须先向信号楼值班员询问进路情况，经信号楼值班员同意后确认信号、道岔正确后方可动车。

调车作业时，应认真执行出 X 道要 X 道，进 X 道要 X 道。司机与信号楼值班员必须执行呼唤应答制度。

电客车在段内特殊情况下需采用 NRM（Non Restricted Train Operation Mode）模式，即采用非限制式人工驾驶模式时，需经车场调度员同意后，司机按规定速度运行。

调动无动力电客车时，应确认空气制动和停车制动全部缓解，司机与调车员加强联系，共同确认车辆制动状态。

四、工程车调动电客车的规定

工程车调动电客车时，原则上，无调车电台时，严禁进行调车作业。如必须进行调车作业时，按以下规定执行。

（1）调车组各岗位职责的划分。

① 调动整列电客车时，调车组（包括工程车司机）最少有 3 人，1 人为调车员，1 人为领车连接员（由能操作电客车的乘务员担当），1 人为工程车司机。调车员直接向司机显示信号。牵引运行时，调车员和工程车司机在工程车前端驾驶室，电客车乘务员站在电客车末端。推进运行时，各岗位人员所在位置如图 4.4.1 所示。

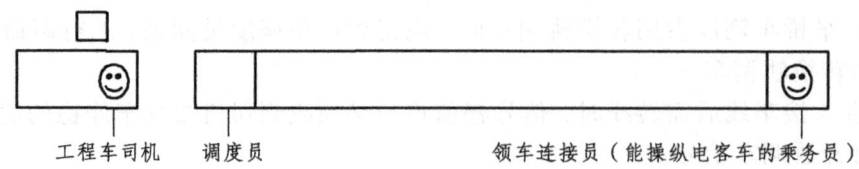

图 4.4.1　各人所在位置图

② 推进运行时，领车连接员负责对进路、线路的确认及瞭望（包括是否有其他设备侵入限界），确认车辆的防溜措施（止轮器的取放），车钩、风管的连接和摘解，以及向调车员发出正确的指令。

③ 电客车司机协助工程车司机调车时，负责电客车空气制动的缓解和施加，确认车辆技术状态是否良好，电客车停稳后必须及时施加停放制动。

④ 工程车司机按照调车员的手信号，负责正确、及时地操作机车，准确行车，发现异常时及时采取措施停车，确保调车作业安全。

⑤ 调车员负责指挥工程车司机驾驶作业，协调、组织作业，是调车作业现场单一指挥者，严格按照本规则和调车作业单正确、及时地显示手信号指挥工程车动车，确保调车作业行车、人身安全。推进运行时，调车员站在靠近连挂端司机室，如果需要曲线调车时，可以下车至工程车驾驶员侧，与信号楼值班员确认临近线路安全，显示手信号，指挥工程车司机行车。

（2）调车人员应该加强联系，相互配合，严格执行呼唤应答制度，当遇危及行车设备和人身安全时，必须采取紧急停车措施，确保调车作业的安全。

五、车辆停留、防溜及止轮器具存放的规定

（1）牵出线、洗车线、走行线（接发列车时除外）、试车线、咽喉道岔区，禁止存放机车车辆，其他线路存放车辆时，应经车场调度员同意方可占用。机车车辆必须停在线路信号机、库门或者警冲标内方。

（2）电客车在停车库股道停留时，应施加停放制动。电客车车辆在定、临修线上停留时，应连挂在一起，放置止轮器做好防溜。因维修需要不能连挂在一起时，应分组做好防溜。

（3）调车作业，应做到摘车前先做好防溜（电客车应恢复空气制动和停车制动，工程车应控紧人力制动机或施加停放制动，必要时需放置止轮器）后，再摘车；连挂时，挂妥后再撤除防溜装置。

（4）使用铁鞋防溜时，轮缘踏面必须紧压鞋尖。

（5）DCC铁鞋架内放置4只铁鞋；内燃机车、接触网作业车上各放置2只铁鞋。

（6）停车列检库内、工程车库安放2个铁鞋箱，定临修库、月检库安放1个铁鞋箱，每个铁鞋箱放置4只铁鞋。

（7）撤除防溜后，铁鞋应及时放归原位。

（8）对列车检修作业需设置铁鞋的，铁鞋应由检修人员设置，作业完毕后由检修人员撤除；对调动设有铁鞋的列车，铁鞋应由调车员撤除，待列车调至指定线路后，对需要继续设置铁鞋的由调车员按原位置继续设置，对不需要设置铁鞋的在撤除铁鞋时将铁鞋交回检修调度处。

（9）铁鞋使用情况及存放地点、铁鞋数量应在交接班时应交接清楚。

（10）太平桥车辆段的防溜工具应按类别统一编号，并在行车设备管理相关台账内登记。铁鞋编号须标明太平桥车辆段名称、铁鞋总数及本只铁鞋号码。防溜铁鞋必须涂刷红色反光漆或油漆，编号涂白色反光漆或油漆。具体编号办法为T20-1（"T"为太平桥车辆段名称汉语拼音的第一个大写字母；"20"为防溜铁鞋总数，"1"为该只铁鞋号码），铁鞋自1号起连续编号。防溜铁鞋不使用时须上架或入箱并加锁，对号入位。

六、调车速度

调车作业要准确掌握速度，在瞭望条件差、天气不良等情况下适当降低速度，确认信号机显示状态。

调车速度不得超过表4.4.1中的规定。

表4.4.1 调车速度

序号	项目	速度/（km/h）
1	牵引运行	20
2	推进运行	10

续表

序号	项 目	速度/(km/h)
3	调动装载超限货物的车辆时	10
4	在尽头线 20 m 内调车时	3
5	在尽头线调车时	10
6	在维修线调车时	10
7	在库内调车时	10
8	在装卸线上对货位时	5
9	接近被连挂车辆三、二、一车时	8、5、3
10	连挂车辆时	3
11	洗车	3
12	镟轮	按镟床的要求确定

七、调车安全

在带电区段调车作业时，严禁调车人员攀登机车车辆或装载货物顶上。

调车作业时应停车上下，并选好地点，注意地面有无障碍物。

在机车、车辆移动中，禁止下列行为：

（1）在平板车的侧板或端板、支架上坐立；

（2）站在车梯上探身；

（3）在装载易于窜动货物的车辆间和货物空隙间站立或坐卧；

（4）骑坐车帮，跨越车辆；

（5）进入线路内摘管或调整钩位；

（6）紧贴运行中的车辆行走；

（7）需佩戴安全带时未佩戴。

（8）作业中吸烟，班前饮酒。

行走线路规定如下：

（1）调车作业人员应在两线路之间行走，在司机驾驶一侧显示信号，并注意邻线的机车车辆动态。严禁在道心、枕木上行走，不准脚踏钢轨面、道岔连接杆、尖轨等。

（2）横越线路时，应一站、二看、三通过，注意左右机车车辆的动态及脚下有无障碍物。

（3）横越停有机车车辆的线路时，应先确认该机车车辆暂不移动，然后在该机车车辆较远处通过。严禁在运行中的机车车辆前面抢越。

（4）不准在钢轨上、车底下、枕木上、道心里坐卧或站立，不准跨越地沟。

调车手信号规定如下：

（1）调车手信号是指示调车工作的命令，有关行车人员应严格执行。

（2）太平桥车辆段内调车作业手信号按《1号线行车组织规则》的规定执行。

（3）显示信号时，应严肃认真，做到位置适当，正确及时，横平竖直，灯正圈圆，角度准确，段落清晰。手持信号旗的人员，应左手拿拢起的红旗，右手拿拢起的绿旗。

（4）股道号码信号：要道或回示股道开通号码，如表 4.4.2 和图 4.4.2 所示。

表 4.4.2 股道号码信号

序号	股道	昼间显示方式	夜间显示方式
1	一道	两臂左右平伸	白色灯光左右摇动
2	二道	右臂向上直伸，左臂下垂	白色灯光左右摇动后，从左下方向右上方高举
3	三道	两臂向上直伸	白色灯光上下摇动
4	四道	右臂向右上方，左臂向左下方各斜伸45°	白色灯光高举头上左右小动
5	五道	两臂交叉于头上	白色灯光做圆形转动
6	六道	左臂向左下方，右臂向右下方各斜45°角	白色灯光做圆形转动后，再左右摇动
7	七道	右臂向上直伸，左臂向左平伸	白色灯光做圆形转动后，再从左下方向右上方高举
8	八道	右臂向右平伸，左臂下垂	白色灯光做圆形转动后，再上下摇动
9	九道	右臂向右平伸，左臂向右下斜45°角	白色灯光做圆形转动后，再高举头上左右小动
10	十道	左臂向左上方，右臂向右上方各斜45°角	白色灯光左右摇动后，再上下摇动做成十字形
11	十一至十九道	须先显示十道股道号码，再显示所要股道号码的个位数信号	
12	二十至五十道	（1）二十道股道号码，先显示二道股道号码，再显示十道股道号码。 （2）二十一道及其以上股道号码，先显示二十道股道号码，再显示所要股道号码的个位数号码。 （3）三十、四十及其以上股道号码按上述方法类推	
持旗要求：在显示股道信号时，凡昼间持有手信号旗的人员，应将信号旗拢起，左手持红旗，右手黄旗，不持信号旗的人员徒手按各规定方式显示信号。			
持灯要求：位置适当，正确及时，横平竖直，灯正圈圆，角度准确，段落清晰			

昼间：两臂左右平伸

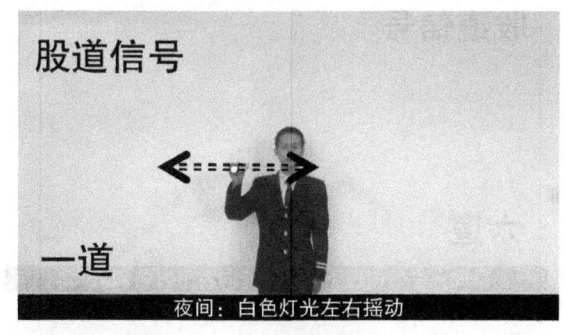
夜间：白色灯光左右摇动

昼间：右臂向上直伸，左臂下垂

昼间：白色灯光左右摇动后，从左下方向右上方高举

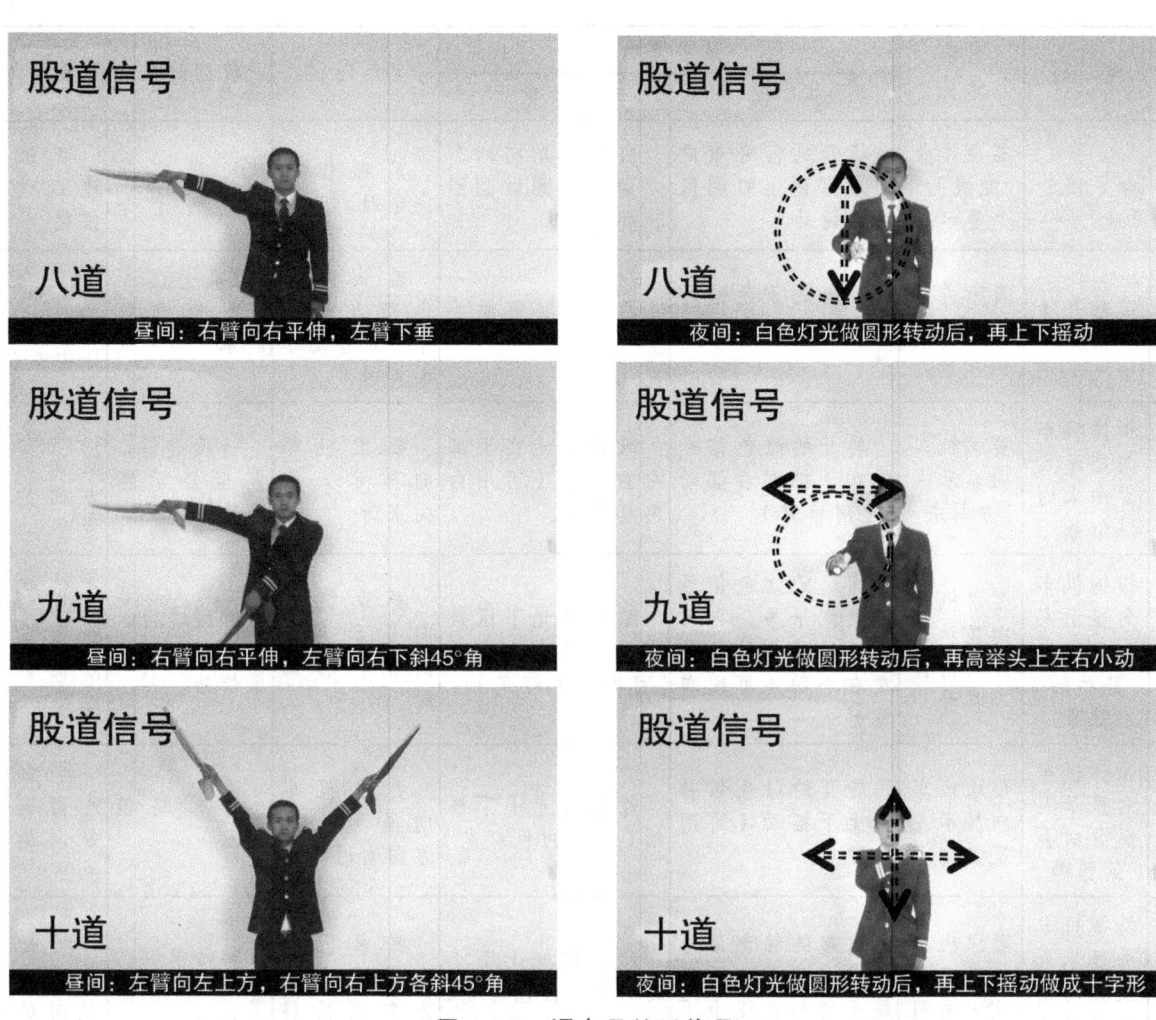

图 4.4.2　调车员徒手信号

（5）在太平桥车辆段调车作业时，调车员的徒手信号显示如表 4.4.3 和图 4.4.3 所示。

表 4.4.3　调车作业徒手信号的显示

序号	类别	显示意义	显示要求		显示时机	收回时机	显示地点
			昼间	夜间			
1	停车信号	要求列车停车	展开的红色信号旗（无红色信号旗时，两臂高举头上向两侧急剧摇动）	红色灯光（无红色灯光时，用白色灯光上下急剧摇动）	要求机车、车辆停车时	机车、车辆停车	作业地点处安全位置
2	减速信号	要求列车降低到要求的速度	展开的绿色信号旗下压数次（可用单臂）	绿色灯光下压数次（可用白色灯光）	要求机车、车辆减速时	调车司机鸣笛回示	作业地点处安全位置
3	试拉信号	检验列车连挂状态	如本表第 10 项，当列车刚起动马上给停车信号（第 1 项）	如本表第 10 项，当列车刚起动马上给停车信号（第 1 项）	机车、车辆连挂后，检验连挂情况时	持续进行直至显示停车信号	作业车钩连接处，面向动车司机方向安全位置

续表

序号	类别	显示意义	显示要求 昼间	显示要求 夜间	显示时机	收回时机	显示地点
4	好了信号	某项作业完成的显示	拢起的信号旗向列车方面上弧圈做圆形转动	白色灯光向列车方面上弧圈做圆形转动	某项作业完毕时	司机鸣笛回示	作业完毕地点处安全位置
5	道岔开通信号	表示进路道岔准备妥当	拢起的黄色信号旗高举头上左右摇动	白色灯光高举头上	确认整条进路办理完毕，具备动车条件时	司机鸣笛回示	调车进路首架信号机处安全位置
6	指挥机车向显示人方向来的信号	要求机车向显示人方向来	展开的绿色信号旗在下部左右摇动（可用单臂）	绿色灯光在下部左右摇动（可用白色灯光）	要求机车向显示人方向来时	持续进行，直至显示停车信号	作业地点处面向司机方向的安全位置
7	指挥机车向显示人方向稍行移动的信号	要求机车向显示人方向稍行移动	拢起的红色信号旗直立平举，再用展开的绿色信号旗左右小动（可用单臂）	绿色灯光下压数次后，再左右小动（可用白色灯光）	要求机车向显示人方向稍行移动时	持续进行，直至显示停车信号	作业地点处面向司机方向的安全位置
8	指挥机车向显示人反方向去的信号	要求机车向显示人反方向去	展开的绿色信号旗上下摇动（可用单臂）	绿色灯光上下摇动（可用白色灯光）	要求机车向显示人反方向去时	司机鸣笛回示	作业地点处面向司机方向的安全位置
9	指挥机车向显示人反方向稍行移动的信号	要求机车向显示人反方向稍行移动	拢起的红色信号旗直立平举，再用展开的绿色旗上下小动	绿色灯光上下小动（可用白色灯光，可用单臂）	要求机车向显示人反方向稍行移动时	持续进行，直至显示停车信号	作业地点处面向司机方向的安全位置
10	连接信号	表示连挂作业	两臂高举头上，使拢起的手信号旗杆呈水平末端相接	红、绿色灯光（无绿色灯光的人员，用白色灯光）交互显示数次	机车、车辆连挂作业时	司机鸣笛回示	作业地点处面向司机方向的安全位置
11	停留车位置信号	表示车辆停留地点		夜间：白色灯光左右小摇动	当推进运行时因天气、地形等原因确认停留车位置有困难时（单机运行除外）	持续进行，直至机车、车辆到达停车位置显示停车信号	停留车位置处面向司机方向的安全位置
12	三、二、一车距离信号	表示推进车辆的前端距被连挂车辆的距离	展开的绿色信号旗单臂平伸，在距离停留车三车（约60 m）时连续下压三次，二车（约40 m）时连续下压两次，一车（约20 m）时下压一次	绿色灯光，在距离停留车三车（约60 m）时连续下压三次，二车（约40 m）时连续下压两次，一车（约20 m）时下压一次	推进车辆作业时据被连挂车辆距离到达三、二、一车时	司机鸣笛回示	作业地点处的安全位置

续表

序号	类别	显示意义	显示要求 昼间	显示要求 夜间	显示时机	收回时机	显示地点
13	取消信号	通知将前发信号取消	拢起的手信号旗,两臂于前下方交叉后,急向左右摇动数次	红色灯光做圆形转动后,上下摇动	通知将前发信号取消时	司机鸣笛回示	作业地点处面向司机方向的安全位置
14	要求再度显示信号	前发信号不明,要求重新显示	拢起的手信号旗右臂向右方上下摇动	夜间:红色灯光上下摇动	告知调车作业人员前发信号不明,要求对方重新显示	持续显示,直至对方收到再度显示信号	作业地点处安全位置
15	告知显示错误的信号	告知对方信号显示错误	拢起的手信号旗两臂左右平伸同时上下摇动数次	夜间:红色灯光左右摇动	调车作业人员信号显示错误时,告知对方信号显示错误	持续显示,直至对方收到重新显示信号	作业地点处安全位置
16	过标信号	列车整列进入警冲标内方	拢起的手信号旗做圆形转动	白色灯光做圆形转动	通知调车员列车已整列进入警冲标内方,可以停车	对方收到信号,指挥机车、车辆停车	作业地点处安全位置

持旗要求:(1)在显示手信号时,凡昼间持有手信号旗的人员,应将信号旗拢起,左手持红旗,右手持绿旗(黄旗),不持信号旗的人员徒手按各规定方式显示信号。
(2)调车指挥人登乘机车车辆,一手扶把手,一手显示展开的绿色信号旗时,必须将拢旗的红色信号旗置于绿色信号旗对向司机方向的前面,以便能随时展开红色信号旗。
持灯要求:位置适当,正确及时,横平竖直,灯正圈圆,角度准确,段落清晰

道岔开通信号
显示意义:表示进路道岔准备妥当
显示时机:确认整条进路办理完毕,具备动车条件时
收回时机:司机鸣笛回示
显示地点:调车进路首架信号机处安全位置

夜间:白色灯光高举头上

道岔开通信号
显示意义:表示进路道岔准备妥当
显示时机:确认整条进路办理完毕,具备动车条件时
收回时机:司机鸣笛回示
显示地点:调车进路首架信号机处安全位置

昼间:拢起的黄色信号旗高举头上左右摇动

引导信号

显示意义：表示进站信号机故障，需要车站人员将列车接入站内
显示时机：看见列车头灯光，开始显示
收回时机：列车头部越过显示人
显示地点：进站信号机外方

调车作业徒手信号的显示

昼间：展开的黄色信号旗高举头上左右摇动

引导信号

显示意义：表示进站信号机故障，需要车站人员将列车接入站内
显示时机：看见列车头灯光，开始显示
收回时机：列车头部越过显示人
显示地点：进站信号机外方

调车作业徒手信号的显示

夜间：黄色灯光高举头上左右摇动

取消信号

显示意义：通知将前发信号取消
显示时机：通知将前发信号取消时
收回时机：司机鸣笛回示
显示地点：作业地点处面向司机方向的安全位置

调车作业徒手信号的显示

昼间：拢起的手信号旗，两臂于前下方交叉后，急向左右摇动数次

取消信号

显示意义：通知将前发信号取消
显示时机：通知将前发信号取消时
收回时机：司机鸣笛回示
显示地点：作业地点处面向司机方向的安全位置

调车作业徒手信号的显示

夜间：红色灯光做圆形转动后，上下摇动

告知显示错误的信号
显示意义：告知对方信号显示错误
显示时机：调车作业人员信号显示错误时，告知对方信号显示错误
收回时机：持续显示，直至对方收到重新显示信号
显示地点：作业地点处安全位置

调车作业徒手信号的显示
昼间：拢起的手信号旗两臂左右平伸，同时上下摇动数次

停车信号
显示意义：要求列车停车
显示时机：要求机车、车辆停车时
收回时机：机车、车辆停车
显示地点：作业地点处安全位置

调车作业徒手信号的显示
夜间：红色灯光（无红色灯光时，用白色灯光上下急剧摇动）

停车信号
显示意义：要求列车停车
显示时机：要求机车、车辆停车时
收回时机：机车、车辆停车
显示地点：作业地点处安全位置

调车作业徒手信号的显示
夜间：红色灯光（无红色灯光时，用白色灯光上下急剧摇动）

停车信号
显示意义：要求列车停车
显示时机：要求机车、车辆停车时
收回时机：机车、车辆停车
显示地点：作业地点处安全位置

调车作业徒手信号的显示
昼间：无红色信号旗时，两臂高举头上向两侧急剧摇动

调车作业徒手信号的显示

减速信号
- 显示意义：要求列车降低到要求的速度
- 显示时机：要求机车、车辆减速时
- 收回时机：调车司机鸣笛回示
- 显示地点：作业地点处安全位置

夜间：绿色灯光下压数次（可用白色灯光）

调车作业徒手信号的显示

减速信号
- 显示意义：要求列车降低到要求的速度
- 显示时机：要求机车、车辆减速时
- 收回时机：调车司机鸣笛回示
- 显示地点：作业地点处安全位置

夜间：绿色灯光下压数次（可用白色灯光）

调车作业徒手信号的显示

三、二、一车距离信号
- 显示意义：表示推进车辆的前端距被连挂车辆的距离
- 显示时机：推进车辆作业时距被连挂车辆距离到达三、二、一车时
- 收回时机：司机鸣笛回示
- 显示地点：作业地点处安全位置

在距离停留车三车（约60 m）时连续下压三次，二车（约40 m）时连续下压两次，一车（约20 m）时下压一次

调车作业徒手信号的显示

三、二、一车距距信号
- 显示意义：表示推进车辆的前端距被连挂车辆的距离
- 显示时机：推进车辆作业时距被连挂车辆距离到达三、二、一车时
- 收回时机：司机鸣笛回示
- 显示地点：作业地点处安全位置

在距离停留车三车（约60 m）时连续下压三次，二车（约40 m）时连续下压两次，一车（约20 m）时下压一次

停留车位置信号
显示意义：表示车辆停留地点
显示时机：当推进运行时因天气、地形等原因确认停留车位置有困难时（单机运行除外）
收回时机：持续进行，直至机车、车辆到达停留车位置显示停车信号
显示地点：停留车位置处面向司机方向的安全位置

告知显示错误的信号
显示意义：告知对方信号显示错误
显示时机：调车作业人员信号显示错误时，告知对方信号显示错误
收回时机：持续显示，直至对方收到重新显示信号
显示地点：作业地点处安全位置

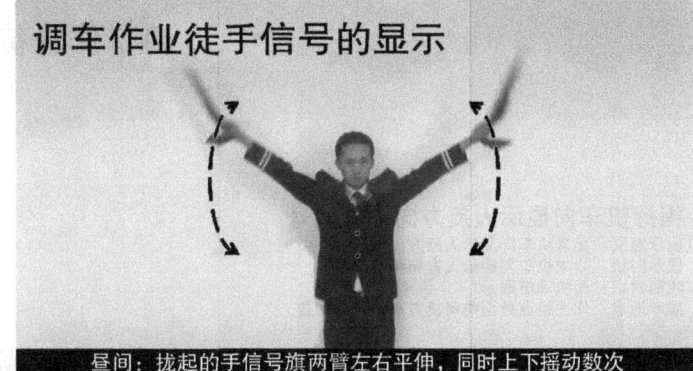

告知显示错误的信号
显示意义：告知对方信号显示错误
显示时机：调车作业人员信号显示错误时，告知对方信号显示错误
收回时机：持续显示，直至对方收到重新显示信号
显示地点：作业地点处安全位置

指挥机车向显示人反方向稍行移动的信号
显示意义：要求机车向显示人反方向稍行移动
显示时机：要求机车向显示人反方向稍行移动时
收回时机：持续进行，直至显示停车信号
显示地点：作业地点处面向司机方向的安全位置

指挥机车向显示人反方向去的信号
显示意义：要求机车向显示人反方向去
显示时机：要求机车向显示人方向稍行移动时
收回时机：司机鸣笛回示
显示地点：作业地点处面向司机方向的安全位置

调车作业徒手信号的显示

夜间：绿色灯光上下摇动（可用白色灯光）

指挥机车向显示人反方向去的信号
显示意义：要求机车向显示人反方向去
显示时机：要求机车向显示人方向稍行移动时
收回时机：司机鸣笛回示
显示地点：作业地点处面向司机方向的安全位置

调车作业徒手信号的显示

昼间：展开的绿色信号旗上下摇动

指挥机车向显示人反方向稍行移动的信号
显示意义：要求机车向显示人反方向稍行移动
显示时机：要求机车向显示人反方向稍行移动时
收回时机：持续进行，直至显示停车信号
显示地点：作业地点处面向司机方向的安全位置

调车作业徒手信号的显示

夜间：绿色灯光上下小动（可用白色灯光）

指挥机车向显示人方向来的信号
显示意义：要求机车向显示人方向来
显示时机：要求机车向显示人方向稍来时
收回时机：持续进行，直至显示停车信号
显示地点：作业地点处面向司机方向的安全位置

调车作业徒手信号的显示

昼间：展开的绿色信号旗在下部左右摇动

指挥机车向显示人方向来的信号
显示意义：要求机车向显示人方向来
显示时机：要求机车向显示人方向来时
收回时机：持续进行，直至显示停车信号
显示地点：作业地点处面向司机方向的安全位置

指挥机车向显示人方向稍行移动的信号
显示意义：要求机车向显示人方向稍行移动
显示时机：要求机车向显示人方向稍行移动时
收回时机：持续进行，直至显示停车信号
显示地点：作业地点处面向司机方向的安全位置

好了信号
显示意义：某项作业完成的显示
显示时机：某项作业完毕时
收回时机：司机鸣笛回示
显示地点：作业完毕地点处安全位置

停留车位置信号
显示意义：表示车辆停留地点
显示时机：当推进运行时因天气、地形等原因确认停留车位置有困难时（单击运行除外）
收回时机：持续进行，直至机车、车辆到达停留车位置显示停车信号
显示地点：停留车位置处面向司机方向的安全位置

过标信号
显示意义：列车整列进入警冲标内方
显示时机：通知调车员列车已整列进入警冲标内方，可以停车
收回时机：对方收到信号，指挥机车、车辆停车
显示地点：作业地点处安全位置

昼间：拢起的手信号旗做圆形转动

过标信号
显示意义：列车整列进入警冲标内方
显示时机：通知调车员列车已整列进入警冲标内方，可以停车
收回时机：对方收到信号，指挥机车、车辆停车
显示地点：作业地点处安全位置

夜间：白色灯光做圆形转动

试拉信号
显示意义：检验列车连挂状态
显示时机：机车、车辆连挂后，检验连挂情况时
收回时机：持续进行直至显示停车信号
显示地点：作业车钩连接处，面向动车司机方向安全位置

夜间：当列车刚起动马上给停车信号

试拉信号
显示意义：检验列车连挂状态
显示时机：机车、车辆连挂后，检验连挂情况时
收回时机：持续进行直至显示停车信号
显示地点：作业车钩连接处，面向动车司机方向安全位置

夜间：当列车刚起动马上给停车信号

试拉信号
显示意义：检验列车连挂状态
显示时机：机车、车辆连挂后，检验连挂情况时
收回时机：持续进行直至显示停车信号
显示地点：作业车钩连接处，面向动车司机方向安全位置

试拉信号
显示意义：检验列车连挂状态
显示时机：机车、车辆连挂后，检验连挂情况时
收回时机：持续进行直至显示停车信号
显示地点：作业车钩连接处，面向动车司机方向安全位置

要求再度显示信号
显示意义：前发信号不明，要求重新显示
显示时机：告知调车作业人员前发信号不明，要求对方重新显示
收回时机：持续显示，直至对方收到再度显示信号
显示地点：作业地点处安全位置

要求再度显示信号
显示意义：前发信号不明，要求重新显示
显示时机：告知调车作业人员前发信号不明，要求对方重新显示
收回时机：持续显示，直至对方收到再度显示信号
显示地点：作业地点处安全位置

图 4.4.3　调车作业徒手信号的显示

八、其他规定

（1）太平桥车辆段内线路两旁堆放物料（含设备、工器具），距钢轨枕木头部外侧不得少于1.5 m，物料应堆放稳固，防止倒塌。

（2）施工领域内需移动机车车辆时，由施工负责人向车场调度员提出，车场调度员确认安全后，才能布置动车计划。

（3）作业区域内需本线内移动机车车辆时，由施工负责人向调车员提出，由调车员检查确认无障碍物侵限、进路安全的情况下指挥司机动车；机车车辆需转线时，施工负责人向车场调度员提出申请，车场调度员确认不影响接发车作业安全的情况下，才能向司机、信号楼值班员布置动车计划，信号楼值班员与司机联控后方可动车。

洗车线 L-4 道和检修股道运用规定如下：

① 列车清洗机、不落轮镟床、架车机等设备非运用或检修时，应固定在定位状态，不准侵入机车车辆限界。设备处于工作状态，应封锁相应股道。

② 原则上不得利用 L-4 道进行调车转线作业。特殊情况需利用时，应经列车清洗机控制值班室值班人员同意后开放信号，限速 3 km/h 驾驶。

③ 特殊情况利用 L-5 道停放机车车辆时，机车车辆或车组距不落轮镟床库门内侧平交道口应有 20 m 的安全距离，并做好防溜措施。

④ 原则上月检线、定修线、临修线、厂架修线不停放工程机车车辆，特殊情况需经车辆检修调度、车场调度员同意后安排停放。往月检线至厂架修线送车辆作业前，由信号楼值班员征得车场调度同意后方可开放信号。

调车作业过程中，信号楼值班员必须在接到司机报列车停稳的通知后，方可排列调车进路开放信号命令司机动车。

场备司机/工程车司机接到车场调度员下达的调车计划后，应立即前往车场调度员处领取调车作业单，原则上电客车司机 5 min 内到达车场调度员处领取调车计划，工程车司机 10 min 内到达车场调度员处领取调车计划。

机车车辆进出特种车库时，调车员负责开启车库大门和加固工作，司机确认大门开启及是否侵限。

九、使用无线调车电台的规定

无线调车电台适用于哈尔滨市轨道交通 1 号线段内调车作业和正线工程车推进运行时的现场指挥，严禁其他与调车作业无关的人员使用。正常情况下，使用无线调车电台指挥调车作业，该设备发生故障时，改用手信号指挥调车作业。

使用要求：

（1）操作人员必须掌握无线调车电台的性能和使用方法，严格按规定操作，必须妥善保管、爱护使用。凡发生设备故障或损坏时，应及时告知派班员设备故障信息组织维修。

（2）调车前，由调车员（车长）向调车人员逐个呼叫、发信，经双方通话和色灯显示试验良好后，方可使用。

（3）使用无线调车电台进行调车作业时，有关各岗位密切配合，确保作业安全。

无线调车电台使用规定如下：

① 严格按标准用语联控，严禁用对讲机谈论与作业无关的内容。

② 调车作业必须认真贯彻单一指挥的原则，除调车员（车长）外，原则上其他人员均不准发射

指挥机车的信号命令。当调车员（车长）通话或发射信号时，其他人员不得按下通话或信号按钮，避免干扰。

③ 调车作业小于三钩或变更作业不超过二钩时，车场调度员可用 800 M 手持台布置，要求停车传达，有关人员必须复诵。车场调度员用手持台传达作业计划时，应掌握好时机，不得干扰正在作业的调车人员，避免误听、漏听。

④ 现场调车人员应根据作业要求，站在便于前后瞭望的位置，加强联系。不准在建筑物内或离开作业地点遥控指挥作业。

⑤ 连挂前一度停车（距被连挂车辆 5 m 处），再动车时调车员（车长）须按压黄灯作为起动信号（辅助语音提示无效），调车员应告知司机距离情况。

⑥ 使用连接员手控机参与调车作业时，正常情况只能使用对讲功能，遇危及行车、人身安全时，立即发出"停车"口令和按压紧急停车按钮。

⑦ 进入线路作业前，调车员（车长）必须先发停车信号，并与司机联系，得到司机应答后，方可进入作业。

⑧ 司机发现机车控制器出现"红灯闪烁"或听到辅助语音提示"故障停车"和色灯信号与口令不符时，必须立即停车，通知调车员检查电台状态，确认正常后方可继续使用。

基本色灯信号及含义：

红灯——停车；

黄灯——减速；

绿灯——起动或按规定速度运行。

标准用语及作业指令如表 4.4.4 ~ 4.4.6 所示。

表 4.4.4　调车员指令（待设备到货后确认）

项目	按键方式	显示方式	辅助语音	指令含义
1	红	红灯	停车、停车	停车信号
2	绿+绿	绿灯亮	推进、推进	起动、推进信号
3	绿	绿灯闪亮数次后熄灭	起动、起动	牵出、单机起动信号
4	绿+红	绿红灯交替闪亮后绿灯亮	连接、连接	连接信号
5	黄+黄	黄灯闪亮后绿灯亮	减速、减速	减速信号
6	黄（1.5 s）	黄灯亮	三车、三车	三车信号
7	黄（0.5 s）	黄灯亮	二车、二车	二车信号
8	黄（0.5 s）	黄灯亮	一车、一车	一车信号
9	黄（0.5 s）	黄灯亮	减速、减速	减速信号（紧接一车信号后）
10	黄+绿	黄灯长亮	二车、二车	直发二车信号
11	黄+红	黄灯长亮	一车、一车	直发一车信号
12	无测机车信号时，黄（1.5 s）	无显示		呼叫信号楼
13	有测机车信号时，PTT+红	仍为原显示信号		呼叫信号楼

表 4.4.5　连接员指令

项目	按键方式	显示方式	辅助语音	指令含义
1	红（0.5 s）	一个红灯亮 两个红灯亮	紧急停车 报连接员号码	紧急停车信号
2	黄（1 s）	一个红灯亮 （一个红灯灭）	报连接员号码及解锁	解锁信号

表 4.4.6 调车作业标准用语

项目	作业含义	标准语音	说明	项目	作业含义	标准用语	说明
1	呼叫调车作业人员	"XX"车（车体号）司机/调车员		15	要求试拉	"XX"车（车体号）试拉	同上
2	调车作业人员回答	"XX"车（车体号）司机/调车员有		16	转线快过岔报距离	"XX"车（车体号）三车、二车、一车、停车	同上
3	确认调车进路开通	"XX"车（车体号）X道至X道调车信号好了	司机鸣笛回示	17	连挂妥当连接风管	"XX"车（车体号）挂妥，接管	同上
4	向有车线挂车推进	"XX"车（车体号）X道至X道调车信号好了，推进连挂	同上	18	线路检查准备妥当	"XX"车（车体号）X道可以挂车	同上
5	向空闲推进	"XX"车（车体号）X道至X道调车信号好了，推进	同上	19	送车对位妥当	"XX"车（车体号）对位好了	同上
6	三车信号	"XX"车（车体号）三车	同上	20	一度停车后挂车	"XX"车（车体号）接近连挂	同上
7	二车信号	"XX"车（车体号）二车	同上	21	向信号值班员请求原路折返作业	"XX"车呼叫信号楼：换端（连挂）完毕	由调车员负责请求
8	一车信号	"XX"车（车体号）一车	同上	22	挂距车挡不足10 m的车组	"XX"车（车体号）接近连挂，控制速度	司机鸣笛回示
9	停车信号	"XX"车（车体号）停车	同上	23	压岔作业	信号楼值班员：XX车（车体号）X道至X道进路已锁闭，可以动车	
10	牵出前无须提钩	"XX"车（车体号）牵出	同上				
11	车列整列起动	"XX"车（车体号）牵出好了	同上				
12	牵出前须提钩	"XX"车（车体号）推进，提钩	同上				
13	要求减速	"XX"车减速	同上				
14	要求鸣笛	"XX"车鸣笛	同上				

模块五　车辆段内调试作业

任务书

（1）掌握工程车、电客车调试过程。
（2）熟知电客车、工程车调试作业司机职责。
（3）熟知试车线调试规定。

一、调试作业人员安排及职责

1. 调试负责人

（1）工程车、电客车进行任何调试，由调试负责人统一指挥、负责调试过程中的安全工作。
（2）在调试工程车、电客车过程中，监控调试人员（含外方人员）禁止擅自动用与行车安全有关的设备设施。
（3）需要按方案进行影响行车的试验操作（如进行紧急制动试验）时须向司机交代清楚，经司机落实好行车安全事宜并同意后方可进行。
（4）其他要求按照《行车设备维修施工管理规定》相关规定执行。

2. 调试司机

电客车、工程车调试作业，乘务部须安排业务素质较高的两名司机值乘，司机必须根据调试负责人的要求安全操纵电客车、工程车。凡是需要动车时，需要与信号楼值班员或行车调度员联系落实运行进路的安全并得到其同意，确认行车"三要素"（进路、道岔、凭证）正确后方可动车。调试司机必须集中精力加强瞭望、正确操作、按规定驾驶。

3. 车场调度员

在接到调试、试验任务时，将调试、试验计划有关内容向司机布置清楚：包括转线计划、试车内容、试车线送电与否、运行模式、速度要求、机车车辆及行车设备状态、性能等。负责落实调试制度执行到位，监控各相关岗位人员按章作业，确保段内调试作业行车安全。

4. 监控人员

（1）认真核对、落实《调试、试验作业任务书》各项内容和调试作业的各项规章制度，发现异常及时采取措施。
（2）试车线调试作业时，乘务技术管理工程师必须监控司机驾驶，协助司机瞭望。

二、调试作业申请及注意事项

车场调度员接受调试作业计划（包括车辆段、正线调试作业）时，必须与调试部门或配合部门的负责人落实好调试作业的驾驶模式、运行速度、车辆及设备状况、调试主要内容、作业时间、安全注意事项、跟车人员等，并要求其在相关调试、试验作业任务书（分电客车、工程车两种）上注明，调试、试验作业任务书未明确时，禁止调试作业。

车场调度员在向司机布置计划时，必须将上述事项在调车作业计划单上注明，并将相关调试、试验作业任务书交司机确认，落实司机是否清楚、明白。

车辆段内调试作业，调试负责人须在《车辆段施工、检修作业登记簿》上登记。

调试负责人必须亲自或安排工程师级别以上人员添乘司机室。

原则上夜间、湿滑路面不安排电客车进入试车线进行高速调试作业。

三、动车前的注意事项

（1）调试准备工作，利用自身动力调车或动态调试时，如发现电客车出现下列情况之一，无法动车和调试，严禁动车：

① 总风压力不足；
② 制动未缓解；
③ 停放制动未缓解；
④ 车门未关好；
⑤ 转向架及车下其他位置不正常、有异物；
⑥ 其他规章或手册要求禁止动车的条件。

段内任何调试作业（包括信号、机车、车辆的任何调试、试验及投入运营服务前所做的准备工作），调试工作负责部门必须派出技术人员跟车负责监控车辆状态。

车辆调试作业开始前由车场调度员按照《行车设备维修施工管理规定》及其他有关规章规定组织调试人员、司机、信号楼值班员做好调试准备，如果调试负责部门未派人跟车，禁止调试作业（如正线调试需向行调说明），调试相关人员须提前半小时到位并在库内上车，调试作业结束后在库内下车，禁止跟车人员在调试中途上下车。如跟车人员在中途下车，司机禁止动车，立即向行调/车场调度员汇报并听其指示执行。

（2）调试司机按《电客车司机手册》《工程车司机手册》有关检车流程对调试电客车、工程车进行检查、试验，确保电客车、工程车状态符合行车要求。

（3）调试司机动车前检查线路限界、进路信号的显示、调试人员到位情况及设备等是否具备行车条件，如有异常及时报告信号楼值班员（车场调度员）并禁止动车。

（4）调试列车上正线动车前，调试司机正确理解调度命令内容，明确调试负责人并与其确认调试内容及安全注意事项，明确调试程序后，双方在《调试、试验作业任务书》签名确认。

（5）动态试验动车前，调试负责人确认有关人员处于安全位置、警示牌和车间电源插头等已撤除后通知司机允许动车，司机确认前方进路无人无物，鸣笛动车。

四、调试过程中的注意事项

（1）调试司机应严格执行规章制度，控制好速度，加强瞭望和呼唤应答，认真操作，密切注意、观察设备仪表的状态，遇信号异常或危及行车安全时，应立即采取紧急停车措施，并及时汇报调试负责人，在车辆段报车场调度员，在正线报行车调度员，听从其指示，确保调试电客车安全。

（2）调试作业严禁司机学员操纵列车。

（3）严禁任何人爬上电客车、工程车车顶，运行中严禁探身车外、飞乘飞降，任何人不得扶着手扶杆站在车厢外面。

（4）动态试车前，必须确保电客车的制动系统作用良好。静态试验前，必须对车辆施加停放制动。

（5）作业途中停止时，没有调试负责人的指示，严禁擅自动车。

（6）在调试作业过程中电客车、工程车出现机车车辆或信号故障时，应及时向调试负责人汇报，由其处理，视其需要给予协助。禁止未经调试负责人同意擅自动用车载设备或进行任何试验操作。

（7）调试过程中，司机需服从调试负责人的指挥，遇调试负责人提出调试要求超出计划内容时，司机应及时向车场调度员汇报并得到其同意后方可执行。

（8）严禁调试作业人员未经司机同意擅自下车或进入隧道作业，司机发现违反规定者在车辆段报车场调度员，在正线报行车调度员，若因设备原因联系不上行调时，报车站行车值班员转告行车调度员，由调试负责人确认所有人员已上车后再动车。

（9）遇下列情况，司机应予以坚决制止，严禁动车，并将情况报告车场调度员，在正线报行车调度员处理；调试人员（含外方人员）不听劝阻者，司机有权停止作业：

① 调试指令违反相关安全规定或规章时；

② 危及行车安全（如有物品侵入限界、道岔位置不对等情况）时；

③ 不具备动车条件（如电客车上的设备未恢复正常位置、未进行制动试验等情况）时；

④ 无调试负责人在场（只有外方人员的情况）时；

⑤ 作业计划不清或计划与实际有出入时；

⑥ 作业途中停止时，没有调试负责人的指示，严禁擅自动车。

（10）遇恶劣天气（如暴雨、暴雪、大雾、雷电等），难以瞭望确认线路、道岔、信号等情况时，车场调度员应停止段内的调试作业，并通知相关部门负责人。

五、试车线调试规定

1. 安全措施

（1）电客车、工程车开始调试的第一趟，或调试作业中途停止超过 2 h 后需要重新调试时，限速 15 km/h 进行线路检查、制动力试验。

（2）试车线开始调试前，司机驾驶调试车辆停稳在试车线 T1G 后与信号楼值班员联系请求开始调试作业，在得到信号楼值班员通知试车线已封锁、调试信号已开放、可凭地面信号显示及调试负责人指令动车的命令后，开始调试作业。调试作业完毕，司机驾驶调试车辆在试车线 T1G 停稳后向信号楼值班员汇报调试作业结束申请回库，信号楼值班员必须确认调试车辆整列已停到位，才能开放从试车线出来的调车信号命令司机动车，调试司机得到信号楼值班员的同意后凭信号楼值班员的命令及调车信号显示开始动车。试车线试车准备作业程序如表 4.5.1 所示。

表 4.5.1 试车线试车作业程序

步骤	责任人	工作事项
1	车场调度员	（1）根据调试作业申请方提出的车辆调试请求和施工计划，核对施工计划无误后通知信号楼值班员办理线路出清，得到线路出清通知后编制调车作业计划。 （2）与调试人员商定安全注意事项，编制调试计划并通知场备司机做好调试作业准备。 （3）将试车事项、安全措施及调车计划通知信号楼值班员。 （4）向调试司机传达调试计划、调试内容及安全注意事项、发放行车备品等
2	信号楼值班员	（1）与车场调度员核对调试计划无误后办理线路出清作业。 （2）根据调车计划排列进路组织车辆调试作业
3	调试司机	（1）确认列车进入试车线T1G停稳后，向信号楼值班员申请试车作业。 （2）根据现场信号显示和调试负责人指令进行试车，配合调试作业。 （3）向信号楼值班员申请调试模式进路
4	信号楼值班员	（1）确认列车在试车线 T1G 停稳后，将试车线上道岔单独锁定定位，在占线板相应位置标注后，开放调试信号。 （2）通知司机根据调试信号和调试负责人指令试车。 （3）配合调试人员排列所需调试模式进路
5	调试司机	（1）与调试负责人确认调试作业结束后，将调试列车在T1G内停稳，向信号楼值班员请求试车线回库作业。 （2）根据现场信号显示和信号楼值班员命令动车回库
6	信号楼值班员	（1）确认列车确认列车在T1G内停稳后，取消调试信号，办理列车回库作业。 （2）通知司机根据现场信号和动车回库

（3）任何情况下严禁进行无人引导的推进运行。在电客车车载ATP正常情况下，司机以RM模式驾驶回库，若不能使用RM模式时，则采用NRM模式限速15 km/h回库。

（4）进行工程车调试作业或进行司机驾驶培训时，只能在试车线两端的"100 m 标"区段内运行。特殊情况需要越过该标时，须停车后由调试负责人提出，报经车场调度员同意后，限速10 km/h进入前方轨道。

（5）遇恶劣天气（如暴风、雨雪、大雾等），难以瞭望确认线路、道岔、信号等情况时，车场调度员应停止段内的调试、调车作业，并及时通知相关部门负责人。

（6）当电客车、工程车在试车线运行中出现"空转/滑行"时，司机及时停车报告车场调度员，车场调度员应立即停止该项调试、试车作业，查实情况并落实措施后方可继续进行。

2. 试车线的限制速度

试车线的限制速度司机要严格遵守，按照试车线行车信号、标志要求，严格控制速度运行。调试机车、车辆接近尽头线及其信号机时必须降低速度。试车线速度如表 4.5.2 所示（工程车调试速度对照电客车的 NRM 模式调试速度执行）。

（1）电客车以 NRM 模式调试最高运行速度为 60 km/h，雨天、雪天、雾天、夜间的调试最高运行速度为 40km/h。进行高于40km/h 的 NRM 模式调试时须安排在昼间进行。

（2）电客车以 ATO/ATP 模式调试时，最高运行速度为 60 km/h。

（3）进行 ATO/ATP 模式驾驶信号调试，在接近停车点出现速度异常或在运行过程中实际速度高于正常制动距离的速度时，司机必须立即采取紧急停车措施。

表 4.5.2 试车线各标示牌运行限制速度表　　　　　　　　　单位：km/h

地点或时机	昼间正常		雨天、雪天、雾天、夜间	
	NRM	ATO/ATP	NRM	ATO/ATP
第一趟往返	15			
300 m 标	40	60	25	25
200 m 标	30	40	15	15
100 m 标	20	25	接近 100 m 标时，司机严格按照"三、二、一车"的限制速度（即 8、5、3 km/h）	
停车标	接近两端停车标时，司机严格按照"三、二、一车"的限制速度（即 8、5、3 km/h）		禁止进入	

（4）昼间正常情况下，电客车以 NRM 模式调试时，电客车到达"200 m"标时，如果速度未降至 30 km/h，司机必须采取 100% 的全制动停车。客车到达"100 m"标时，如果速度未降至 20 km/h，司机必须采取 100% 的紧急制动停车。

（5）特殊情况下，电客车进行 AW0 载荷的高速（指高于 60 km/h 直至 80 km/h）试验时，必须征得车场调度员同意，在试车线西端信号灯前停稳后，向东进行高速试验，在电客车到达 80 km/h 时采取制动措施，电客车到达"制动标"时，司机必须采取 100% 的全制动停车。若电客车到达"制动标"前速度仍未达到 80 km/h，则严禁再提速到 80km/h，应停止高速试验。

（6）其他作业要求及安全规定严格按照《行车设备维修施工管理规定》等相关规章执行。

模块六　其他列车运行作业

任务书

掌握洗车作业程序及注意事项。

一、洗车作业程序

（1）电客车在进洗车库前必须一度停车，司机得到洗车库操作人员的通知后，确认库门开启，门页无侵限，入库 F1 信号灯显示绿灯后方可动车，此时车辆必须建立"洗车"模式。

（2）如需进行前端司机室挡风玻璃清洗时：列车进入洗车库后进行正常侧洗作业，此时 F2 信号灯显示红灯，司机必须对标停车（要求当前司机室车门窗玻璃垂直中心线对准 B1 前端洗停车牌）。

注：① 在清洗端面作业前，司机应确认雨刮器处于关闭位。

② 前端司机室挡风玻璃清洗完毕后，确认洗车设备恢复无侵限，F2 信号灯显示绿色后，听从洗车库操作人员指挥，继续进行洗车作业。

（3）如需进行后端司机室挡风玻璃清洗时：此时 F3 信号灯显示红灯，司机必须对标（B2）停车（司机室门玻璃垂直中心线对准 B2 后端洗停车牌）。

注：① 在清洗后端面作业前，司机也应确认雨刮器处于关闭位。

② 后端面清洗完毕后，确认 F3 信号显示绿色后，听从洗车库操作人员指挥继续动车。

（4）听从洗车操作人员的通知继续进行洗车作业。待全列车洗车作业完毕，列车停在洗车终端停车牌内方，司机即可换端。

（5）司机换端与洗车库工作人员联系是否洗车作业结束，得到洗车库工作人员的无线调度电话通知（可以出洗车库），司机与信号楼联系回库进路。

注意事项：

① 在洗车作业时，列车在洗车线上司机必须采用"慢行"模式，不得超速。

② 在作业过程中，司机必须打开无线调度电话，随时与操作人员联系或听取操作人员的指令。

③ 司机在清洗机区发现任何危害行车安全的情况时，应立即停车，报告操作人员（司机禁止在洗车库内下车或身体伸出车外）。

④ 在行车过程中司机需确认无异物侵入限界。

⑤ 司机在洗车作业过程中注意关闭司机室雨刮器（特别是雨天回库列车，司机必须保证两端司机室刮雨器都要关闭）。

⑥ 进、出洗车库门，通过运用组合库平交道口时，司机必须鸣笛警示。

二、洗车作业规定

（1）电客车回车辆段后需进行洗车作业时，无特殊原因可直接接入 L-4 道洗车线。

（2）有洗车任务的电客车在进入太平桥车辆段前，信号楼值班员必须通知司机进行洗车作业，通知司机与清洗机控制室值班人员联系。列车应在洗车库门口一度停车，司机在洗车库库门开启和得到洗车库值班员通知后以洗车模式限速 3 km/h 进行洗车。

（3）电客车在太平桥车辆段内需要到洗车线洗车作业时，以调车方式办理转轨作业，命令司机电客车到达洗车线库门前一度停车后，与洗车机负责人联系，凭洗车机负责人指令及洗车机信号显示按洗车模式进行洗车作业。

（4）电客车进入列车清洗机后不得后退，因故无法继续洗车需退出洗车线时，司机须经信号楼值班员同意，信号楼值班员应征得车场调度员和洗车机控制室值班人员同意及确认动车进路安全，方可组织司机换端动车。

（5）信号设备故障不能开放信号或洗车机设备故障时，禁止洗车作业。

（6）洗车过程中，电客车车门必须关闭，严禁打开车门。

模块七　太平桥车辆段非正常行车组织

任务书

（1）掌握电话联系法行车规定。
（2）熟知电话联系法发车凭证。
（3）熟知电话联系法组织行车规定。

一、定　义

（1）电话联系法：车辆段/停车场与正线连接站信号故障时，车辆段/停车场与车站之间凭电话记录办理闭塞手续，列车占用区间线路的行车凭证为电话记录号码，列车凭车辆段/停车场、车站的无线调度电话发车指示发车，司机以 RM/NRM 模式驾驶列车运行的一种行车方法。

（2）闭塞解除：列车整列到达指定站台/转换轨并发出信号后视为闭塞解除。

二、使用时机

遇下列情况，经值班主任批准，可采用电话联系法组织行车：
（1）车辆段/停车场内信号系统联锁设备故障时；
（2）车辆段/停车场 ATS 工作站和 TYJL-Ⅱ型计算机联锁设备均失去监控功能时；
（3）正线与车辆段/停车场信号接口故障时；
（4）其他情况需采用电话联系法组织行车时。

三、行车组织原则

（1）采用电话联系法行车前，行调应确认车辆段/停车场、车站与列车间无线通信良好。
（2）采用电话联系法行车时，在确保车辆段/停车场与正线间闭塞区间空闲，且准备好发车或接车进路后，方可请求或承认闭塞。如太平桥站，在确认下行站台前发下行列车已出清并准备好接车进路后，方可承认列车出车辆段的闭塞请求。
（3）出车辆段闭塞区间为 X1515 至 X1505 和 S1611 至 S1606/S1605 间区域，入车辆段闭塞区间为 X1603/X1604 至 XJD1 和 S1507 至 XJD2 间区域。出停车场闭塞区间为 S0212 至 S0206/S0205 和 S0211 至 S0206/S0205 间区域，入停车场闭塞区间为 X0203/X0204 至 XJC1 和 X0203/X0204 至 XJC2 间区域。

（4）列车凭车辆段/停车场、车站的无线调度电话发车指示发车，闭塞区间内的信号机显示视为无效。

（5）列车在车辆段/停车场内走行时，由场调负责组织，按调车作业办理，不办理闭塞。

（6）人工下区间准备进路时，按由远及近顺序依次办理。

（7）原则上，列车由出段线/出场线出段/场，由入段线/入场线入段/场。

（8）信号楼值班员和车站行车值班员应及时向行调报列车到开点。

（9）采用电话联系法组织行车时，行调应向信号楼值班员、车站行车值班员、司机等岗位发布调度命令，各岗位依据本规定办理行车手续。

四、行车组织程序

1. 请求闭塞

列车出段/场：车辆段/停车场组织列车运行至转换轨并与车站值班员确认出段/场闭塞区间空闲后，可向车站提出发车闭塞请求。

列车入段/场：车站确认入段/场闭塞区间空闲，并准备好入段/场发车进路后，可向车辆段/停车场提出发车闭塞请求。

2. 承认闭塞

列车出段/场：车站确认出段/场闭塞区间空闲，并准备好接车进路后，可同意车辆段/停车场发车闭塞请求，并给出承认发车电话记录号码。

列车入段/场：车辆段/停车场确认入段/场闭塞区间空闲，可同意车站发车闭塞请求，并给出承认发车电话记录号码。

3. 下达发车指令

车站行车值班员/信号楼值班员向列车司机发出发车指令："电话记录XXXX号，XX站/车辆段/停车场XXXX信号机至XX站/车辆段/停车场XXXX信号机进路好，准许发车，行车值班员/信号楼值班员XXX完毕。"并要求司机复诵。发车指令是司机驾驶列车进入闭塞区间的唯一凭证。

4. 列车出发

司机收到发车指令后，应在司机台账上记录相关事项并复诵，复诵无误后可按发车指令动车运行至指定位置停车。

电话联系法组织行车时，司机采用RM/NRM模式限速20 km/h运行，沿途加强瞭望，确认好道岔位置。

5. 采用电话联系法

采用电话联系法办理列车出/入段/场时的起止区段为段/场相邻的车站至段/场转换轨。

五、进路准备

1. 执行电话联系法

执行电话联系法的区段，进路上的道岔必须锁定在正确位置，在联锁设备正常时，可优先使用

ATS/LOW 工作站进行电子锁定，反之则由车站人员现场确认进路正确后使用钩锁器锁定，具体操作时按行调命令办理。

2. 人工办理进路

人工办理进路所需携带的备品：道岔钥匙、手摇把、钩锁器、钩锁器钥匙、扳手、信号灯、无线手持台、手电筒等。

办理进路人员应穿荧光衣，戴手套，做好个人安全防护。应使用无线手持台（800 M）与车站行车值班员、信号楼值班员或行调联系，在通信中断或无线手持台无法联系时，可使用区间电话进行联系。

办理进路人员应携带线路图及进路表，手摇道岔时双人确认，开通一副打钩确认一副。车站行车值班员准备线路图及进路表，按现场人员的报告逐个道岔打钩确认。确保出/入段/场区间所有道岔均开通正确位置并加装钩锁器。

列车运行时办理进路人员监控列车运行情况，司机注意控制速度，确认道岔位置正确，严禁超速和臆测行车。

3. 下区间

下区间办理进路前，办理进路人员须先通过行车值班员向行调申请，得到行调允许并设置防护后，再进入区间作业。

4. 出/入段/场进路上的道岔

出/入段/场进路上的道岔均要开通正确位置，并使用钩锁器锁定；人工下区间办理进路时，对应来车方向，按照"由远及近"的原则对各道岔依次办理。

5. 道岔操作

需要摇动道岔位置时应一人操作，一人防护、确认。操作者用工具按正确程序将道岔手摇到所需位置，另一人确认道岔位置正确后用钩锁器锁定。

确认进路上各道岔的开通位置时，操作者要手指口呼，另一名站务人员进行相应的确认。

当出/入段/场线路的进路准备妥当并且人员出清到安全位置后，报车控室行车值班员。

行车值班员接到出/入段/场线路的进路准备妥当、线路出清的汇报后，立即报告行调，做好相应线路的接车或发车工作。

6. 钩锁有关要求

（1）钩锁器必须用扳手尽力拧紧（要求脚踢不晃动）后用钥匙锁闭。

（2）钩锁位置应尽可能设在靠近道岔尖轨第一连接杆处。

7. 防护设置

（1）进入区间前，需在来车方向设置防护红闪灯，作业完毕后收回。

（2）红闪灯应设置轨道中央合理位置，如出站信号机平行位置处。

（3）现场转换道岔时，应一人操作，一人防护、确认，要求其中一人至少是值班员或值班站长，另一人可以是站务员。

（4）手摇道岔工作需执行"六部曲"：

一看：看道岔开通位置是否正确，是否需要改变位置；

二开：打开道岔盖孔板锁及钩锁器锁，拆下钩锁器；

三摇：摇道岔转向所需的位置，在听到转辙机"咔嚓"落槽声后停止；
四确认：手指尖轨呼"开通定/反位，尖轨密贴"，另一人应答确认；
五加锁：另一人在确认道岔开通正确位置后，用钩锁器锁定；
六汇报：向车控室汇报该道岔开通位置及钩锁情况，"XX号道岔开通定/反位，尖轨密贴，已加钩锁器"。

六、接发车注意事项

（1）当行调发布"采用电话联系法组织行车"的命令后，办理第一趟列车出/入段/场线时，车站行车值班员、信号楼值班员与行调共同确认出/入段/场线进路是否空闲。办理后续列车出/入段/场线时，车站行车值班员、信号楼值班员共同确认即可。

（2）需要站务人员下区间办理进路时，站务人员应在最短时间内准备好手摇道岔的工具及防护用品，并向行调请点下区间。

（3）司机接到无线调度电话发车指令后复诵，确认电话记录号无误后动车。

模块训练

任务训练

1. 调车作业徒手信号的显示。
2. 简述调车速度。
3. 指示列车运行6种手信号显示方式。

项目自测

一、填空题

1. 车辆段线路最小平面曲线半径为（　　　　　）。
2. 入段信号机采用四显示：
① 黄灯——（　　　　）；
② 红灯——（　　　　）；
③ 黄/红灯——（　　　　）（　　　　）；
④ 月白灯——（　　　　）。
3. 出段信号机采用三显示（一个三灯位机构）：
① 黄灯——（　　　　）；
② 红灯——（　　　　）；
③ 月白灯——（　　　　）。
4. 调车信号机采用两显示（一个两灯位机构）：
① 蓝灯——（　　　　）；
② 月白灯——（　　　　）；
③ 红灯——（　　　　）。

5. 停车库内调车信号机采用两显示（一个两灯位机构）：
① 红灯/蓝灯——（   ）；
② 月白灯——（   ）。
6. 试车线尽头及材料线、平板车线尽头设置（   ）采用一显示（   ），固定显示（   ）灯光，禁止机车车辆越过该信号机。
7. 信号机按作业目的可分为（   ）、（   ）、（   ）、（   ）；所有信号机均设置在运行方向（   ）。
8. 太平桥车辆段内应优先办理接发（   ），接发（   ）时应灵活运用股道，做到不间断接车，正点发车，减少转线作业。
9. 办理停放在 B 段的列车出太平桥车辆段作业时，可按（   ）方式将列车调至 A 段再办理发车作业。
10. 列车进太平桥车辆段时，司机应在转换轨处（   ）后呼叫（   ）。
11. 列车出太平桥车辆段占用转换轨的行车凭证为（   ）及（   ）指令，列车入太平桥车辆段占用转换轨的行车凭证为（   ）及（   ）指令。
12. 电客车出入段均按（   ）办理，排列（   ）进路。特殊情况下不能办理（   ）信号时，信号楼值班员需得到车场调度员同意后按（   ）方式办理出入段进路。
13. 调车作业前，调车员应充分做好准备（   ）、（   ），确认（   ）或平面调车系统良好，并认真检查调车组其他人员准备情况。
14. 调车作业前对线路进行检查：确认（   ）、（   ）无障碍物。
15. 调车作业连挂时，被连挂车辆前端必须有人并采取（   ）。连挂妥当，进行（   ），确认制动状态良好后撤除（   ）。
16. 调车信号机故障开放不了，须越过关闭的信号机时，调车员/司机得到信号楼值班员通知，并确认（   ）后，方可越过该信号机。
17. 调车作业前，需对车辆进行检查：内容包括机车（   ）的（   ）、（   ）、是否进行技术作业、是否有侵限物搭靠、装载加固是否良好、是否插有防护信号及禁动牌等。
18. 调车信号机开放后，需要取消时，信号楼值班员应通知司机或调车员，并得到应答确认（   ）或（   ）后，方可关闭开放的信号机。
19. 变更作业计划必须停车传达，确认有关人员复诵清楚，超过（   ）时须下达书面调车作业计划。
20. 除电客车自身动力调车外，原则上电客车的调动只允许使用（   ）。

二、简答题

1. 列车停车规定有哪些？
2. 行走线路规定是什么？
3. 调试作业时，遇哪些情况司机应给予坚决制止，严禁动车？
4. 洗车作业规定有哪些？

项目五　正线行车组织

课程导入

城市轨道交通行车组织必须坚持安全生产的方针，贯彻高度集中、统一指挥、逐级负责的原则。地铁行车组织工作内容主要包括：一是列车运营；二是调车作业。要求电客司机应有高尚的职业道德，要有强烈的责任感，高度的安全意识，确保行车作业安全。该项目主要介绍了哈尔滨地铁1号线运营基础设备，重点阐述了正线行车组织工作、非正常情况下的行车组织的处理原则，使电客车司机能够对行车组织工作中发生的列车故障、行车事件/事故，做到准确判断、及时汇报、正确处理。

能力目标

（1）熟知列车自动控制系统的作用。
（2）了解非正常情况下的行车组织的处理原则。
（3）掌握调车作业方法、方式和过程及手信号显示方式。
（4）掌握电客车运营运行速度及限制速度。
（5）掌握准移动闭塞的闭塞法行车的原理。
（6）熟知电客车转备用及备用车投入运营作业程序。
（7）掌握特殊情况下，指示列车运行时手信号的显示时机。
（8）熟知电客车故障的处理方法及救援方法。

学习任务

（1）掌握正线技术设备的组成及技术规范。
（2）掌握正线行车组织的工作方法。
（3）熟知非正常情况下的行车组织方法、信号设备故障。
（4）掌握电客车的5种驾驶模式。
（5）熟知信号的显示方式及显示意义。
（6）了解信号系统故障的处理程序。
（7）熟知电客车故障的处理方法。
（8）掌握电客车故障救援方法。
（9）熟知故障列车退出服务或运营客车临时退出服务作业程序。
（10）指示列车运行时手信号的显示方法。

模块一　正线技术设备

任务书

（1）掌握站台站台门的基本限界。
（2）掌握地铁线路分类。
（3）了解哈尔滨地铁1号线技术参数。
（4）掌握哈尔滨地铁1号线行车组织相关设备的功能及技术要求。
（5）掌握电客车技术参数。

一、限　界

（1）一切建筑物，在任何情况下，不得侵入地铁建筑限界；一切设备，在任何情况下，不得侵入地铁设备限界；机车、车辆无论空、重状态，均不得超出机车、车辆限界。

（2）站台边缘至线路中心线的水平距离为1 500（+10）mm；站台高度（距轨面）为1 050（-10）mm；站台门滑动门门框边缘（轨道侧）至线路中心线的水平距离为1 575（+5）mm；站台门门槛边缘（含防踏空板）至线路中心线的水平距离为1 460（+10）mm。

二、线　路

哈尔滨地铁1号线线路分为正线、辅助线、车场线。1号线辅助线包括存车线、渡线、安全线、出段线、入段线、出场线、入场线等。

1. 正　线

（1）正线为双线，右侧行车。正线的运营线路长度为25.755 km（新疆大街中心里程到哈东站站中心里程）。

（2）正线线路最大坡度为28.25‰（太平桥—交通学院上行区间SK15+339~SK15+540），车站正线坡度为2‰。大于20‰坡度的正线线路里程见附录B。

（3）正线线路最小曲线半径为298.5 m（太平桥—交通学院下行区间XK14+841.158~XK15+021.603）。正线线路的曲线里程见附录B。

2. 辅助线

（1）存车线。

① 学府路站在上、下行正线间设 1 条存车线并具备折返功能，有效长度为 130 m（X0614～S0616）。学府路存车线曲线半径里程见附录 B。

② 太平桥站在岛式站台与上行正线间设 1 条存车线并具备折返功能，有效长度为 162 m（X1510～S1512）。太平桥存车线曲线半径里程见附录 B。

③ 新疆大街下行站后正线设 1 条存车线，不具备折返功能，有效长度为 208.828 m（X2101～S2107）。

④ 新疆大街上行站后正线设 1 条存车线，不具备折返功能，有效长度为 208.828 m（X2102～S2108）。

（2）渡线。

① 哈尔滨南站、哈尔滨东站各设一组交叉渡线。

② 医大二院、铁路局站、烟厂站各设一条单渡线。

③ 镜泊路设一条单渡线。

（3）安全线。

① 太平桥站连接出段线设安全线，有效长度为 22.15 m（警冲标～车挡），如图 5.1.1 所示。

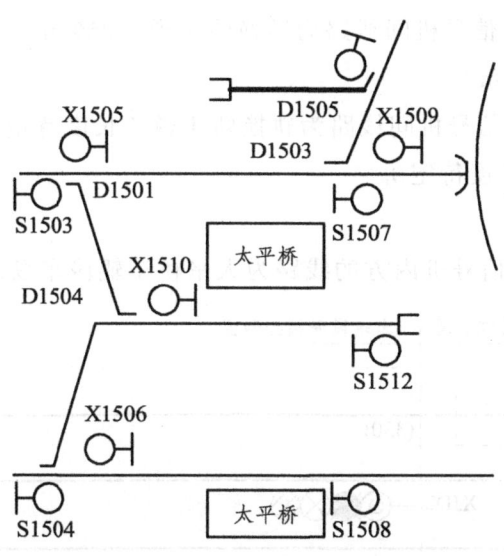

图 5.1.1　太平桥站安全线

（4）出/入段（场）线（见图 5.1.2）。

① 连接太平桥车辆段与交通学院站间的线路为入段线，有效长度为 985 m（S1607～XJD1），最大坡度为 30‰（DRK0+620.000～DRK1+039.000），最小曲线半径为 150 m（DRK0+164.930～DRK0+434.67）。

② 连接太平桥车辆段与太平桥站间的线路为出段线，有效长度为 990 m（X1513～XJD2），最大坡度为 30‰（DCK0+610.000～DCK1+010.000），最小曲线半径为 250 m（DCK0+57.916～DCK0+215.852 及 DCK0+592.985～DCK0+882.960）。

③ 连接哈南停车场与哈达站间的线路为入场线，有效长度为 1 562 m（S0207～XJC1），最小曲线半径为 250 m（TDRK0+346.148～TDRK0+836.171）。

④ 连接哈南停车场与哈达站间的线路为出场线，有效长度为 1 562 m（S0208～XJC2），最小曲线半径为 220 m（TDCK0+386.715～TDCK0+825.136）。

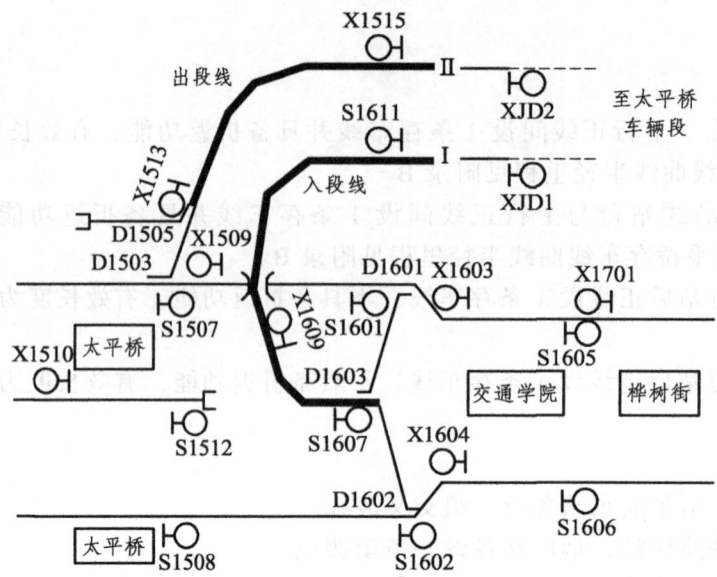

图 5.1.2 太平桥车辆段出/入段线

⑤ 出入段（场）线设转换轨。

入段线的 S1611 至 XJD1 信号机间线路为转换轨Ⅰ道（259 m）；出段线的 X1515 至 XJD2 信号机间线路为轨换轨Ⅱ道（250 m）。

入场线的 S0211 与 XJC1 信号机间线路为轨换轨Ⅰ道（长度待定）；出场线的 S0212 至 XJC2 信号机间线路为转换轨Ⅱ道（长度待定）。

（5）车场线。

① XJD1 信号机、XJD2 信号机内方的线路为太平桥车辆段车场线，如图 5.1.3 所示。

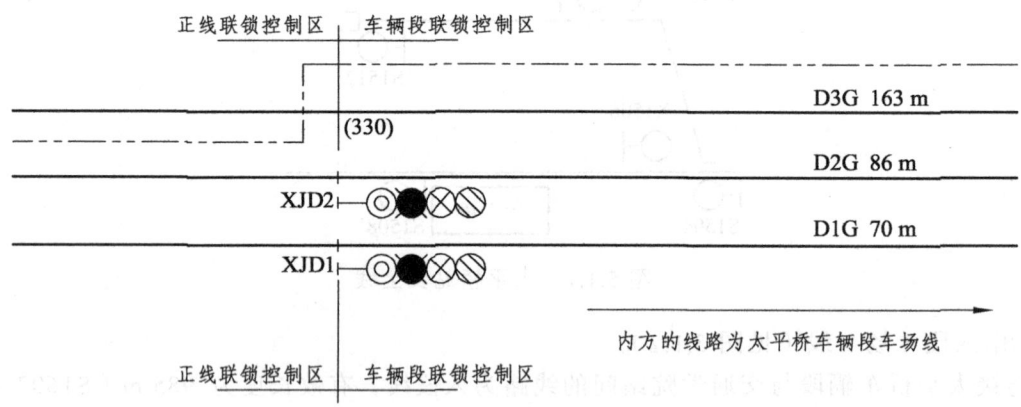

图 5.1.3 太平桥车辆段车场线

② JC1 信号机、XJC2 信号机内方的线路为哈南停车场车场线。

正线、辅助线及太平桥车辆段试车线采用 60 kg/m 钢轨，车场线采用 50 kg/m 钢轨，均为标准轨距 1 435 mm。

正线、辅助线及太平桥车辆段试车线采用 9 号道岔，侧向允许通过速度为 35 km/h（铁路局站、烟厂站 3.4 m 间距单渡线道岔侧向允许通过速度为 15 km/h）。车场线采用 7 号道岔，侧向允许通过速度为 25 km/h。

三、车　站

车站是吸引客流和疏散客流，为乘客提供乘降车服务的基本设施。哈尔滨地铁 1 号线 23 个站，分别为新疆大街、渤海路、镜泊路、瓦盆窑、同江路、哈尔滨南站、哈达、医大二院、黑龙江大学、理工大学、学府路、和兴路、西大桥、哈工大、铁路局、博物馆、医大一院、烟厂、工程大学、太平桥、交通学院、桦树街和哈尔滨东站。

全线 23 座车站均为地下站，主体结构主要由站厅层、设备层、站台层构成。西大桥、铁路局、博物馆（含 2 号线站台层）、医大一院为地下三层车站，其他车站均为地下二层车站。各站中心里程及站台制式如表 5.1.1 所示。

表 5.1.1　各站中心里程及站台制式

序号	站　名	车站中心里程	站间区间	距离/mm	站台制式	有效长度/m
1	新疆大街	SK5+663.874	—	—	岛式	120
2	渤海路	SK7+502.469	新疆大街—渤海路	1 690	岛式	120
3	镜泊路	SK9+588.546	渤海路—镜泊路	1 430	岛式	120
4	瓦盆窑	SK11+171.206	镜泊路—瓦盆窑	1 720	岛式	120
5	同江路	SK12+673.927	瓦盆窑—同江路	1 514	岛式	120
6	哈尔滨南站	XK0+115.000	同江路—哈尔滨南站	1 522	岛式	120
7	哈达	XK1+627.991	哈尔滨南站—哈达	1 512.897	岛式	120
8	医大二院	XK3+227.000	哈达—医大二院	1 599.052	岛式	120
9	黑龙江大学	XK4+301.840	医大二院—黑龙江大学	1 074.884	岛式	120
10	理工大学	XK5+185.279	黑龙江大学—理工大学	883.439	岛式	120
11	学府路	XK6+063.012	理工大学—学府路	877.566	岛式	120
12	和兴路	XK7+199.029	学府路—和兴路	1 144.218	岛式	120
13	西大桥	XK8+094.485	和兴路—西大桥	896.973	侧式	120
14	哈工大	XK8+911.028	西大桥—哈工大	816.543	侧式	120
15	铁路局	XK9+907.330	哈工大—铁路局	996.302	侧式	120
16	博物馆	XK10+889.908	铁路局—博物馆	982.572	侧式	120
17	医大一院	XK11+683.031	博物馆—医大一院	793.123	侧式	120
18	烟厂	XK12+393.720	医大一院—烟厂	710.689	侧式	120
19	工程大学	XK13+597.436	烟厂—工程大学	1 201.533	岛式	120
20	太平桥	XK14+743.385	工程大学—太平桥	1 146.095	一岛一侧式	120
21	交通学院	XK15+676.436	太平桥—交通学院	939.583	岛式	120
22	桦树街	XK16+507.485	交通学院—桦树街	834.975	岛式	120
23	哈尔滨东站	XK17+351.128	桦树街—哈尔滨东站	843.643	岛式	120

无道岔车站以头端的出站信号机及尾端端墙作为车站与区间的分界。

有道岔车站以有岔端的最外方道岔防护信号机及无岔端的出站信号机或尾端端墙作为车站与区间的分界，尽头线以车挡为界。

四、车辆段

（1）太平桥车辆段经由出/入段线分别与太平桥站及交通学院站接轨，与正线分界，以 XJD1、XJD2 进段信号机为界限。

（2）太平桥车辆段内设运用组合库、检修组合库、内燃调机及特种车库，均为尽端式车库。

（3）太平桥车辆段内线路按作业目的、功能分为运用线（包括牵出线、洗车线、机走线、机待线、试车线、停车列检线）、检修线（包括镟轮线、定修线、临修线、厂架修线、月检线、静调线、内燃调车机及特种车线）和其他线（包括材料线、平板车线）等。试车线有效长为 1 220 m。

五、停车场

（1）哈南停车场经由出/入场线与哈达站接轨，与正线分界，以 XJC1、XJC2 进场信号机为界限。

（2）哈南停车场内设有停车列检库。

（3）哈南停车场内线路设有牵出线、停车列检线。

六、通　信

（1）通信系统主要包括传输系统、电源系统、无线系统、公务电话系统、专用电话系统、专用闭路电视监视系统、时钟系统、乘客信息系统、办公数据网络系统等。

（2）专用电话系统具备单呼、组呼、群呼、紧急呼叫、录音、站间电话模拟备份等功能，能够为行车调度员（简称行调）、设备（维修）、设备（操作）与各车站行车值班员（简称行值）行车指挥、运营管理提供通信条件。

（3）公务电话系统已与哈尔滨市公用电话网连接，能够为地铁各部门人员提供语音、数据、传真等通信服务，同时具备网管及计费等功能。

（4）专用无线系统能够为行车调度员、行车值班员等固定用户与列车司机等移动用户提供通信手段，具备选呼、组呼、全呼、直通模式呼叫、呼入呼出限制、通话录音等功能。

（5）闭路电视监视系统在车站上下行站台、自动扶梯、自动售检票机、闸机等关键部位设置摄像机，系统具备监视、字符叠加、数字监控录像、优先级设置、录像回放等功能，满足行车调度员、列车司机、行车值班员，指挥列车运行、乘客疏导的需要。

（6）广播系统具备分区广播、平行广播、优先级广播等功能，同时，当车站或车辆段/停车场库内发生火灾时，可兼作消防广播。

七、信　号

1. 列车自动控制系统

正线使用列车自动控制系统（ATC），由控制中心或车站控制，分为 4 个子系统：

（1）列车自动监控子系统（ATS），分为中央级及车站级。

① 中央级 ATS（配置在控制中心），配备有中央 ATS 人机界面（HMI）、时刻表编辑工作站（TTE）。调度员通过大屏显示器、HMI，监督和控制全线的列车运行，监督信号设备的工作状态。

② 在控制中心调度大厅设有中央操作员工作站（CLOW）。

③ 站级 ATS 系统具有监督和设置列车进路的功能。

④ 太平桥车辆段、哈南停车场信号楼控制室、派班室配备有 ATS 人机界面（HMI）。

（2）列车自动保护子系统（ATP）。

（3）列车自动驾驶子系统（ATO）。

（4）联锁子系统（SSI）。

2. 联锁站设置

（1）哈尔滨地铁 1 号线划分新疆大街、瓦盆窑、哈达、学府路、铁路局、太平桥 6 个联锁区，新疆大街、瓦盆窑、哈达、学府路、铁路局、太平桥为联锁站（太平桥站为具有 ATS 降级功能的联锁站）。其中，新疆大街—渤海路属新疆大街联锁区管辖范围；镜泊路—同江路属瓦盆窑联锁区管辖范围；哈尔滨南站—医大二院属哈达联锁区管辖范围；黑龙江大学—西大桥属学府路联锁区管辖范围；哈工大—烟厂属铁路局联锁区管辖范围；工程大学—哈尔滨东站属太平桥联锁区管辖范围。

（2）哈尔滨地铁 1 号线在控制中心调度大厅设有 CLOW 工作站，在 23 座车站均配置本地操作员工作站（LOW）。其中，联锁站的 LOW 工作站可以实现列车排列进路、道岔转换等功能；有道岔车站的 LOW 工作站具备对道岔进行操纵功能；其他车站的 LOW 工作站仅具备监督功能。

（3）正线不设进站信号机，设出站及进路防护信号机。

（4）联锁设备具有追踪进路功能，联锁自动设置的追踪进路为 ATP 进路，RM 及 NRM 模式的列车不允许进入该进路内，在紧急情况下，得到行车调度员的允许后才能进入该进路内，列车每出清一段轨道电路，进路自动逐段解锁。

太平桥车辆段、哈南停车场的信号系统为 TYJL-Ⅱ型微机联锁设备，信号机和道岔由信号楼控制室集中控制。

车控室设有综合后备盘（IBP），盘面上的上、下行线路分别有紧急停车、紧停复位、扣车、扣车复位、紧急越站、越站复位、警报切除等按钮各一个。太平桥站车控室 IBP 盘上的上行线、下行线、存车线分别有紧急停车、紧停复位、扣车、扣车复位、紧急越站、越站复位、警报切除等按钮各一个。

车站每侧站台设有 2 个紧急停车按钮（ESB）。ATP 设备正常使用的条件下，站台上的紧急停车按钮被按压时，车控室的 IBP 盘将报警，未进站列车将停在站外，进入站台区的列车将紧急制动。

八、供　电

（1）哈尔滨地铁 1 号线牵引供电采用接触网 1 500 V 直流供电，地面线路采用柔性接触网，地下线路采用刚性接触网。

（2）接触网导线距轨面的标准距离：地下线 4 040 mm；出/入段线及车场线 4 800 mm。接触网与车辆装载货物的距离不少于 250 mm。

九、站 台 门

（1）每侧站台边缘设站台门，每侧站台的站台门总长均为 114.5 m，门体由 24 对滑动门、6 套（12 扇）应急门、2 套端门及若干套固定门等构成。

（2）每侧站台站台门所有滑动门单元的编号形式：

① 岛式站台（太平桥存车线侧站台的站台门除外）：位于站台面向站台门以从左往右的方向原则，顺序号依次为 01 号滑动门单元至 24 号滑动门单元。

② 侧式站台及太平桥存车线侧站台：位于站台面向站台门以从右往左的方向原则，顺序号依次为 01 号滑动门单元至 24 号滑动门单元。

（3）列车停站时，对应每节车厢的中间站台门系统设置 1 套应急门（由两扇推拉门组成）。

（4）站台门开关门控制优先级从高到低依次为就地级控制、站台级控制、系统级控制。

① 就地级控制的优先级从高到低依次为：

通过站台门专用钥匙进行手动操作；

通过就地控制盒（LCB）进行电动操作。

② 站台级控制的优先级从高到低依次为：

火灾紧急状态时通过位于车站控制室内的 IBP 盘对站台门进行站台级的操作；

信号系统与站台门系统控制电路接口出现故障时通过位于站台两端处的就地控制盘（PSL）对站台门进行站台级的操作。

③ 系统级控制的方式：站台门系统接收信号系统的开、关门指令，执行开、关门动作。

十、电客车

（1）电客车采用 4 动 2 拖 6 辆编组，编组形式为=Tc*Mp*M*M*Mp*Tc=。其中，"Tc"为带有一个司机室的拖车，"Mp"为带受电弓的动车，"M"为不带受电弓的动车，"*"为半永久型牵引杆，"="为半自动车钩。

（2）电客车在正线线路最高运行速度为 80 km/h。

（3）Tc 车长度为 20.50 m，Mp、M 车长度为 19.52 m（车钩连接面之间的长度）。车辆最大宽度为 2.8 m，高度为 3.8 m。列车总长度为 119.08 m（车钩连接面之间的长度）。每辆车有 4 对客室门，门开宽度 1.3 m。驾驶室两侧设有驾驶室侧门，后端设有通往客室的通道门，前端设有紧急疏散门。

（4）客室座位纵向布置，Tc 车 36 座，Mp、M 车 36 座，电客车的定员和载重如表 5.1.2 所示。

表 5.1.2 电客车的定员和载重

序号	缩写	定义	每车乘客数/人	列车乘客数/人	车辆质量/t				列车质量/t
					Tc 车	Mp 车	M_1 车	M_2 车	
1	AW0	无乘客（空载）	0	0	31.92	33.3	33.12	32.2	195.76
2	AW1	坐客载荷	Tc：36 Mp、M：36	216	34.08	35.46	35.28	34.36	208.72
3	AW2	定员载荷（6 人/m²）	Tc：229 Mp、M：253	1470	45.66	48.48	48.3	47.38	283.96
4	AW3	超员载荷（8 人/m²）	Tc：294 Mp、M：325	1888	49.56	52.8	52.62	51.7	309.04

（5）电客车紧急制动距离如表 5.1.3 所示。

表 5.1.3　电客车紧急制动距离

制动初速	制动距离	
	AW0～AW2	AW3
80 km/h	≤205 m	≤215 m
60 km/h	≤118.7 m	≤118.7 m
40 km/h	≤55.3 m	≤55.3 m
20 km/h	≤15.8 m	≤15.8 m

模块二　正线行车组织工作

任务书

（1）掌握行车组织原则。
（2）掌握行车组织指挥系统。
（3）掌握行车闭塞法。
（4）掌握电客车 5 种驾驶模式的转换。

一、行车指挥层次

1. 行车指挥执行层次

（1）哈尔滨地铁 1 号线的行车指挥执行层次如图 5.2.1 所示。

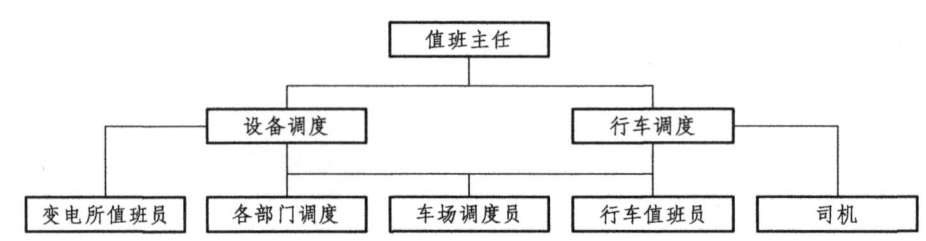

图 5.2.1　行车指挥执行层次

（2）哈尔滨地铁 1 号线的行车工作由行车调度员（简称行调）统一指挥。

（3）正线及辅助线的行车工作由行调负责，车场线行车工作由车场调度员（简称场调）负责，车站的行车工作由行车值班员（简称行值）负责。

（4）发生设备故障影响正线行车时，行值或场调应及时报告行调及管辖该设备的指挥中心调度。

（5）遇正线突发事故（事件），行调在经值班主任同意后视情况采取列车救援、清客、抽线、越站、扣车、退出服务、降级运营、变更交路等运营调整措施。

2. 行车调度命令的发布

（1）行车有关人员必须服从行调指挥，执行行调的调度命令及口头指示，行调应严格按运营时刻表指挥行车。

（2）指挥列车在正线运行的调度命令，只能由行调发布。车辆段/停车场内不影响正线运行及接发列车的命令可由场调发布。

（3）调度员发布口头命令时必须使用具备录音条件的通信设备，在通信设备正常的情况下口头命令不允许转达。

（4）调度员发布书面命令时遇特殊情况可先用口头命令，事后补发书面命令。受令人须将书面调度命令记录在《调度命令登记簿》上。

书面调度命令号：

值班主任：101～199。

行车调度员：201～299。

设备（操作）：变电所倒闸命令301～399，作业令401～499。

设备（操作）：701～799。

车辆段车场调度员：801～899。

停车场车场调度员：901～999。

（5）调度命令发布前，发令人应详细了解现场情况，受令人必须复诵正确后方可执行。

（6）同时向几个车站或单位发布调度命令时，行调应指定其中一人复诵，其他人核对，确保无误。

（7）行调发布书面命令需要转达时，在车辆段/停车场由场调负责转达，在正线（辅助线）由车站行值负责转达。书面命令须加盖行车专用章。

（8）调度命令发布原则：

① 原则上，行车调度需要改变列车驾驶模式，下放控制权，故障处理、非正常行车组织调整列车运行时，可发布口头命令。

② 特殊情况下，电客车跟随末班车指定位置进行短时作业时，可只发口头加开命令。

③ 全线仅有一列电客车进行调试作业时，可只发布加开命令。

④ 多列电客车进行调试作业时，需发布书面加开命令。

⑤ 线路部分区段进行电客车调试作业的作业区域，需发布封锁命令。

⑥ 组织工程车施工作业时的作业区域必须发布封锁命令。

⑦ 线路因施工封锁，施工结束后的作业区域必须发布解封命令。

⑧ 组织运行图列次除外的电客车/工程车过线时，必须发布过线命令。

⑨ 因施工作业需开行电客车/工程车到指定地点时，必须发布书面加开命令。

⑩ 特殊情况下，如需工程车跟随末班车到指定位置进行短时作业时，必须发布书面加开命令。

3. 列车车次及编组的规定

（1）在正线运行的电客车、空电客车、工程列车、救援列车、调试列车均按列车办理。各类列车的车次编号规则如下：

① 电客车车次号为8位数，前3位为目的地码，中间3位为服务号，后两位为序列号。序列号个位偶数为上行，奇数为下行，顺序编号，各种电客车的服务号（运行图按系统自动生成）如表5.2.1所示。

表5.2.1 各种电客车服务号

列车类别	服务号
电客车	001～049
空电客车	070～079
专运列车	080～089
调试列车	090～099

② 工程列车开行车次编号为 501~599。
③ 救援列车开行车次编号为 601~699。
（2）电客车标志：哈尔滨地铁徽记、电客车服务号、车组号及标志灯等。
（3）电客车始发不准编挂空气制动系统故障的车辆，在运行途中发生制动系统临时故障时，按《电客车故障处理指南》的规定处理。
（4）载客电客车原则上不准与工程车在正线混编运行，无牵引或制动力的电客车不准与工程车在正线混编运行。

4. 行车组织其他规定

（1）行车时间以北京时间为准，从零时起计算，实行 24 小时制。行车日期划分：以零时为界，零时以前办妥的行车手续，零时以后仍视为有效。
（2）有线调度电话、无线调度电话用于行车工作联系，须使用标准用语。数字标准发音如表 5.2.2 所示。

表 5.2.2　数字标准发音

1	2	3	4	5	6	7	8	9	0
Yāo	liǎng	sān	sì	wǔ	liù	guǎi	bā	jiǔ	dòng
幺	两	三	四	五	六	拐	八	九	洞

（3）列车准点统计方法。
① 根据运营时刻表计划开行的载客列车，始发站发车时间或终点站到达时间早/晚不超过 2 min 的为准点列车。
② 始发站发车时间或终点站到达时间提早大于 2 min 的列车为早点列车，始发站发车时间或终点站到达时间延误大于 2 min 的列车为晚点列车。
③ 时刻表计划外加开的载客列车不计算准点率。
④ 事故/事件造成排队早/晚点的，只统计首列车的早/晚点。
⑤ 一个事故/事件造成同一列次既始发早/晚点又终到早/晚点的，只统计一次早/晚点（取误差最大值）。

二、行车闭塞法

1. 准移动闭塞

（1）哈尔滨地铁 1 号线在 ATC 系统正常的情况下采用基于准移动闭塞的闭塞法行车。
（2）电客车在 ATC 系统正常的情况下采用 ATO/ATP 模式驾驶，允许占用前方轨道电路区段的凭证为 DMI 显示的"允许发车"指示及出站信号机显示的允许信号，按运营时刻表规定时间、DTI 显示时分或行调命令发车。
（3）前后相邻列车之间的安全运行间隔由 ATP 系统设定的防护区段自动控制。

2. 区段行车法

（1）哈尔滨地铁 1 号线在信号联锁系统正常的情况下，遇正线两个及以上联锁区 ATP 轨旁设备同时故障，或 4 列及以上电客车 ATP 车载设备同时故障时，全线采用区段行车法组织行车。
（2）电客车采用 NRM 驾驶模式，占用前方区间及站台区轨道的凭证为出站信号机显示的允许信号，按运营时刻表规定时间或行调命令发车。

（3）行调通过 HMI 或 CLOW 监视列车运行及进路状态，指挥联锁站行值在车站 LOW 上排列各区段联锁进路，按运营时刻表规定时间指挥列车运行。

（4）车站在办理进路时，发车间隔必须达到至少两站两区间空闲的要求。

（5）区段行车法具体按《1 号线区段行车管理办法》的规定执行。

3. 电话闭塞法

（1）遇联锁区联锁设备故障，或中央 ATS 工作站和车站 LOW 工作站均失去监控功能时，对故障区域采用电话闭塞法行车。当单个联锁区轨道电路红光带时，对故障区域采用电话闭塞法行车。两个及以上联锁区联锁设备故障时，全线采用电话闭塞法组织行车。

（2）电客车采用 NRM 驾驶模式，占用前方区间及站台区轨道的凭证为路票，按车站行车有关人员显示的发车手信号发车。

（3）电话闭塞车站人工办理列车进路，发车间隔必须达到至少两站两区间空闲的要求。

（4）电话闭塞法具体按《1 号线电话闭塞法行车规定》的规定执行。

三、运营准备

1. 车站运营准备

（1）每日运营前须检修施工销记，线路出清，检查站台区的轨旁设备、广告灯箱、接触网无异常、无侵限。

（2）每日运营前车站 LOW 工作站须具备以下条件：

① LOW 工作站按用户名、密码等规定登录系统并处于中控状态。

② 车站确认正线上所有道岔转动测试正常、测试完毕后将非折返道岔转单独锁定在正线位置，折返道岔无须单独锁定；排列测试各主用进路，确认进路、信号机显示、轨道电路显示正确，测试车站上下行站台门开关以及显示状态正常。

（3）每日运营前各车站与行调校对以控制中心时钟系统的钟表时间。

（4）每日运营前各车站须按规定做好各项运营准备工作，所有运营有关值班人员须到岗，检查、确认无任何异常情况，并在首列电客车出段/场前至少 30 min 向行调汇报。

2. 车辆段运营准备

（1）每日运营前电客车（包括备用车）的列数须符合当日运营时刻表要求，场调在首列电客车出段/场前至少 50 min 按运营时刻表的计划提供当日合格上线运行的电客车车组号（包括备用车）。

（2）载客运营的电客车须具备以下条件：

① 无线调度电话、车厢广播及通风设备使用功能良好。

② 车载设备日检正常、铅封良好。

③ 车辆设备良好。

（3）每日运营前车辆段/停车场与行调校对以控制中心时钟系统为准的钟表时间。

（4）每日运营前车辆段/停车场须按规定做好各项运营准备工作，所有运营有关值班人员须到岗，检查、确认无任何异常情况，场调在首列电客车出段/场前至少 30 min 向行调汇报。

3. 行调运营准备

（1）每日运营前须确保接触网系统、消防环控系统、通信系统等与运营有关的设备状况良好。

（2）每日运营前 ATS 中央工作站系统须具备以下条件：
① 中央工作站按用户名、密码等规定登录系统并处于中控状态。
② 轨道电路、道岔、信号机、站台门等行车设备状态显示正确。
③ 调度员确认当天运营时刻表。

四、列车出入段/场

每天运营开始前和结束后，行调、场调（信号楼值班员）按运营时刻表的要求及时组织列车出入车辆段/停车场。

运营时间需组织列车出入车辆段/停车场时，行调应利用行车间隔组织列车出入车辆段/停车场。

出入段/场的车辆均按列车办理，排列列车进路。信号楼值班员可根据作业需要由行调授权排列调车进路接发车。当进/出车辆段/停车场的信号不能开放时，人工准备进路组织列车进/出车辆段/停车场。

1. 列车出段/场

（1）信号楼值班员办理停车库至转换轨的出段/场进路，电客车以 RM/NRM 模式运行至转换轨停车，自动接收（或人工输入）目的地码和车次信息，司机切换无线调度电话频率至正线。出段/场的电客车应在出入段/场线防护大门前一度停车，司机在确认大门安全后动车。

（2）在 ATC 系统自动排列或行调（行值）人工排列由转换轨至正线接轨车站站台的进路后，电客车收到速度码，司机转换至推荐模式驾驶电客车驶离转换轨进入正线投入正常运营。如电客车收不到速度码，行调确认转换轨出口信号机至正线接轨车站站台的进路已准备完毕后，命令司机以 RM/NRM 模式凭转换轨出口信号机开放的允许信号驾驶电客车运行至相应的正线接轨车站站台停车后，转换至 ATO/ATP 模式投入正常运营。

2. 列车入段/场

（1）在 ATC 系统自动排列或行调（行值）人工排列正线接轨车站至转换轨的入段/场进路后，电客车收到速度码，司机以推荐模式驾驶电客车退出正线运行至转换轨停车，司机切换无线调度电话频率至车辆段/停车场。入段/场的电客车应在出入段/场线防护大门前一度停车，司机在确认大门安全后动车。

（2）信号楼值班员办理转换轨至停车库的入段/场进路，司机凭入段/场信号显示的允许信号及信号楼值班员动车命令以 RM/NRM 模式驾驶电客车驶离转换轨进入车辆段/停车场。

五、列车运行

哈尔滨地铁 1 号线由哈尔滨东站往哈尔滨南站、新疆大街为下行方向，由哈尔滨南站/新疆大街站往哈尔滨东站为上行方向。电客车在哈尔滨东站—哈尔滨南站、新疆大街间采用双线单方向运行。

（1）电客车的驾驶模式有：自动驾驶模式（ATO）、ATP 保护的人工驾驶模式（ATP）、限速人工驾驶模式（RM）、非限制式人工驾驶模式（NRM）。

（2）电客车改变驾驶模式时必须经过行调允许。RM/NRM 模式必须在有岔站转换为 ATP/ATO 模式，ATP/ATO 模式必须停车转换为 RM/NRM 模式，ATO 模式必须停车转换为 ATP 模式。

（3）电客车驾驶模式的规定：
① 以 ATO 模式运行的电客车自动行驶。

② 以 ATP 模式运行的电客车，司机根据 DMI 显示推荐速度行驶。

③ 以 RM、NRM 模式运行的电客车，司机根据行调的口头命令行驶。行调对 RM、NRM 模式运行的电客车应重点监控，保持与前车、后车间至少一站一区间的间隔（救援列车除外）。

首末班车必须按运营时刻表的计划开行，原则上首班车不允许晚发车，末班车不允许早发车。遇特殊情况需要调整时，行调及时通知司机、车站做好广播和乘客服务。

哈尔滨地铁 1 号线列车运行允许速度为 80 km/h。司机在运行中要掌握好各种速度，严格掌握进出站、过岔、线路限制等特殊运行速度。电客车在各种情况下的最高运行速度规定如表 5.2.3 所示。

表 5.2.3 电客车最高运行速度

序号	项目	最高运行速度/（km/h）				说 明
		ATO	ATP	RM	NRM	
1	正线运行	按照推荐速度	按 ATP 防护速度	25	45	① 正线电话闭塞法行车时 NRM 驾驶模式限速 45km/h。 ② 出入段/场线电话闭塞法行车时 RM/NRM 驾驶模式均限速 20 km/h。 ③ 救援列车运行限速 45 km/h
2	电客车不停车通过车站	按照推荐速度	按 ATP 防护速度	25	40	电客车头部离开头端墙的速度
3	电客车进站停车	按照推荐速度	按 ATP 防护速度	25	40	电客车头部进入尾端墙的速度
4	电客车推进运行	—	—	25	30/10	① 救援列车在故障车尾部推进时 30 km/h。 ② 单列电客车运行司机在尾端驾驶时 10 km/h
5	电客车退行	—	—	10/25	10/35	因故在区间退回发车站时（司机在尾端驾驶/司机在头端驾驶）
6	引导信号	—	—	25	25	
7	电客车进入终点站	按照推荐速度	按 ATP 防护速度	25	25	
8	电客车在辅助线上运行	按照推荐速度	按 ATP 防护速度	25	25	存车线、渡线、安全线 RM/NRM 驾驶模式限速 15 km/h
9	车辆段/停车场内运行	—	—	20	20	停车库内 10 km/h；试车线除外

注：① 当线路、设备功能允许速度低于上述要求时，按其限制速度。
② RM、NRM 模式下经铁路局、烟厂站渡线侧向通过时，限速 15 km/h 以下。

六、列车出发

1. ATO/ATP 驾驶模式电客车的出发

（1）电客车关门时机为发车指示器计数显示 15 s 时。

（2）发车时机为发车指示器显示 0 s 时。

（3）电客车允许占用前方轨道电路区段的凭证为 DMI 显示的"允许发车"指示及出站信号机显示的允许信号。

（4）作业程序：司机根据发车指示器的显示，确认车门、站台门完全关闭及锁闭和无夹人夹物现象后，进入驾驶室检查 DMI 显示，在确认发车条件具备后，按运营时刻表规定的时间或行调命令以允许的驾驶模式驶离车站。

2. RM/NRM 驾驶模式电客车的出发

（1）电客车关门时机为发车指示器计数显示 15 s 时。

（2）发车时机为发车指示器显示 0 s。

（3）电客车允许占用前方轨道电路区段的凭证为地面信号机显示的允许信号。

（4）作业程序：司机根据发车指示器的显示，应立即关闭车门、站台门，其次确认车门、站台门完全关闭及锁闭和无夹人夹物现象，进入驾驶室检查 DMI 显示，在确认发车条件具备后，按运营时刻表规定的时间或行调命令以允许的驾驶模式驶离车站。

3. 出发作业规定

（1）司机在电客车停站乘客上下车过程中，发车指示器显示至 15 s 时及乘客上下车基本完毕时，即刻按压电客车关门按钮（保持 0.5 s 及以上），站台门将同时联动关闭。

（2）司机、车站工作人员在确认电客车客室车门及站台门已关好、无夹人夹物等不安全情况后，电客车司机即可上车。

（3）司机确认电客车发车条件已具备，应及时发车，并做好客室广播。

（4）车站工作人员在电客车接、发车过程中，要维护好站台乘客上下车及候车秩序，并协助司机关好车门，遇有危及行车与人身安全时，立即使用站台紧急停车按钮等安全措施，确保行车与人身安全，并将情况及时报告车站行值并立即转报行调。

（5）所在车站紧急停车按钮动作后，车站必须立即查明原因，排除险情后，方可复原，并报告行调。未经调度允许，司机禁止擅自动车。

（6）电客车在车站的停站时间因故超过图定时间 30 s 及以上时，车站行值直接向行调报告。遇特殊情况进行运营调整时，车站按行调命令执行。

七、列车到达

1. ATO/ATP 驾驶模式电客车的到达

（1）以 ATO 驾驶模式运行的电客车自动停车，以 ATP 驾驶模式运行的电客车，司机手动驾驶停车。

（2）ATO 驾驶模式电客车，司机应将电客车"门模式选择开关"设置为"自动开/手动关"模式（AM 位），电客车在进站前，司机应加强瞭望、密切关注电客车停车过程，电客车停车位置准确后，车门自动打开（站台门联动打开），监视乘客上下车，关门必须由司机手动按压关门按钮。

（3）ATP 驾驶模式电客车在进站前，司机应根据 DMI 显示的推荐速度手动驾驶电客车进行对标停车，在停车过程中同时应加强瞭望，经确认电客车停车位置准确后，手动打开车门（站台门联动打开）监视乘客上下车。

2. RM/NRM 驾驶模式电客车的到达

RM/NRM 驾驶模式电客车在进站前，司机应按规定速度手动驾驶电客车进行对标停车，在停车过程中同时应加强瞭望，经确认电客车停车位置准确后，手动打开车门、站台门，监视乘客上下车。

3. 到达作业规定

（1）电客车进站，司机要按规定速度驾驶，加强瞭望，遇有危及行车与人身安全的险情时，立即采取紧急停车措施，确保行车与人身安全。

（2）电客车进站停准后，其误差不得超过 ±0.5 m。

（3）电客车到站停稳后，司机需加强监控，打开客室车门及站台门，确保乘客及时上下车。

4. 通过作业规定

（1）图定通过的车站，电客车进站时，司机要按规定速度驾驶，加强瞭望，遇有危及行车与人身安全的险情时，立即采取紧急停车措施，确保行车与人身安全。

（2）图定停站电客车临时变通过，按越站的相关规定执行。

八、列车折返

1. 折返模式

（1）正常情况下，电客车折返由系统自动控制，以自动折返模式（AR）运行，其他列车或电客车在特殊情况下，由中央或车站人工排列进路。

（2）哈南站站：下行列车优先利用哈南站站上行站台折返，经行调同意后，可利用哈南站站下行站台折返。

（3）医大二院站：下行列车利用医大二院站上行站台折返，上行列车利用医大二院—黑龙江大学下行线（X0305~S0307）折返。

（4）学府路站：利用学府路存车线折返。

（5）铁路局站：下行列车利用哈工大—铁路局上行线（X1002~S1004）折返，上行列车利用铁路局站下行站台折返。

（6）烟厂站：下行列车利用烟厂站下行站台折返，上行列车利用烟厂—工程大学上行线（X1304~S1306）折返。

（7）太平桥站：利用太平桥存车线折返。

（8）哈东站站：上行列车优先利用哈东站站下行站台折返，经行调同意后，可利用哈东站站上行站台折返。

（9）新疆大街：下行列车优先利用新疆大街下行折返线（折1线）进行折返，经行调同意后，可利用新疆大街上行折返线（折2线）进行折返。

（10）镜泊路：下行列车利用镜泊路上行站台折返，上行列车利用镜泊路—瓦盆窑下行线（X2305~S2307）折返。

2. 折返作业程序

（1）利用站台折返（含太平桥站折返作业）：电客车停站后，列车开门上下客的同时，司机转换控制端，上下客作业基本完毕，司机确认发车条件具备后，关门动车。

（2）新疆大街站后折返或学府路存车线折返：自站台至站后折返线/存车线的进路由系统自动排列，电客车站台乘降作业结束后，司机确认进入站后折返线/存车线条件满足后，以 ATO/ATP 驾驶模式进入站后折返线/存车线；自站后折返线/存车线至站台的进路由系统自动排列，司机在站后折返线/存车线进行驾驶端的转换操作，并根据出站后折返线/存车线信号机显示的允许信号，以 ATO/ATP 驾驶模式驶出站后折返线/存车线进行停站作业。

模块三　非正常情况下的行车组织

任务书

（1）掌握特殊情况下的列车运行方法。
（2）了解信号系统故障的处理程序。
（3）掌握电客车故障的处理方法。
（4）了解站台门故障的处理方法。
（5）掌握电客车故障救援方法。

一、特殊情况下的列车运行

1. 临时加开备用电客车

（1）遇正线电客车故障退出服务或发车间隔过大时，行调在经值班主任同意后可利用备用电客车替开正点车次按图行车。遇正线突发大客流或其他特殊情况时，行调在经值班主任同意后及时加开备用电客车。

（2）行调应提前向相关车站及司机或场调发布加开命令。备用电客车出段/场到达转换轨后或在正线始发前，行调须人工输入或通知司机人工输入目的地码和车次信息。

（3）备用电客车必须处于随发状态，原则上停放在车辆段/停车场内或存车线上。

2. 临时停开电客车（抽线）

（1）遇正线突发事故（事件）造成列车大面积延误或中断行车，行调在经值班主任同意后可采用临时停开某一列次电客车（抽线）方式调整运行。行调应提前向相关车站及司机发布抽线命令。

（2）抽线后组织电客车替开正点车次按图行车或临时加开车次时，行调需通知车站和司机。

（3）延长电客车停站时间（多停/晚发）。

① 遇正线突发事故（事件）造成列车延误或中断行车，行调在经值班主任同意后可采用多停/晚发方式增大行车间隔、维持运营。行调应及时向相关车站及司机发布多停/晚发命令，车站及司机立即向乘客发布列车多停/晚发的信息。

② 中间站多停时间原则上控制在 1 min 以内，两端站晚发时间原则上控制在 3 min 以内。

③ 需多次延长停站时间时，行调必须取消前发的多停/晚发命令，再发布后续的多停/晚发命令。

3. 停站电客车临时变通过（越站）

（1）遇突发情况导致上一站未出发的电客车无法在车站停站作业时，行调在经值班主任同意后在 HMI 上操作或通知车站在 LOW 上操作"越站"命令组织电客车越站。办理越站的原则如下：

① 首末班车、人工及自动广播均故障的电客车或乘客无返乘条件的电客车，原则上不允许越站。

② 原则上不能连续安排两列同方向的电客车在同一车站越站。

③ 高峰时段原则上不办理越站，客流大站及换乘站原则上不办理越站。

④ 原则上电客车在始发站发车前办理越站，如必须在中途办理越站时应提前两站通知有关列车司机、车站。司机及车站接到行调关于电客车越站的命令后，立即向乘客发布电客车不停站的信息。

（2）当车站在紧急情况下需要越站时，行值可通过按压 IBP 盘上的"紧急越站"按钮，使上一站发出且未停止在本站的电客车越站通过，通知司机并报告行调。

（3）越站复位。

① 由行调在 HMI 上操作"越站"命令时，行调在确认车站具备条件后在 HMI 上操作"取消越站"命令恢复正常运行。在 ATS 故障时，对原 HMI 操作"越站"的列车，经行调授权后由相关车站取消越站。

② 由车站在 LOW 上操作"越站"命令时，行值根据行调命令在 LOW 上操作"取消越站"命令恢复正常运行。

③ 车站在 IBP 盘上操作"紧急越站"后，行调在确认安全、具备行车条件后通知行值在 IBP 盘上操作"越站复位"按钮恢复正常运行。

4. 临时扣车

（1）站台临时扣车。

① 遇正线突发情况影响行车时，行调在经值班主任同意后在 HMI 上操作或通知车站在 LOW 上操作"扣车"命令，将电客车扣停在站台待令，并及时通知车站及司机做好乘客广播。

② 当车站在紧急情况下需要扣车时，由行值在 IBP 盘上操作"紧急扣车"按钮将电客车扣停在站台待令，通知司机并报告行调。

③ 扣车复位原则上是"谁扣谁放"。

由行调在 HMI 上操作"扣车"命令或由车站在 LOW 上操作"扣车"命令设置成功后，扣车车站的电客车开关门作业完毕，"扣车"命令自动复位。

在 ATS 故障时，对原 HMI 扣停的列车，经行调授权后由相关车站放行。

车站在 IBP 盘上操作"紧急扣车"后，行调在确认安全、具备行车条件后通知行值在 IBP 盘上操作"扣车复位"按钮恢复正常运行。

（2）区间临时扣车。

① 遇特殊情况需将电客车扣停在区间待令时，行调在经值班主任同意后使用无线调度电话通知司机，并根据扣车时间通知设备（操作）开启区间隧道通风。

② 司机在接到行调的扣车命令后，及时做好乘客广播。

5. 变更列车进路

（1）遇正线需要变更列车折返进路、出入段/场进路等情况时，行调在经值班主任同意后取消已办理进路、重新办理列车进路。车站行值变更列车进路时，车辆段/停车场信号楼值班员变更出入段/场的列车进路或调车进路时，必须取得行调同意。

（2）行调（行值、信号楼值班员）取消进路或关闭信号时，应先通知司机，在确认列车尚未动车时或已动车的列车停稳后，方可取消进路或关闭信号。列车已动车时，应先通知司机立即停车，在确认列车停稳后方可取消进路或关闭信号。无法取消进路或关闭信号，则按轨道电路故障或信号机故障处理。

6. 反方向运行

（1）全线上下行线信号系统均设有反方向运行的速度码，分别以有岔站为单元进行上下行方向的切换。

（2）在 ATP 正常使用时电客车反方向运行。

① 电客车反方向运行在各站不能通过信号系统自动停车，须司机人工停车，没有越站功能，停站时分由司机掌握。

② 电客车须反方向运行时，行值根据行调命令在 LOW 上排列进路，列车以 ATP 模式运行。遇 ATP 轨旁设备故障时，行调通知司机以 RM 模式或 NRM 模式运行。

（3）在 ATP 故障的情况下，除降级运营时组织单线双方向运行或开行救援列车外，载客列车原则上不能反方向运行。

7. 电客车在区间退行

（1）电客车出发整列越过出站信号机，因故需要退回车站时：

① 行调在确认电客车后退进路无其他列车占用时，关闭该进路的始端信号机的追踪自排，及时通知有关车站，并通知司机退行。

② 车站在确认电客车后退进路空闲后，派接车人员于规定地点显示引导手信号。

③ 司机按行调命令切换 RM/NRM 模式，按规定速度驾驶电客车，在进站端墙外必须一度停车，确认引导手信号正确方可进站。

④ 退行电客车到达车站后，司机应及时向行调报告，同时根据行调的命令处理。

（2）电客车出发未整列越过出站信号机，因故需要退回车站时：

① 行调在确认电客车后退进路无其他列车占用时，及时通知有关车站，并通知司机退行。

② 车站在确认电客车后退进路空闲后，派接车人员于规定地点显示停车手信号。

③ 司机确认停车手信号正确后方可动车，按规定速度驾驶电客车进站。

④ 退行电客车到达车站后，司机应及时向行调报告，同时根据行调的命令处理。

8. 电客车推进或牵引故障车运行

（1）电客车推进或牵引故障车运行时的行车凭证为行调命令，停车站及停靠站台方式按行调命令执行。

（2）电客车推进故障车运行时，故障车司机必须在头部引导，无人引导时禁止推进运行。

（3）电客车推进或牵引故障车运行时，前后部司机要保持联系通畅，确保安全。前后部司机联系中断时，禁止运行。

（4）当难以辨认信号时，禁止电客车推进或牵引故障车运行。

（5）电客车推进故障车在 28‰ 及以上的下坡道运行时，注意列车的运行安全，未经行调批准，禁止在该坡道上停车作业。

9. 电客车对标不准

（1）当电客车未到对位标停车时，司机确认运行前方无异常后，迅速以原模式动车对位。若 ATO 列车停站时发生欠标情况，信号车载系统会在 5 s 之内自动启动进行二次对标，司机只需观察二次对标是否成功，此时不需进行其他操作（若信号车载系统在 5 s 之内，列车无自动起动迹象，司机应以 ATP 驾驶模式手动对标）；如果二次对标仍然欠标，司机需以 ATP 驾驶模式手动对标；如果二次对标超标，司机需按电客车冲标进行操作。

（2）当电客车越过对位标一个客室门以内时，司机报告行调，经行调同意后以 ATP 模式后退对位。

（3）当电客车停车位置越出对位标一个客室门及以上但未压上出站信号机内方轨道电路时，司机报告行调，经行调同意可采用 NRM 模式后退对标或直接越站至下一站停车，行调应通知司机及相关车站应及时做好乘客服务。

10. 电客车冒进信号

（1）电客车冒进信号后自行紧急制动，司机报行调后复位紧急制动并按行调命令执行。

（2）行调确认电客车前方线路空闲、满足前方行车安全距离条件后命令司机以 RM 模式驾驶电客车越过信号机。当 DMI 显示推荐 ATP 模式时，司机可凭行调命令转换至 ATP 模式驾驶电客车运行，如不能转换为 ATP 模式，按 ATP 故障处理。

（3）电客车冒进信号发生挤岔后，禁止移动，司机应确认是否妨碍邻线，并立即报告行调，按行调命令执行。

11. 切除 ATP 模式运行

（1）切除 ATP 模式改按 NRM 模式运行的电客车运行至终点站清客后退出服务，按区段行车法或电话闭塞法行车时除外。

（2）电客车凭行调命令及轨旁信号显示要求，按规定速度运行。

（3）对切除 ATP 的电客车发布允许运行命令前，行调应预先排列进路，并确保与前后方电客车均至少保持两站两区间的安全距离。

二、信号系统故障的处理

1. 中央 ATS 设备故障（HMI 无显示）

（1）行调应授权给联锁站控制，并通过 CLOW 工作站监视全线列车运行。

（2）中央 ATS 设备故障时，行调与司机核对列车的车次号，如果出现变化，行调通知司机在显示屏上输入当时车次号；到换向运行时，输入新的目的地码和车次号，直至行调通知停止输入为止。

（3）以哈南站站、黑龙江大学站、和兴路站、博物馆站、交通学院站、哈东站站、新疆大街站、镜泊路站为报点站向行调报告各次列车的到开点，至行调收回控制权时止。行调视情况增减报点站。

（4）行调以报点站为单位铺画运行图，至中央 ATS 设备恢复正常，收回控制权时止。

2. ATP 设备故障

当电客车在区间运行发生紧急制动时：

（1）电客车在区间运行发生紧急制动，司机立即向行调报告。

（2）若司机明确发生紧急制动原因时，在确认前方进路安全的情况下，经行调同意后转换 RM 模式驾驶电客车运行。当司机驾驶台 DMI 显示推荐 ATP 模式时，司机可转换至 ATP 模式驾驶电客车运行，列车由 ATO 模式降级为 ATP 模式运行时，司机可自行降级 ATP 模式动车后再报行调。如不能转换为 ATP 模式，仍切换至 RM 模式运行，降级运行时如需降为 RM 模式或 NRM 模式时，必须提前报行调，得到行调命令后方可转换驾驶模式。当电客车运行至下一站停车后，司机恢复 ATP 模式后再向行调报告。

（3）若无法查明发生紧急制动的原因，司机按行调命令执行。综合考虑列车晚点情况，在 ATP

模式降为 RM 模式运行一个区间后故障仍未恢复，则可以将 RM 模式降为 NRM 模式运行至终点站退出服务，中间站不再尝试恢复 ATP 或 ATO。特殊情况下，RM 模式无法动车等情况发生时，则可以直接降为 NRM 模式运行，到前方第一个有岔站尝试恢复，如若不能恢复，则以 NRM 模式直接运行至终点站退出服务。

（4）当 ATP 车载设备故障时：

① 行调命令司机以 RM 模式或 NRM 模式按规定速度驾驶电客车至前方站。

② 电客车到达前方站（或在车站发生故障）还不能修复时，行调命令司机以 NRM 模式继续按规定速度驾驶电客车至前方终点站退出服务。

③ 行调应随时注意 ATP 车载设备故障的电客车的运行情况，严格控制故障电客车与其他列车之间的最小间隔在两站两区间及以上，救援时除外。

3. LOW 故障

（1）LOW 死机。

① 行值报告行调、设备（维修）。

② 行值对 LOW 主机重启；同时，行调接收该联锁区的控制权，在 HMI 或 CLOW 上监控。

③ 如联锁站 LOW 死机重启后不能恢复，HMI 和 CLOW 不能监控，则故障联锁区与相邻车站间采用电话闭塞法行车。

（2）LOW 全灰。

① 行值报告行调、设备（维修）。

② 行调接收该联锁区的控制权，在 HMI 或 CLOW 上监控。

③ 如联锁站 LOW 全灰，HMI 和 CLOW 不能监控，则故障联锁区与相邻车站间采用电话闭塞法行车。

（3）中央 HMI 和 LOW 某个联锁区全灰。

① 行调根据在该联锁区的电客车运行是否紧急制动，判断 ATP 是否正常。如果电客车没有紧急制动，则 ATP 正常，以 ATP 模式运行，否则按联锁区 ATP 轨旁故障的有关规定处理。

② 该联锁区的 ATP 轨旁故障时，由行调在相邻联锁区向该联锁区排列正向联锁进路，根据联锁进路能否排列，判断该联锁区的联锁是否正常。如果联锁进路能排列，则联锁正常，电客车在故障区域凭行调命令以 RM 模式或者 NRM 模式运行，否则故障区域车站采用电话闭塞法行车。

4. 道岔故障

当道岔不能扳动或失去表示时，行调在 HMI 上单操或通知联锁站行值在 LOW 上单操故障道岔 2 个来回。

在非折返的有岔站，如道岔故障仍不能恢复，由故障道岔所在车站使用钩锁器加锁故障道岔，维持运营。在两端折返站，如道岔故障仍不能恢复，行调优先变更列车进路组织行车，优先利用非故障道岔排列折返进路。若故障道岔必须由车站人员下线路手摇道岔时，原则上行调将控制权下放至车站，由车站按照调车方式办理接发车进路，司机的动车凭证为发车手信号，当有信号显示时，以发车手信号为主，地面信号为辅。特殊情况下，若故障道岔经人工手摇后，不再影响后续进路的正常排列，则不再以调车方式办理接发车，列车将以地面信号显示运行。

5. 信号机故障

（1）当 ATP 信号关闭或不能开放时，行调应排除影响信号开放的紧急停车、扣车指令及站台门状态等外界因素后，执行重新开放信号指令；如仍不能开放 ATP 信号，则开放相应联锁信号；如仍不能开放联锁信号，则开放引导信号。

（2）遇到进路防护信号机关闭时，列车必须在关闭状态的进路防护信号机前停车，司机应用无线调度电话报告行调，按行调命令执行。遇紧急情况行调在确认列车前方线路空闲时可将进路上的道岔单独锁定或使用钩锁器加锁至正确位置，命令司机以 RM 模式或 NRM 模式越红灯行车。司机应加强瞭望，发现异常立即停车并报告行调。

6. 轨道电路故障

（1）当线路有车占用，轨道电路无显示时，进路不能正常解锁，行值根据行调命令在确认列车到达邻站后方可解锁进路。

（2）当线路无车占用，轨道电路显示红光带导致进路始端信号机不能正常开放联锁信号时，则开放引导信号。遇紧急情况则按越红灯办理。

① 在区间时，先开放引导信号，行调通知司机注意确认前方轨道情况。

② 在站台区时，通知车站派人到现场检查（如有杂物侵限，立即清除），确认无杂物侵限后，开放引导信号。

③ 开放引导信号发车时，当列车占用始端信号机接近区段的轨道电路，在 LOW 上设置引导指令，进路防护信号机开放引导信号后电客车要在 30 s 内进入该进路。

（3）当整个联锁区轨道电路红光带时，故障区域采用电话闭塞法组织行车。

三、电客车故障的处理

1. 电客车车门故障的处理

（1）电客车在车站发生车门无法关闭时，司机立即报告行调并按规定对故障进行判断和处理，行调及时通知车辆检修调度员并通知车站站务人员，站务人员协助确认故障门情况并报告司机。故障处理完毕后，站务人员协助司机确认车门、站台门状态，确认安全后向司机显示好了信号，司机收到好了信号后发车。

（2）电客车在车站发生车门无法打开时，司机立即报告行调并按规定对故障进行判断和处理，行调及时通知车辆检修调度员并通知车站站务人员，站务人员协助确认故障门情况并报告司机。如果故障处理无效需要手动解锁打开车门时，司机报行调，行调通知车站派站务人员协助司机引导乘客下车。

2. 电客车故障被迫停车的处理

（1）电客车故障被迫停车时，司机立即报告行调并按规定对故障进行判断和处理，司机离开驾驶室处理故障前须报告行调；行调接到司机的车辆故障报告后，应及时通知车辆检修调度员，车辆检修调度员提供故障处理意见。

（2）被迫停车的电客车的故障处理时间原则上为 8 min。故障能够在 8 min 及以内处理完毕并动车时，行调根据司机或车辆检修调度员的处理结果，按照《电客车故障应急处理指南》的规定，在经值班主任同意后下达电客车继续运营或者退出服务（下线）的命令。如故障电客车超过 8 min 仍不能动车时或接到司机的救援申请时，行调在经值班主任同意后向有关车站及司机下达救援命令。

（3）电客车在隧道内因失电停车时，如果停车超过 2 min，行调口头通知设备（操作）送风。

四、救援列车的开行

（1）电客车故障需要救援时，原则上应正向救援（后车救援前车、推进运行）。

（2）行调下达救援命令后，立即布置故障车和相关救援列车在就近车站清客；如故障车在区间内，则等救援列车与故障车连挂后，按规定速度运行到就近车站清客。

（3）救援列车、故障车清客作业时间均为 2 min，如无法完全清客完毕，在进行广播之后可关门开车，并在救援完毕（进入存车线或回段/场）前在所在站台再次清客。救援列车和故障车清客作业完毕后，行调通知救援列车司机将救援列车运行至故障车处进行救援连挂作业。

（4）故障车在接到行调的救援命令后不准动车，司机应切除 ATP、施加停车制动，并打开两端的标志灯作为防护信号，根据行调告知的救援列车来车方向做好与救援列车的连挂准备。在连挂之前还可继续排除故障，但不能动车，如故障排除则报告行调申请解除救援。

（5）救援列车以 ATP 模式运行至自动停车后，按行调命令司机转换为 RM 模式运行至故障车 15 m 外停车，听候故障车司机的指挥连挂，连挂限速 3 km/h。连挂后应进行试拉，确认连挂妥当，故障车方可缓解停车制动。

（6）两车连挂作业结束后，救援列车司机应立即与行调联系，按行调命令推进或牵引故障车运行。

五、站台门故障的处理

发生站台门故障时，要按照"先通后复"的原则进行处理，在保证安全的前提下，确保电客车正点运行。处理方法如下：

（1）当某一滑动门或应急门因不能关闭等原因导致电客车无法发车或进站，站务人员将故障的滑动门或应急门就地控制盒（LCB）打到"隔离位"，并进行现场防护，以便列车离站或进站。

（2）当整侧站台门故障电客车无法进站时，司机应立即报告行调，行调通知司机和车站对现场进行确认。站务人员经过现场确认安全后将站台端头控制盒（PSL）打到"解除"，并向行调报告。司机经过现场确认安全后向行调报告。行调收到站务人员和司机的报告后，命令司机按规定模式动车。

（3）当整侧站台门故障电客车无法发车时，司机应立即报告行调，行调通知车站对现场进行确认。站务人员经过现场确认安全后向司机显示"好了"信号，并向行调报告。司机收到站务人员"好了"信号后，将站台端头控制盒（PSL）打到"解除"，按规定模式动车，并向行调报告。

当运营中站台门发生故障时，司机、车站要及时做好广播，引导乘客上下车。

站台门故障的应急处理办法，按《站台门系统故障处理程序》的规定执行。

六、恶劣天气下的行车规定

（1）在恶劣天气（如暴雨、暴雪、洪水、高温和地震等）条件下的行车组织原则，以确保行车安全为原则，采取降低运行速度、严格控制一个站间区间只准同方向一列车占用的办法组织行车。

（2）在恶劣天气条件下的行车组织处理程序具体按《自然灾害应急预案》的规定执行。

模块四　信号显示

任务书

（1）掌握车辆段/停车场信号的显示方式。
（2）掌握正线信号系统的显示方式。
（3）掌握指示列车运行手信号。
（4）掌握徒手信号显示。
（5）掌握音响信号及列车、机车车辆等的鸣示方式。

一、车辆段/停车场信号的显示方式

（1）入车辆段/停车场信号机为高柱四显示，如图 5.4.1 所示，显示方式如表 5.4.1 所示。

表 5.4.1　入车辆段/停车场信号显示方式

序号	信号灯显示	行车指示	备　注
1	黄灯	允许进车辆段/停车场	
2	红灯	停止（禁止越过）	
3	黄/红灯	引导进车辆段/停车场	黄、红灯位间设空灯位（绿灯封闭）
4	月白灯	允许调车	

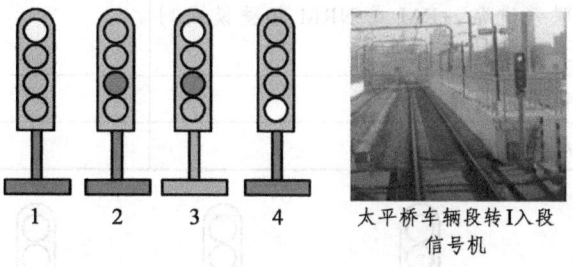

图 5.4.1　入车辆段/停车场信号机

（2）出车辆段/停车场信号机为矮柱三显示，如图 5.4.2 所示，显示方式如表 5.4.2 所示。

表 5.4.2　出车辆段/停车场信号显示方式

序号	信号灯显示	行车指示	备　注
1	黄灯	允许出车辆段/停车场	
2	红灯	停止（禁止越过）	
3	月白灯	允许调车	

图 5.4.2 库门前出段信号机

(3)停车库内调车信号机为红色、白色灯光显示，其他调车信号机为蓝色、白色灯光显示，如图 5.4.3 所示。红色、蓝色灯光表示禁止越过，白色灯光表示允许调车。

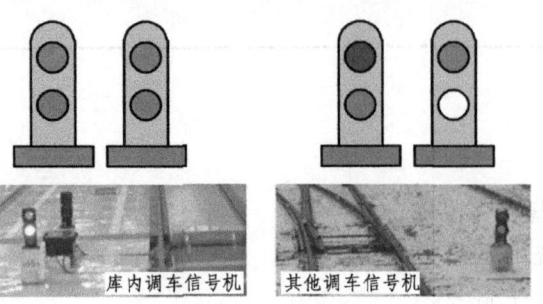

图 5.4.3 库内调车信号机和其他调车信号机

二、正线信号系统的显示方式

正线信号系统进路防护信号的显示如表 5.4.3 和图 5.4.4 所示。

表 5.4.3 正线信号系统进路防护信号的显示

序号	信号灯显示	行车指示	备注
1	蓝灯	开通 ATP 进路，ATO 或 ATP 驾驶模式列车允许越过，RM 及 NRM 驾驶模式列车禁止越过	遇到紧急情况下，在得到行调的命令且确认前方区间空闲无车占用时，允许 RM 或者 NRM 模式越过
2	绿灯	开通联锁进路，RM 或 NRM 驾驶模式列车直股允许越过	
3	黄灯	开通联锁进路，RM 或 NRM 驾驶模式列车弯股允许越过	
4	黄灯+红灯	引导信号允许越过	
5	红灯	禁止越过	

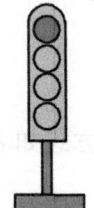 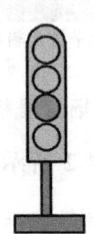  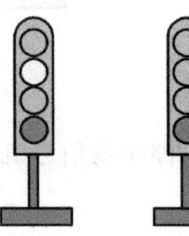 

开通ATP进路，ATO或ATP驾驶模式列车允许越过，RM及NRM驾驶模式列车禁止越过　　开通联锁进路，RM或NRM驾驶模式列车直股允许越过　　开通联锁进路，RM或NRM驾驶模式列车弯股允许越过　　引导信号允许越过　　禁止越过

图 5.4.4 正线信号系统

三、指示列车运行手信号

（1）特殊情况下，列车运行时有关人员应遵守下列手信号的显示，如表5.4.4所示。

表5.4.4　手信号的显示

序号	手信号	显示方式	
	类别（含义）	昼间	夜间
1	停车信号：要求列车停车	展开的红色信号旗	红色灯光，无红色灯光时，用白色灯光上下摇动
2	紧急停车信号：要求司机紧急停车	展开红色信号旗下压数次	红色灯光下压数次，无红色灯光时，用白色灯上下急剧摇动
3	减速信号：要求列车降低速度运行	展开绿色信号旗下压数次	绿色灯光下压数次，无绿色灯光时，用白色灯光下压数次
4	发车（指示）信号：要求司机发车	展开的绿色信号旗上弧线向车体方向做圆形转动	绿色灯光上弧线向车体方向做圆形转动
5	通过手信号：准许列车由车站通过	展开的绿色信号旗	绿色灯光
6	引导信号：准许列车进入车站或车场	展开绿色信号旗高举头上左右摇动	绿色灯光高举头上左右摇动
7	降弓信号	左臂垂直高举，右臂前伸并左右水平重复摇动	白色灯光上下左右重复摇动
8	升弓信号	左臂垂直高举，右臂前伸上下重复摇动	白色灯光做圆形转动
9	好了信号：进路开通、某项作业完成的显示	拢起信号旗做圆形转动	白色灯光做圆形转动

（2）调车手信号如表5.4.5所示。

表5.4.5　调车手信号

序号	调车手信号	显示方式	
	类别	昼间	夜间
1	停车信号	显示方式与表5.4.4第1项相同	
2	减速信号	展开的绿色信号旗下压数次	绿色灯光下压数次
3	指挥列车或车辆向显示人方向来的信号	展开的绿色信号旗在下方左右摇动	绿色灯光在下方左右摇动
4	指挥列车或车辆向显示人反方向去的信号	展开的绿色信号旗上下摇动	绿色灯光上下摇动
5	指挥列车或车辆向显示人方向稍行移动的信号（包括连挂）	左手拢起红色信号旗直立平举，右手展开的绿色信号旗在下方左右小摆动	绿色灯光下压数次后，再左右小动

续表

序号	调车手信号	显示方式	
	类别	昼间	夜间
6	指挥列车或车辆向显示人反方向稍行移动的信号（包括连挂）	左手拢起红色信号旗直立平举，右手展开的绿色信号旗在下方上下小动	绿色灯光平举上下小动
7	三、二、一车距离信号	右手展开的绿色信号旗下压三、两、一次	绿色灯光平举下压三、两、一次
8	连挂作业	两臂高举头上，拢起的手信号旗杆成水平末端相接	红、绿色灯光（无绿色灯用白色灯光代替）交互显示数次
9	试拉信号（连挂好后试拉）	按本表第5或第6项的信号显示，当列车起动后立即显示停车信号	
10	取消信号：通知前发信号取消	拢起的手信号旗，两臂于前下方交叉后，左右摇动数次	红色灯光做圆形转动后，上下摇动

（3）试验列车自动制动机的手信号显示方式如下：

① 制动：昼间——用拢起的信号旗高举头上；夜间——白色灯高举。

② 缓解：昼间——用拢起的信号旗在下部左右摇动；夜间——白色灯光在下部左右摇动。

③ 试验完成（或其他作业完成的显示）：昼间——用拢起的信号旗做圆形转动；夜间——白色灯光做圆形转动。

（4）遇发生紧急情况危及行车及人身安全时，没有携带信号灯或信号旗时，可用下列徒手信号显示，如表5.4.6所示。

表 5.4.6　徒手信号显示

序号	徒手信号类别	显示方式
1	紧急停车信号（含停车信号）	两手臂高举头上，向两侧急剧摇动
2	三、二、一车信号	单臂平伸后，小臂竖直向外压直，反复三次为三车、两次为二车、一次为一车
3	连挂信号	紧握两拳头高举头上，拳心向里，两拳相碰数次
4	试拉信号	按表5.4.5第5或第6项的信号显示，当列车刚起动后立即给停车信号（第1项）
5	向显示人方向稍行移动	左手高举直伸，右手平伸小臂左右摇动
6	向显示人反方向稍行移动	左手高举直伸，右手向下斜伸，小臂上下摇动
7	发车（指示）信号（好了信号）	单臂上弧线向车体方向做圆形转动

特殊情况需显示手信号时的显示情况、显示时机、收回时机及显示地点见表5.4.7。

表 5.4.7　特殊情况需显示手信号时的显示情况、显示时机、收回时机及显示地点

手信号类别	显示情况	显示时机	收回时机	显示地点
停车信号	要求列车停车时向列车司机显示	看见列车头部开始	列车停稳后	站台头端墙站台门端门外方
紧急停车信号	工程列车或客车进站,发现危及行车安全情况,但来不及按压紧急停车按钮或紧急停车按钮不起作用	立即显示	列车停车后	就近安全位置
发车信号	电话闭塞法行车、调车作业时	具备发车条件	列车鸣笛回示后	列车前进方向第二个客室门或就近安全位置
引导信号	列车整列越出出站信号机,因故需退回车站时	看见列车头部灯开始	列车头部越过信号显示地点后	站台头端墙站台门端门外方
好了信号	车站相关作业完成时	车站相关作业完成后	司机鸣笛回示后	

四、音响信号

（1）音响信号,长声为 2 s,短声为 0.5 s,间隔为 1 s。重复鸣示时,须间隔 5 s 以上。
（2）列车、机车车辆等的鸣示方式如表 5.4.8 所示。

表 5.4.8　列车、机车车辆等的鸣示方式

序号	名称	鸣笛方式	使用时机
1	起动注意信号	一长声　—	（1）调试列车在正线或工程列车起动及机车车辆前进时。 （2）电客车接近整侧站台门常开不能正常使用的车站;工程车及调试列车接近车站;工程车进出隧道口前、施工地点;列车看到黄色手信号、引导手信号时;天气不良时。 （3）电客车在检修及整备中,准备降下或升起受电弓
2	退行信号	二长声　— —	电客车、工程车、调试列车或机车车辆开始退行
3	召集信号	三长声　— — —	要求防护人员撤回时
4	警报信号	一长三短声　— ···	（1）发现线路有危及行车安全的不良处所时。 （2）列车发生重大、大事故及其他需要救援情况时
5	试验自动制动机复示信号	一短声　·	（1）试验自动制动机开始减压时。 （2）接到试验制动结束的手信号,回答试风人员时。 （3）调车作业中,表示已接收调车员所发出的信号时
6	缓解信号	二短声　··	试验自动制动机缓解时
7	紧急停车信号	连续短声　······	司机发现邻线发生障碍,向邻线上运行的列车发出紧急停车信号时,邻线列车司机听到后,应立即紧急停车

注：下列 3 种情况,使用无线调度电话联系,具体要求在司机手册中规定。
① 双机重联或首尾机车在启动前。
② 在区间停车后,继续运行,一名司机通知另一名司机时。
③ 列车在区间内停车后,不能立即运行,一名司机通知另一名司机时。

模块五　正线作业

任务书

（1）掌握正线行车组织原则。
（2）掌握正常情况下行车凭证。
（3）掌握司机站台作业程序。
（4）熟知电客车转备用及备用车投入运营作业程序。
（5）掌握运营终点站折返作业程序。

一、正线运营安全规定

1. 行车组织原则

在正常情况下，根据 ATC 系统原理自动控制列车运行，由行调负责监控列车的安全间隔和运行。列车加速、减速、停车和开门等由系统自动控制或由司机参照系统人工控制；行车凭证为车载信号；当地面信号显示红色或不正常时，司机应在该信号机前停车报行调。

2. 驾驶模式规定

（1）运营期间，正常情况下电客车采用 ATP/ATO 模式驾驶。
（2）钢轨湿滑时，采用 ATP 模式。
（3）采用 RM、NRM 模式驾驶时必须得到行调的同意。
（4）参与专、特运任务时，要求司机手动驾驶时，应做到起动、停车平稳，杜绝紧急制动。
（5）特殊情况时，行调指定驾驶模式。

3. 列车驾驶模式种类、定义

（1）NRM 模式：非限制式人工驾驶模式。
（2）RM 模式：限速（25 km/h）人工驾驶模式。
（3）ATP 模式：ATP 保护的人工驾驶模式。
（4）ATO 模式：列车自动驾驶模式。

二、行车凭证

正常情况下列车凭车载信号推荐速度，以 ATP/ATO 模式运行，司机要严格按《运营时刻表》规定的开车点及 DTI 显示掌握好停站和运行时间。

（1）ATP 故障或车载信号故障但信号系统联锁功能正常，按行调命令采用 NRM 模式运行时，列车凭调度命令和地面信号机的显示运行，司机掌握好停站时间。

（2）采用电话闭塞法行车时，行车凭证为路票。

司机驾驶列车运行要求：

（1）司机严格遵守《行车组织规则》《电客车故障应急处理指南》等相关规定操纵列车和进行故障处理，根据《运营时刻表》及 DTI 显示掌握各站停、开车时间。

（2）在正线及出/入段线的运行速度按《行车组织规则》执行，手动驾驶时严格遵守线路允许和限制速度驾驶列车，在各区间限速牌前按规定控制速度，严禁超速。

（3）司机要注意观察列车 HMI、DMI 显示屏信息、司机台各指示灯和仪表显示，平稳操纵，准确对标。

（4）司机严格执行呼唤应答制度，加强瞭望，确保客室门、站台门关好以及客室门与站台门间空隙的安全。

（5）列车运行中，司机应不间断瞭望前方进路状态，发现线路、接触网故障及其他轨旁设备损坏，须采取安全措施（如降速通过或停车确认）并报告行调，或发现有障碍物侵限危及行车安全时，立即采取紧急停车措施（主控手柄拉到快速制动位、拍紧急停车按钮），并报告行调。

（6）列车由于不明原因造成紧急制动时，应待列车停稳后，报行调，经同意并确认安全后再动车。

（7）司机对行调的行车指示或命令必须执行复诵制度，命令不清不准动车，严禁臆测行车。

三、站台作业程序

站台作业程序基本原则如下：

（1）列车采用 ATP 模式下电客车客室门与站台站台门能联动，"门模式开关"打到"MM"位，客室门和站台站台门均需人工开关门操作。司机负责开关客室门和站台门；列车采用 ATO 模式下电客车客室门与站台站台门实现联动功能，"门模式开关"打到"AM"位，列车自动开门但需人工关门，若"门模式开关"打到"MM"位，客室门和站台门均需人工开关门操作；列车采用 NRM 模式下电客车客室门与站台站台门将不能联动，"门模式开关"打到"MM"位，客室门和站台站台门均需分别人工开关门操作（列车采用 NRM 模式下，"门模式开关"打到"AM"位车门，车门将无法打开）。

（2）开关客室门和站台门作业时，必须严格执行相关标准，做到先确认再呼唤应答，确保安全、正确操作相应门控设备开门，避免错开客室门。

（3）列车采用 ATO/ATP 模式下电客车客室门与站台站台门实现联动功能时，司机关门时应确认站台门关闭状况和站台乘客情况；当客室门和站台门关闭后，司机应确认客室门与站台门间空隙安全情况，发现异常应及时处理。

（4）当客室门与站台站台门不能实现联动，开门时应遵循先开站台门后开客室门，关门时应遵循先关站台门后关客室门的标准。

（5）电客车司机室门打不开时，司机应立即报告行车调度员，由行调通知站务人员负责操作站台门，由司机在司机室内操作客室门，并确认站台乘客情况及客室门与站台门间空隙安全情况，司机与站务人员在开/关门及动车前应加强联控，凭车站人员"好了"手信号动车。

列车采用 ATP/ATO 模式时，正常情况下站台门与客室门联动情况如下：

（1）当电客车"门模式开关"置于"AM"位时，载客列车以 ATO 模式正常进站对标停稳（停

车位 ±50 cm 以内），客室门及站台门自动打开。

（2）当电客车"门模式开关"置于"MM"位时，载客列车以 ATO 模式正常进站对标停稳（停车位 ±50 cm 以内），客室门及站台门不能自动打开，司机需将"开门侧选择"开关置开门侧，并按压列车"开门"按钮，对应的客室门及站台门可以联动打开。

（3）当列车以 ATP 模式正常进站对标停稳（停车位 ±50 cm 以内），客室门及站台门不能自动打开，司机需将"门模式开关"置于"MM"位，将"开门侧选择"开关置于开门侧，并按压列车"开门"按钮，对应的客室门及站台门可以联动打开。

（4）列车采用 ATO 模式下，客室门与站台门/屏蔽门联动的站台作业程序如表 5.5.1 所示。

表 5.5.1　自动开门、人工关门的站台作业程序

司　机	备　注
列车在车站对标停稳、停准后，确认空气制动施加、气压表制动指针红针指示气压上升、制动不缓解灯亮	先确认开门方向再呼唤
将开门侧选择开关置相应开门侧（开门侧转换时需操作），手指 HMI 屏确认客室门正常打开，口呼"客室门已开"	
呼"开司机室门"，按压开左/右司机室门按钮	
立岗手指 PSL 控制盘"门全开"指示灯亮，确认正常打开后，口呼"站台门已开"	
观察站台乘客上下车情况，乘客上下完毕后，按照《运营时刻表》发车时间、DTI 显示 15～13 s，呼"关左/右门"并按压关门按钮关门	
听见客室门关闭提示音，确认客室门与站台门联动动作完毕，手指确认 PSL 控制盘"全关闭锁紧"指示灯亮，口呼"站台门关好"	
手指确认"所有门关闭"指示灯亮，确认整侧客室门关闭后，口呼"客室门关好"（对着指示灯），并确认客室门与站台门之间无夹人夹物，手指口呼"空隙安全"（对着站台门与客室门缝隙），确认安全后进入司机室	
呼"关司机室门"，并按压关左/右司机室门按钮，司机室门关闭后，确认 HMI 屏上司机室门关好	
确认前方道岔开通正确位置、列车有推荐速度后，手指口呼"蓝灯、道岔好"后动车（无道岔车站则直接手指口呼"蓝灯"）。动车后方可坐下，监听客室广播，待广播播放完毕垂直举起左手并呼"广播正确"	

（5）列车采用 ATP 模式下，客室门与站台门/屏蔽门联动的站台作业程序如表 5.5.2 所示。

表 5.5.2　ATP 模式下，客室门与站台门/屏蔽门联动的站台作业程序

司　机	备　注
列车在车站对标停稳、停准后，确认空气制动施加、气压表制动指针红针指示气压上升、制动不缓解灯亮、DMI 屏有开门使能信号，呼"开司机室门"，并按压开左/右司机室门按钮	先确认开门方向再呼唤，若列车无开门使能信号，则需按压"强制开门"按钮
将开门侧选择开关置开左/右侧（开门侧转换时需操作），在司机室手指门选开关呼"开左/右门"，并按压开左/右门按钮，手指 HMI 屏确认客室门全部打开，口呼"客室门已开"	严格执行先上站台后开门的标准
立岗手指确认 PSL 控制盘"门全开"指示灯亮，口呼"站台门已开"	

续表

司　机	备　注
立岗观察站台乘客上下车情况，乘客上下完毕后，DTI 显示 15~13 s，呼"关左/右门"并按压关左/右门按钮关门	
听见客室门关闭提示音，确认客室门与站台门联动作完毕，手指确认 PSL 控制盘"全关闭锁紧"指示灯亮，口呼"站台门关好"	
待"所有门关闭"指示灯亮，确认整侧客室门关闭后，手指确认"所有门关闭"指示灯亮，口呼"客室门关好"，并确认客室门与站台门之间无夹人夹物，手指站台门与客室门缝隙，口呼"空隙安全"，确认安全后进入司机室	
呼"关司机室门"，并按压关左/右司机室按钮，司机室门关闭后，确认 HMI 屏上司机室门关好	
确认前方道岔开通正确位置、列车有推荐速度及目标距离后，手指口呼"蓝灯、道岔好"后动车（无道岔车站则直接手指口呼"蓝灯"），待广播播放完毕，垂直举起左手并呼"广播正确"	

（6）NRM 模式下站台作业程序如表 5.5.3 所示。

因车载 ATP 故障或轨旁信号故障需转至 NRM 模式时，按以下程序操作。

表 5.5.3　NRM 模式下站台作业程序

司　机	备　注
列车在车站对标停稳、停准后，确认空气制动施加、气压表制动指针红针指示气压上升、制动不缓解灯亮，呼"开司机室门"，并按压开左/右司机室按钮，将开门侧选择开关转置开左/门侧	先确认开门方向再呼唤
站在站台 PSL 控制盘旁插好钥匙，顺时针转 PSL 控制开关转至"允许"位，呼"开站台门"，并按压开门按钮，当站台门完全打开后，手指确认 PSL 控制盘"门全开"指示灯亮，手指口呼"站台门已开"	
进入司机室将开门侧选择开关转至开左/右门侧（开门侧转换时需操作），司机室手指门选开关口呼"开左/右门"，并按压开左/右门按钮，手指确认 HMI 屏客室门全部打开，口呼"客室门已开"	
在站台 PSL 控制盘旁监视乘客上下车情况，当 DTI 15~13 s 时，呼"关站台门"，按压关门按钮，站台门关闭过程中门头灯闪，当站台门完全关闭后，站台门门头灯灭，PSL 控制盘上"门全开"指示灯熄灭，"门关闭"指示灯亮，呼"站台门关好"；再将 PSL 控制盘上的钥匙逆时针转至"禁止"位后拔出钥匙	遇站台无乘客上下时，要加倍确认站台门、客室门的状态
到列车处呼"关左/右门"，按压列车关左/右门按钮，待"所有门关闭"指示灯亮，确认整侧客室门关闭后，手指确认"所有门关闭"指示灯亮，口呼"客室门关好"。确认客室门与站台门之间无夹人夹物，手指站台门与客室门缝隙，口呼"空隙安全"，确认安全后进入司机室	先确认列车与站台门缝隙中无人、无障碍物再呼唤
按压关左/右司机室按钮，呼"关司机室门"，确认司机室门关闭	
确认前方信号机、道岔正确，手指前方信号机口呼"绿/黄灯、道岔好"后动车（无道岔车站则直接手指口呼"绿灯"），监听客室广播，待广播播放完毕，垂直举起左手并呼"广播正确"	特殊情况按行调指令动车

四、运营终点站折返作业程序

(1)列车采用 ATO 模式,客室门与站台门/屏蔽门联动的站前折返作业程序如表 5.5.4 所示,站后折返作业程序如表 5.5.5 所示。

表 5.5.4 列车采用 ATO 模式下,客室门与站台门联动的站前折返作业程序

接班司机	交班司机
1. 按所接车次到达哈东站站/哈南站站的时间提前 1 min 到站台端墙接车位置做好接车准备	2. 列车到达终点站下/上行站台对标停稳、停准后,确认空气制动施加、气压表制动指针红针指示气压上升、制动不缓解灯亮,通过 HMI 屏确认客车门打开后,呼"开司机室门",并按压开左/右司机室门按钮,立岗当站台门完全打开后,PSL 控制盘上"门全开"指示灯亮,手指口呼"站台门已开"(对着 PSL 控制盘上"门全开"状态指示灯)
3. 确认站台门、客室门全部打开后,开司机室门,进入司机室与交班司机进行交接班	4. 返回司机室关主控钥匙,与接班司机进行交接班
5. 交接完毕后,确认后端司机室未激活,开主控钥匙,设置广播,将门选择开关打至开门侧,并确认后端司机室门关闭,确认驾驶模式、值乘车次、开车时间、空调设置、司机控制柜空气开关以及旋钮的位置及相关注意事项	6. 交接完毕后带齐自己的物品下车,关闭并确认司机室门、间壁门锁闭良好,到换乘室待乘
7. 其他按表 5.5.1 的步骤执行	

表 5.5.5 列车采用 ATO 模式,客室门与站台门/屏蔽门联动的站后折返作业程序

接班司机	交班司机
1. 按所接车次到达终点站的时间提前 1 min 到站台端墙接车位置做好接车准备	2. 列车到达终点站下/上行站台对标停稳、停准后,确认空气制动施加、气压表制动指针红针指示气压上升、制动不缓解灯亮,手指 HMI 屏确认客室门正常打开,口呼"客室门已开"。呼"开司机室门",按压开左/右司机室门按钮进行立岗。当站台门完全打开,手指确认 PSL 控制盘"门全开"指示灯亮,手指口呼"站台门已开"
3. 确认站台门/屏蔽门、客室门全部打开后,开司机室门,进入司机室告知交班司机已到位,并确认驾驶模式、值乘车次、发车时间、空调设置、司机控制柜空气开关、旋钮的位置及相关注意事项	4. 播放清客广播,关闭客室照明,待车站人员打"好了"信号后,关闭客室门、站台门/屏蔽门,手指确认 PSL 控制盘"门关闭"指示灯亮,口呼"站台门/屏蔽门关好",手指确认"所有门关闭"指示灯亮,口呼"客室门关好",并确认客室门与站台门之间无夹人夹物,手指口呼"空隙安全"(对着站台门与客室门缝隙),确认安全后进入司机室,恢复开门侧选择开关,打开客室照明,驾驶列车进入折返线停稳后,关闭主控钥匙,手指司机台口呼"主控钥匙已关"后,与接班司机进行交接班
5. 交接完毕后,确认后端司机室未激活,开主控钥匙,将门选择开关打至开门侧,确认地面信号及道岔位置正确,驾驶列车运行至载客站台停稳。口呼"开司机室门",按压司机室门开门按钮,手指"开门侧选择开关"口呼"开左/右门",设置广播,返回站台立岗作业	6. 列车对标停稳后,与接班司机通过司机室对讲进行交接,交接完毕后,确认司机室门、间壁门锁闭良好,通过间壁门离开司机室,待列车到达载客站台门后方可前往换乘室待乘
7. 其他按表 5.5.1 的步骤执行	

（2）列车采用 ATP 模式下，客室门与站台门/屏蔽门联动的站前折返作业程序如表 5.5.6 所示，站后折返作业程序如表 5.5.7 所示。

表 5.5.6　人工开关门时站前折返作业程序

接班司机	交班司机
1. 按所接车次到达哈东站/哈南站的时间提前 1 min 到站台端墙接车位置做好接车准备	2. 确认列车停稳、停准后，确认空气制动施加、气压表制动指针红针指示气压上升、制动不缓解灯亮，呼"开司机室门"，并按压开左/右司机室门按钮；将开门侧选择开关旋转至开左/右门侧，到站台呼"左/右开门"，并按压开左/右门按钮
3. 确认站台门、客室门全部打开后，开司机室门，进入司机室与交班司机进行交接班	4. 通过 HMI 和 PSL 控制盘上"门全开"指示灯亮确认站台门、客室门正常打开后，手指呼"站台门、客室门已开"（对着 HMI 屏和 PSL 控制盘上"门全开"指示灯亮）。返回司机室，恢复门选择开关，关主控钥匙，与接班司机进行交接班
5. 交接完毕，确认后端司机室未激活，开主控钥匙，设置广播，并确认驾驶模式、值乘车次、开车时间、空调设置、司机控制柜空气开关以及旋钮的位置及相关注意事项	6. 交接完毕后带齐自己的物品下车，关闭并确认司机室门、间壁门锁闭良好，到换乘室待乘
7. 其他按表 5.5.2 的步骤执行	

表 5.5.7　列车采用 ATP 模式，客室门与站台门/屏蔽门联动的站后折返作业程序

接班司机	交班司机
1. 按所接车次到达终点站的时间提前 1 min 到站台端墙接车位置做好接车准备	2. 确认列车停稳、停准后，确认空气制动施加、气压表制动指针红针指示气压上升、制动不缓解灯亮，呼"开司机室门"，并按压开左/右司机室门按钮；将开门侧选择开关旋转至开左/右门侧，到站台呼"左/右开门"，并按压开左/右门按钮；通过 HMI 屏确认客室门打开后，手指 HMI 屏口呼"客室门已开"，站台立岗，当站台门完全打开后，手指确认 PSL 控制盘上"门全开"指示灯亮，口呼"站台门已开"
3. 确认站台门/屏蔽门、客室门全部打开后，开司机室门，进入司机室告知交班司机已到位，并确认驾驶模式、值乘车次、发车时间、空调设置、司机控制柜空开、旋钮的位置及相关注意事项	4. 播放清客广播，关闭客室照明，待车站人员显示"好了"信号后，关闭客室门、站台门/屏蔽门，手指确认 PSL 控制盘"门关闭"指示灯亮，口呼"站台门/屏蔽门关好"，手指确认"所有门关闭"指示灯亮，口呼"客室门关好"，并确认客室门与站台门之间无夹人夹物，手指口呼"空隙安全"（对着站台门与客室门缝隙），确认安全后进入司机室，恢复开门侧选择开关，打开客室照明，驾驶列车进入折返线停稳后，关闭主控钥匙，手指司机台口呼"主控钥匙已关"后，与接班司机进行交接班
5. 交接完毕后，确认后端司机室未激活，开主控钥匙，将门选择开关打至开门侧，确认地面信号及道岔位置正确，驾驶列车运行至载客站台停稳。口呼"开司机室门"，按压司机室门开门按钮，手指"开门侧选择开关"口呼"开左/右门"，设置广播，返回站台立岗作业	6. 列车对标停稳后，与接班司机通过司机室对讲进行交接，交接完毕后，确认司机室门、间壁门锁闭良好，通过间壁门离开司机室，待列车到达载客站台开门后方可前往换乘室待乘
7. 其他按表 5.5.2 的步骤执行	

（3）NRM 模式下的站前折返作业程序如表 5.5.8 所示，站后折返作业程序如表 5.5.9 所示。

表 5.5.8　NRM 模式下的站前折返作业程序

接班司机	交班司机
1. 按所接车次到达终点站的时间提前 1 min 到站台端墙接车位置做好接车准备并插好 PSL 控制盘旁钥匙，顺时针转 PSL 控制开关转至"允许"位	列车在车站对标停稳、停准后，确认空气制动施加、气压表制动指针红针指示气压上升、制动不缓解灯亮，呼"开司机室门"，并按压开左/司机室门按钮，将开门侧选择开关转至开左/右门侧。下车呼"开左/右客室门"，并按下"开左/右门"按钮，确认 HMI 屏客室门全部打开；手指口呼"客室门已开"（对着 HMI 屏）。返回司机室，恢复门选择开关，关主控钥匙，与接班司机进行交接班
3. 确认列车停稳、停准，听见客室门开启提示音，呼"开站台门"，并按压开门按钮，当站台门完全打开后，PSL 控制盘上"门全开"指示灯亮，手指口呼"站台门已开"（对着 PSL 控制盘上"门全开"状态指示灯），打开司机室门，开主控钥匙，将开门侧选择开关转至开左/右门侧，进入司机室确认 HMI 屏客室门全部打开，手指口呼"客室门已开"（对着 HMI 屏）；与交班司机进行交接班	
4. 交接完毕，设置广播，将门选打至开门侧，并确认后端司机室门关闭，确认驾驶模式、值乘车次、开车时间、空调设置、司机控制柜空气开关以及旋钮的位置及相关注意事项	5. 交接完毕后带齐自己的物品下车，关闭并确认司机室门、间壁门锁闭良好，到换乘室待乘
6. 其他按表 5.5.3 的步骤执行	

表 5.5.9　NRM 模式下的站后折返作业程序

接班司机	交班司机
1. 按所接车次到达终点站的时间提前 1 min 到站台端墙接车位置并插好 PSL 控制盘旁钥匙做好接车准备	2. 列车在车站对标停稳、停准后，确认空气制动施加、气压表制动指针红针指示气压上升、制动不缓解灯亮。呼"开司机室门"，并按压开左/司机室门按钮，插好 PSL 控制盘钥匙，顺时针转 PSL 控制开关转至"允许"位，呼"开站台门/屏蔽门"，并按压 PSL 控制盘开门按钮，当站台门/屏蔽门完全打开后，PSL 控制盘上"门全开"指示灯亮，手指口呼"站台门/屏蔽门已开"（对着 PSL 控制盘上"门全开"状态指示灯）
	3. 将开门侧选择开关转至开左/右门侧，下车呼"开左/右门"，并按下"开左/右门"按钮，确认 HMI 屏客室门全部打开；手指 HMI 屏口呼"客室门已开"，站台立岗。返回司机室，播放清客广播，关闭客室照明，待车站人员显示"好了"信号后，按压 PSL 控制盘关门按钮，口呼"关站台门/屏蔽门"，手指确认 PSL 控制盘"全关闭锁紧"指示灯亮，口呼"站台门/屏蔽门已关"，按下 PSL 控制盘钥匙。口呼"关左/右门"，按压客室门关门按钮，手指确认"所有门关闭"指示灯亮，口呼"客室门关好"，并确认客室门与站台门之间无夹人夹物，手指口呼"空隙安全"（对着站台门与客室门缝隙），确认安全后后进入司机室
4. 确认站台门/屏蔽门、客室门全部打开后，开司机室门，进入司机室告知交班司机已到位，并确认驾驶模式、值乘车次、发车时间、空调设置、司机控制柜空气开关、旋钮的位置及相关注意事项	

续表

接班司机	交班司机
6. 交接完毕后，确认后端司机室未激活，开主控钥匙，将门选择开关打至开门侧，确认地面信号及道岔位置正确，驾驶列车运行至载客站台停稳。口呼"开司机室门"，按压司机室门开门按钮，插好PSL控制盘钥匙，顺时针转PSL控制开关转至"允许"位，呼"开站台门/屏蔽门"，并按压PSL控制盘开门按钮，当站台门/屏蔽门完全打开后，手指确认PSL控制盘"门全开"指示灯亮，口呼"站台门/屏蔽门已开"。按下"开左/右门"按钮，手指确认HMI屏客室门全部打开；口呼"客室门已开"，并设置广播，返回站台立岗作业	5. 返回司机室，恢复开门侧选择开关，打开客室照明，驾驶列车进入折返线停稳后，关闭主控钥匙，手指司机台口呼"主控钥匙已关"后，与接班司机进行交接班
6. 按表5.5.1的步骤执行	7. 列车对标停稳后与接班司机通过司机室对讲进行交接，交接完毕后，确认司机室门、间壁门锁闭良好，通过间壁门离开司机室，待列车到达载客站台开门后方可前往换乘室待乘

五、电客车转备用及备用车投入运营作业程序

电客车转备用作业程序如下：

（1）运营电客车得到行调命令或按运营时刻表转备用车时，原则上在终点站退出服务转为备用。

（2）广播清客后，关闭客室照明，打开间壁门检查客室无乘客及其他人员，凭站务人员"好了"信号按关门程序关闭站台门、客室门（已清客或不载客列车除外）。

在正线备用的列车，司机应遵守下列规定：

（1）在正线备用的车辆，司机应在运行端第一节客室内待令。

（2）备用车司机，原则上应每隔1h对列车状态（HMI、DMI屏）进行一次检查，若发现问题应及时上报行调，确保列车备用期间处于良好状态。

（3）正线备用车，在备用期间方向手柄应处于向前位，主控手柄处于制动区，无须施加停放制动、分高断。

（4）接班司机达到备用车后，应与交班司机共同确认列车状态、交接车辆及线路状况、行调命令、行车备品以及行车安全注意事项。

（5）交/接班司机原则上在备用车上进行对口交接，备用车司机离开备用车时须经行调同意关闭主控钥匙，并随身带好800 M手持台、主控钥匙，随时同行调保持联系。

（6）备用车司机上、下车及交接班时，要随手关闭站台站台门的端门，不得使该门处于常开状态，防止乘客误入，发生人身事故。

段内备用列车，司机应遵守下列规定：

（1）在段内备用列车，备用司机无场内施工任务时应在派班室待令，不得随意离开派班室，有临时任务需离开派班室时，须经当值派班员同意。

（2）段内备用车，在备用期间方向手柄、主控手柄应处于零位，司机台处于关闭位，无须施加停放制动、分高断。

（3）备用车司机交接班时，应对口交接，接班司机交班后，应上车查看确认备用车车辆状态，确保处于良好状态。

终点站备用列车投入运营作业程序如下：

（1）按《运营时刻表》或行调命令要求执行。

（2）按《运营时刻表》提前开启照明、空调设备。

（3）按开门程序打开站台门、客室门上客。

（4）上客完毕后，根据《运营时刻表》或行调命令要求的开车时间，按站台作业程序关门动车。

段内备用列车投入运营作业程序如下：

（1）按车场调度及派班员的命令要求执行。

（2）接到车场调度或派班员发出段内备用列车准备投入运营的命令后，备用司机应第一时间携带行车备品到发车股道，开启库门挂好安全锁链后，在备用列车发车端待令。

（3）备用列车司机得到信号楼值班员命令，凭地面开放信号，方可动车。

六、故障列车退出服务或运营客车临时退出服务作业程序

列车因故须在中间站退出服务时，司机按行调的指示做好退出服务相关工作，对标停稳，按规定开门后做好清客广播，关闭客室照明，确认清客完毕，凭站务人员"好了"信号关门，凭行调命令和进路信号或车载信号动车。

到达折返车站停稳换端后，司机必须确认进路防护信号，动车前必须要得到行调的同意，严禁臆测行车，避免列车冒进信号。

司机在进出存车线前，必须与行调联系，确保人身安全（按规定穿荧光服，携带手电筒、无线手持台）。

退出服务列车进入正线存车线转备用或临时停放时，司机必须将方向手柄打至向前位、主控手柄置于制动区，客室照明关闭。

七、正线调车作业相关规定

1. 按"调车"方式办理原则

（1）当信号系统不能正常使用或折返道岔故障需人工准备进路时，采用调车方式办理列车进路。

（2）按调车方式办理时，行车调度将控制权限下放至车站，由车站组织列车到发，司机的动车凭证为发车手信号，当有信号显示时，以发车手信号为主，地面信号为辅。

（3）行车调度命令车站按调车方式组织列车运行时，向车站、司机明确相关折返进路，各次列车运行途中严禁列车退行。

（4）调车作业时，各次列车注意观察道岔位置是否正确，如有异常，立即停车报行调。

（5）人工办理进路时，现场人员需与行车值班员加强联控，确保进路布置正确。

（6）调车方式办理折返作业时，上一列车折返完毕发车并出清折返岔区后，车站方可准备下一列车的接车进路。

（7）正线需采用调车方式组织行车时，车站人员向司机显示的调车手信号为白色灯光做圆形转动。

2. 按"调车"方式办理折返进路流程

（1）进折返线（站后）或接车（站前）进路办理，车站接到行调命令按"调车"方式组织列车折返时，行车值班员立即通知值班站长带齐备品进入线路办理进折返线（站后）或接车（站前）进路，进路准备完毕后，显示"好了"手信号，同时值班站长通知行车值班员"折返线Ⅰ/Ⅱ道（XX站上/下行）接车进路准备完毕"，与行车值班员确认无误且人员撤离至安全区域后，显示发车手信号，司机动车后收回。

（2）出折返线（站后）或接车（站前）进路办理，现场人员确认列车停稳后，立即办理列车出折返线（站后）或接车（站前）进路，进路准备完毕后，显示"好了"手信号，同时值班站长通知行车值班员"折返线Ⅰ/Ⅱ道（XX 站上/下行）发车进路准备完毕"，与行车值班员确认无误且人员撤离至安全区域后，显示发车手信号，司机动车后收回。

模块训练

任务训练

1. 简述调车作业徒手信号的显示。
2. 简述调车速度。

项目自测

一、填空题

1. （　　　　　）是行车组织工作的基础，凡与列车运行有关的各部门都必须根据（　　　　　）的规定组织本部门的工作。

2. 一切建筑物，在任何情况下，不得侵入地铁（　　　　　）；一切设备，在任何情况下，不得侵入地铁（　　　　　）；机车、车辆无论空、重状态，均不得超出（　　　　　）。哈尔滨地铁 1 号线线路分为（　　　）、（　　　）、（　　　）。1 号线辅助线包括（　　　）、（　　　）、（　　　）、（　　　）、（　　　）、出场线、入场线等。

3. 正线为双线，右侧行车。正线的运营线路长度为（　　　　　）。

4. 正线线路最大坡度为（　　　　　）。

5. 入段线的 S1611 至 XJD1 信号机间线路为转换轨（　　　　　）道（　　　　　）。

6. 电客车反方向运行在各站不能通过信号系统自动停车，须司机（　　　　　），没有（　　　　　）功能，停站时分由（　　　　　）掌握。

7. 正线、辅助线及太平桥车辆段试车线采用（　　　　　）钢轨，车场线采用（　　　　　）钢轨，均为标准轨距（　　　　　）。

8. 正线、辅助线及太平桥车辆段试车线采用（　　　　　）号道岔，侧向允许通过速度为（　　　　　），铁路局站、烟厂站 3.4 m 间距单渡线道岔侧向允许通过速度为（　　　　　）。车场线采用（　　　　　）号道岔，侧向允许通过速度为（　　　　　）。

9. 哈尔滨地铁 1 号线设 18 个站，分别为（　　　　　　　　　　　）。

10. 车站每侧站台设有（　　　　　）个紧急停车按钮。

11. 站台上的紧急停车按钮被按压时，车控室的 IBP 盘将报警，未进站列车将（　　　　　），进入站台区的列车将（　　　　　）。

12. 哈尔滨地铁 1 号线牵引供电采用接触网（　　　　　）直流供电，地面线路采用（　　　　　），地下线路采用（　　　　　）。

13. 每侧站台边缘设站台门，每侧站台的站台门总长均为（　　　　　），门体由（　　　　　）对滑动门、（　　　　　）套（　　　　　）应急门、（　　　　　）套端门及若干套固定门等构成。

14. 站台门开关门控制优先级从高到低依次为（　　　　　　　　　　　）。

15. 电客车采用（　　　）动（　　　）拖（　　　）辆编组，编组形式为

( )。其中:"Tc"为( ),"Mp"为( ),"M"为( ),"*"为( ),"="为( )。

16. 电客车在正线线路最高运行速度为( )。

17. 哈尔滨地铁 1 号线的行车工作由( )统一指挥。

18. 正线及辅助线的行车工作由( )负责,车场线行车工作由( )负责。

19. 哈尔滨地铁 1 号线划分( )4 个联锁区。其中( )属哈达联锁区管辖范围;( )属学府路联锁区管辖范围;( )属铁路局联锁区管辖范围;( )属太平桥联锁区管辖范围。

20. 正线不设进站信号机,设( )信号机。车站每侧站台设有( )个紧急停车按钮( )。

二、简答题

1. 行调发布口头命令及书面命令的内容有哪些?
2. 电客车推进或牵引故障车运行的规定有哪些?
3. 电客车冒进信号司机如何处置?
4. 救援列车的开行规定有哪些?

项目六　车辆故障应急处理

课程导入

城轨交通运营具有列车自动防护（ATP）、列车自动驾驶（ATO）和列车自动监督（ATS）功能，在设备正常的情况下基本不需要人工干预,在运营时常见的突发事件中运营生产类的故障比较常见，对地铁正常运营干扰较大，电客车司机应急处理能力直接决定了客运服务质量的好坏，对维护地铁企业的社会形象和服务信誉至关重要。该项目重点描述了车门故障、牵引/制动系统故障、辅助系统故障时的应急处理方法，同时还阐述了列车网络系统故障及附属设备故障的应急处理方法、原则，提高司机的应急处理能力，为采取措施确保乘客的安全和运营工作的顺利进行提供理论保证。

能力目标

（1）掌握各种车门故障的基本处理程序。
（2）熟知列车牵引/制动系统故障的应急处理方法及救援原则。
（3）掌握列车网络系统故障的应急处理方法。
（4）掌握列车司机信息发布标准用语。
（5）熟知电客车单个受电弓降弓的应急处理措施。
（6）掌握当一台空压机故障时的应急处理方法。

学习任务

（1）掌握各种车门故障的基本处理方法及程序。
（2）掌握列车牵引/制动系统故障的处理原则及应急处理方法。
（3）掌握列车救援的基本原则和现场组织方法。
（4）熟知全列车空调机组不工作时的司机应急处理方法。
（5）熟知电客车 DC 110 V 电压表没有电压显示时的应急处理措施。
（6）熟知电客车单个受电弓降弓时的应急处理措施。
（7）掌握当主风缸压力低于 500 kPa、600 kPa、750 kPa 时的应急处理方法。

模块一 紧急制动故障

任务书

掌握在运行过程中车辆突然被触发紧急制动停车的应急处理措施。

一、故障现象

在运行过程中车辆突然被触发紧急制动停车。

二、处理建议

第一步：查看 HMI 屏幕的紧急制动提示，判断是否为 ATC 触发紧急，如图 6.1.1 所示。报行调，经行调允许后转为 NRM 模式，查看制动是否缓解，如果紧急制动缓解，报行调，按行调指示运行。如果紧急制动不能缓解，按照以下步骤进行排查。

旋转模式旋钮时注意应快速将模式按钮转换到位，不允许在模式按钮操作时停顿。

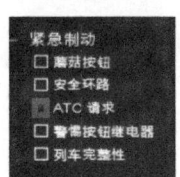  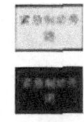

紧急制动旁路：操作安全环路旁路开关后显示此状态

紧急制动关闭：紧急制动未施加时显示此状态

紧急制动施加：紧急制动施加时显示此状态

图 6.1.1 紧急制动触发条件和 NRM 模式开关

第二步：检查 HMI 屏受电弓图标是否为降弓状态和蘑菇按钮图标，如图 6.1.2 所示。如异常，则旋转被按下的蘑菇按钮，缓解紧急制动；排除拍蘑菇按钮产生的紧急制动。

 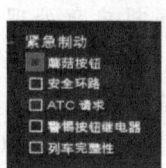 

图 6.1.2 HMI 屏受电弓图标

第三步：检查司机室气压表，若总风压力 < 600 kPa，如图 6.1.3 所示，查看空压机图标确认空压机是否启动，如未启动，按空压机强迫启动按钮，如空压机正常工作，紧急制动缓解，继续行车。

如空压机不正常工作，使用司机室的"总风低压旁路开关"，缓解紧急制动行车，就近车站清客下线；排除气压过低引起的紧急制动。

清客后行调应将此车转至停车线、终点站或车辆段等能够停车的进路，应找到此线路的最低限速，车辆按此限速行车。正常行车时司机不应施加制动，司机此时应持续监控气压表，当气压接近 500 kPa 时停车，避免列车在运行时施加停放制动。

图 6.1.3　气压表

第四步：如风源无故障，紧急制动仍没缓解，将右后方电气柜中的"安全环路旁路开关"打到"合"位，如图 6.1.4 所示，然后重新牵引，继续单程运营。

图 6.1.4　安全环路弯路开关

第五步：如果以上方式操作后，紧急制动仍然没有缓解，报告行调请求救援。

模块二　受电弓降弓

任务书

熟知电客车受电弓降弓的应急处理措施。

一、故障现象

单个受电弓降弓。

二、处理建议

第一步：停车时重新按下"受电弓升弓"按钮，查看 HMI 屏观察受电弓是否升起，如升起，合高断后继续运营，如图 6.2.1 所示。

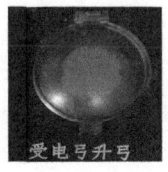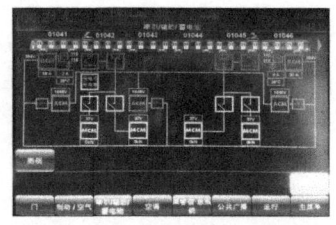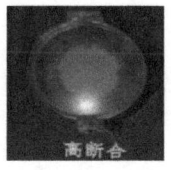

图 6.2.1　受电弓按钮及 HMI 屏

第二步：如故障依然存在，继续运行至终点站，重新降全弓，升全弓，如图 6.2.2 所示。如故障恢复，合高断后继续运营。如故障依然存在，报告行调申请退出服务。

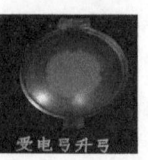

图 6.2.2　受电弓降弓、升弓按钮

三、故障现象

两个受电弓降弓。

四、处理建议

第一步：停车后，重新按"受电弓升弓"按钮，闭合高断，如图 6.2.3 所示。

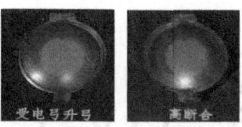

图 6.2.3　受电弓升弓按钮和高断合按钮

第二步：查看紧急制动是否缓解，如未缓解，按照紧急制动未缓解处理程序处理，如图 6.2.4 所示。

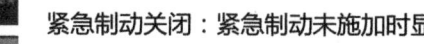

图 6.2.4　紧急制动状态

第三步：先查看激活端 Tc 车"22-F01 受电弓控制"空气开关是否闭合，再检查两个 Mp 车客室一位端一位侧电器柜内"22-F01 受电弓控制"空气开关是否闭合，将空气开关断开再闭合，如图 6.2.5 所示，重新按下"受电弓升弓"按钮，如恢复，合高断继续运营。

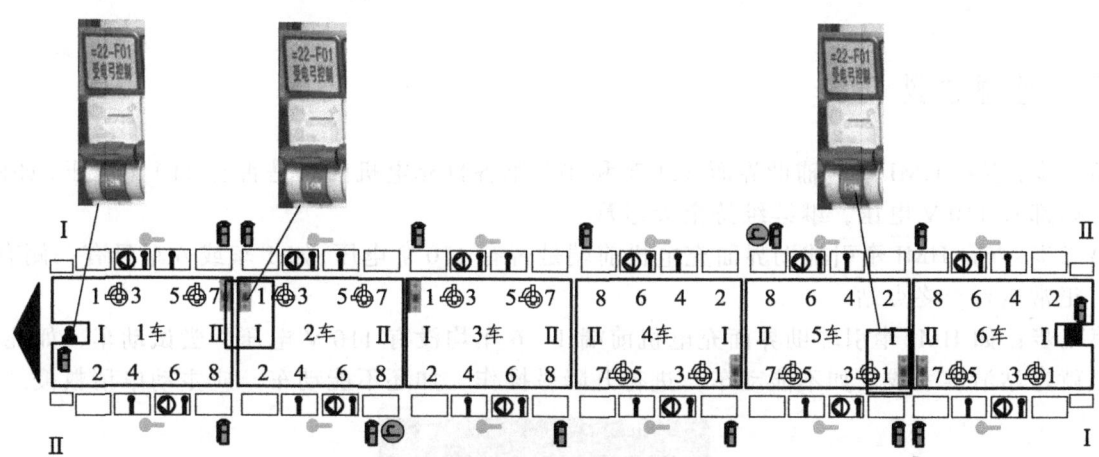

图 6.2.5　22-F01 受电弓控制空气开关

第四步：重新激活列车，重新升弓合高断，如图 6.2.6 所示。

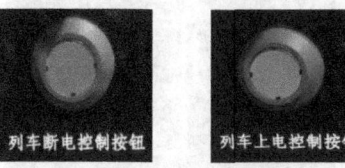

图 6.2.6　列车断电控制按钮和列车上电控制按钮

第五部：如故障未恢复，联系行调申请救援。

模块三　列车 110 V 故障

任务书

掌握电客车 DC 110 V 电压表没有电压显示应急处理措施。

一、故障现象

DC 110 V 电压表没有电压显示。

二、处理建议

第一步：查看 HMI 牵引辅助界面 Tc1 车和 Tc2 车各自充电机前端是否有 110 V 电压，如图 6.3.1 所示，如都有 110 V 电压，继续维持全天运营。

第二步：查看 HMI 牵引辅助界面充电机前端是否有 110 V 电压，如 1 车或 6 车只有一侧有 110 V 电压，正常运行至终点站。

第三步：如 HMI 牵引辅助界面充电机前端 1、6 车均没有 110 V 电压，尝试动车，如能动车，运行至就近站清客下线。如不能动车，进行升降弓操作，如还不能动车，应主动申请救援。

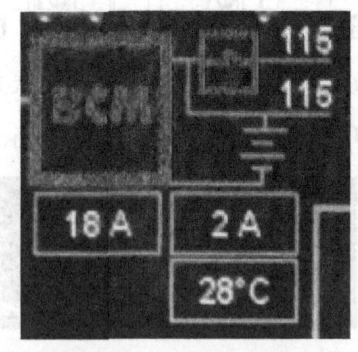

图 6.3.1　电压显示

模块四 牵引系统故障

任务书

（1）熟知牵引系统故障司机应急处理方法。
（2）掌握列车救援的基本原则和现场组织方法。
（3）熟知高速断路器无法闭合的应急处理方法。

一、故障现象

1个或多个MCM状态图标显红。

二、处理建议

（1）1个MCM状态图标显红。
终点站停车时进行主复位，重新合高断，若运行时依然显红，继续正常运营。如再次出现此类故障，切除MCM继续维持运营，如图6.4.1所示。

图6.4.1　1个MCM状态图标显红处理方法

（2）2个MCM状态图标显红。
终点站停车时进行主复位，重新合高断，如果故障不能恢复，主动退出服务，如图6.4.2所示。

图6.4.2　2个MCM状态图标显红处理方法

（3）3个MCM状态图标显红。
第一步：停车时进行主复位，重新合高断。
第二步：如不能恢复，将司机手柄推到最大位将车运行到就近站申请退出服务，如图6.4.3所示。

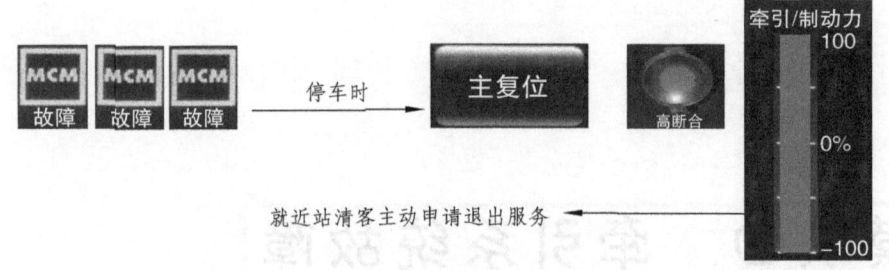

图 6.4.3　3 个 MCM 状态图标显红处理方法

（4）4 个 MCM 状态图标显红。

第一步：停车时进行主复位，重新合高断。

第二步：如不能恢复，使用备用模式，如可动车，就近站清客。

第三步：如备用模式不可动车，报行调，申请救援，如图 6.4.4 所示。

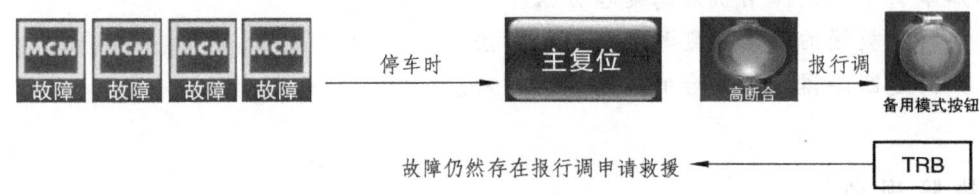

图 6.4.4　4 个 MCM 状态图标显红处理方法

三、故障现象

牵引安全环路无法建立（HMI 主菜单中的互锁界面）。

四、处理建议

第一步：检查主控是否打开，主控应为打开位。如果是由于车门未关好造成的，按照"车门故障"指示操作，如果故障不能排除，需要打到车门旁路开关。

第二步：是由于紧急制动造成的，按照"紧急制动故障"指示执行。如故障不能排除，打到牵引安全旁路位置。

第三步：是由于总风压力低引起的，按照"总风压力低"故障指示执行。如故障不能排除，打到牵引安全旁路位置。

第四步：是由于停放制动不缓解引起的，按照"停放制动不缓解"故障处理指示执行。如果故障不能排除，需要打到停放制动旁路位置；运行至最近站清客，申请救援（乘务部建议列车打旁路后申请退出服务）。

第五步：如果以上操作能够动车，则司机在车辆运行时密切注意列车状态。如故障仍然存在，报告行调申请救援。

图 6.4.5 为封锁牵引的条件。

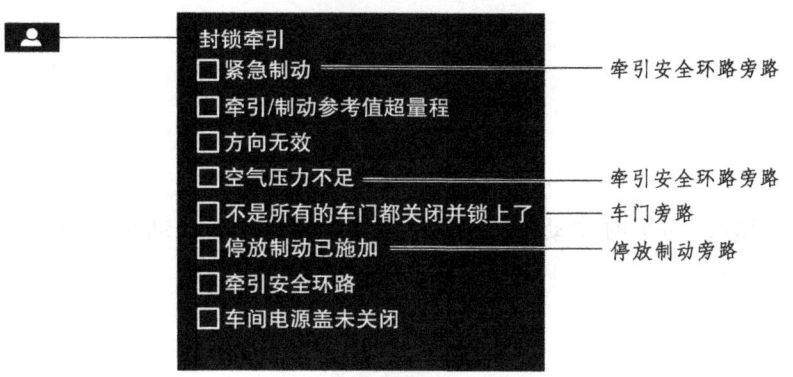

图 6.4.5 封锁牵引的条件

五、故障现象

列车无法牵引。

六、处理建议

第一步：首先按照"HMI 显示网压为 0 的操作"排除网压问题，如图 6.4.6 所示。

图 6.4.6 网压

第二步：查看司机台上所有门关闭指示灯是否点亮，如未点亮，按照"车门故障"进行处理，如图 6.4.7 所示。

图 6.4.7 门关闭指示灯

第三步：查看停放制动未缓解指示灯是否熄灭，如点亮，按照"停放制动未缓解"进行处理，如图 6.4.8 所示。

图 6.4.8 停放制动未缓解指示灯

第四步：从 HMI "互锁"界面上，观察是否存在牵引阻断和影响牵引就绪的条件，并对存在的影响条件进行逐一排查，如图 6.4.9 所示。

图 6.4.9　互锁

第五步：推手柄后，动车时制动不缓解指示灯常亮，按照"动车时制动不缓解指示灯常亮"处理，如图 6.4.10 所示。

图 6.4.10　制动不缓解指示灯

第六步：仍无法牵引，报行调申请尝试"NRM"模式动车。按下"强迫缓解"按钮，强迫缓解制动，推司控器手柄尝试动车，如图 6.4.11 所示。

图 6.4.11　NRM 模式开关和强迫缓解按钮

第七步：仍无法牵引，报行调申请尝试"备用模式"动车，运行至就近站清客，主动申请退出服务，如图 6.4.12 所示。

图 6.4.12　备用模式按钮

第八步：若备用模式仍然不能动车，申请重新激活列车再次尝试动车。

第九步：仍然无法动车，报行调申请救援。

七、故障现象

高速断路器无法闭合。

八、处理建议

若为一个高断分，则不限速维持运营，终点站重新分合高断，如图 6.4.13 所示，若故障不能恢复，可不限速维持全天运营。

 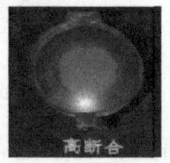

图 6.4.13　高断分按钮和高断合按钮

若两个高断分,则不限速维持运营,终点站重新分合高断,若故障不能恢复,终点站清客主动申请退出服务,可不限速。

若三个高断分,停车时试验两次高断合按钮,时间间隔 10 s,如故障不能恢复,就近站清客,主动申请退出服务。

若四个高断分,检查司机室控制柜"22-F04 高速断路器控制"空气开关是否在闭合位,将此空气开关断开再闭合,重新分合高断;如不能恢复,按照"HMI 显示网压为 0"项点进行排查。若不是接触网无电,打到备用模式,再次重新分合高断。如备用模式可动车,就近站主动申请退出服务,限速 50 km/h。如备用模式无法动车,报行调申请救援,如图 6.4.14 所示。

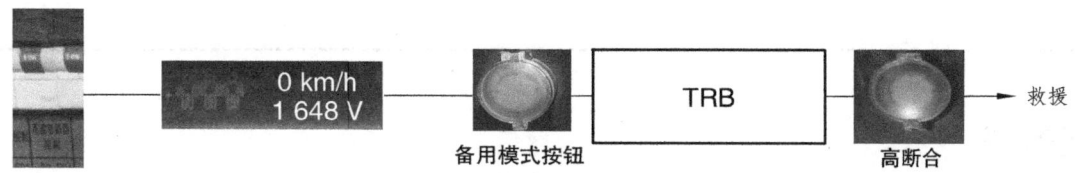

图 6.4.14 四个高断分处理方法

只要一个高断分,高断分合指示灯不亮。

九、故障现象

HMI 显示网压为 0。

十、处理建议

第一步:在 HMI 屏上观察受电弓是否在升弓状态,如果不在升弓状态,则重新升弓;如果受电弓升起,仍无网压,检查 HMI 屏上 4 个 MCM、3 个 ACM 是否有模块显红,如有,则进入维修界面进行主复位,如图 6.4.15 所示。

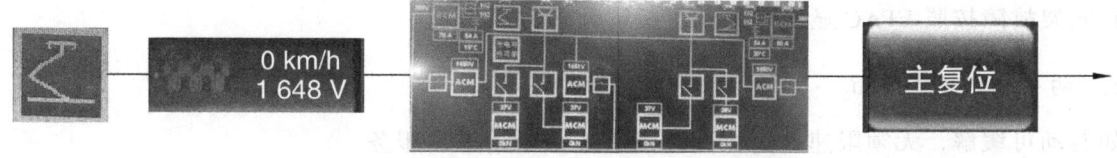

图 6.4.15 HMI 显示网压为 0 处理方法

第二步:如模块状态正常,仍然没有网压,报告行调,请行调排除接触网供电原因,如果行调确认接触网无电,则惰行至站台停稳后立即降弓。

第三步:若主复位后模块显红不消除,HMI 仍然显示没有网压,打到备用模式限速 50 km/h,就近站清客,主动申请退出服务。

第四步:以上操作如无法排除故障并动车,申请救援。

模块五　制动系统故障

任务书

（1）掌握制动系统故障应急处理方法。
（2）掌握当主风缸压力低于 500 kPa、600 kPa、750 kPa 时的应急处理方法。

一、故障现象

一个或多个 EPAC2 显红。

二、处理建议

1. 一个 EPAC2 显红

如制动可缓解，无须限速，运行到终点后主动申请退出服务。
如伴随制动不缓解，需到客室内切除相应转向架，限速 76 km/h，可维持全天运营。
转向架故障按照 EPAC 显红时制动不缓解处理方法处理。

2. 两个 EPAC2 显红

如制动可缓解，无须限速，运行到终点后主动申请退出服务。
如伴随制动不缓解，需到客室内切除相应转向架，限速 73 km/h，运行到终点后主动申请退出服务。
转向架故障按照 EPAC 显红时制动不缓解处理方法处理。

3. 三个或四个 EPAC2 显红

如制动可缓解，无须限速，到就近站清客，退出运营。
如伴随制动不缓解，需到客室内切除相应转向架，限速 69 km/h，到就近站清客后主动申请退出服务。
转向架故障按照 EPAC 显红时制动不缓解处理方法处理，此时需要司机手动对标。

4. 四个以上 EPAC2 显红

如制动可缓解，无须限速，到就近站清客，退出运营。

如伴随制动不缓解，需到客室内切除相应转向架，将列车启动备用模式运行，到就近站清客后主动申请退出服务。

转向架故障按照 EPAC 显红时制动不缓解处理方法处理，此时需要司机手动对标。

图 6.5.1 为 EPAC 显红处理方法。

图 6.5.1　EPAC 显红处理方法

三、故障现象

一台或多台空压机显红。

四、处理建议

1. 一台空压机显红

停车时主复位，如故障未恢复无须处理，司机要随时注意列车的总风压力，如图 6.5.2 所示。当主风缸压力低于 750 kPa 时，另一台空压机可以正常打风至 900 kPa，完成当日运营。

图 6.5.2　总风压力

显示蓝色为正常工作，显示灰色为不工作。

2. 两台空压机显红

停车时主复位，如恢复，需要按下空压机强迫启动按钮，如图 6.5.3 所示。如 HMI 屏空压机标识显蓝色，且列车正常运行，则可正常运营。

图 6.5.3　空压机强迫启动按钮

如强迫启动时，空压机不工作，需查看驾驶端 Tc 车客室二位端二位侧电气柜内"23-F02"AC 380 V 空气开关。如空气开关断开，闭合后空压机启动，正常运营。

以上处理仍不能恢复，就近站清客；清客后，随时监视主风缸压力，退出运营过程中如果主风压力表指示小于 650 kPa，合上"26-S05 总风压力低旁路"开关继续限速运行，并随时监视主风缸压力，如图 6.5.4 所示。

图 6.5.4　总风压力表和 26-S05 总风压力低旁路开关

正常行车时司机尽可能少施加制动，此时应持续监控气压表，当气压接近 500 kPa 时停车，避免列车在运行时施加停放制动。

显示蓝色为正常工作，显示灰色为不工作，如图 6.5.5 所示。

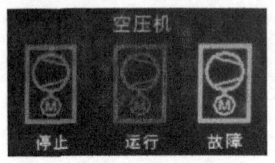

图 6.5.5　空压机状态

五、故障现象

一台/两台空压机打风不止（观察风压表总风压力持续大于 900 kPa）。

六、处理建议

1. 一台空压机打风不止（观察风压表总风压力持续大于 900 kPa）

观察 HMI 制动界面，确认一台空压机图标显示一直工作，终点站关闭故障空压机所在 Tc 车客室二位端一位侧电气柜内 23-F02 "AC 380 V 空气开关"，维持全天运营。

2. 两台空压机打风不止（观察风压表总风压力持续大于 900 kPa）

观察 HMI 制动界面，核实两台空压机图标是否均为工作状态，完成单程运营后退出服务。
显示蓝色为正常工作，显示灰色为不工作。
总风缸管中的压缩空气最大工作压力为 1 000 kPa；正常工作压力范围为 750~900 kPa。
空压机打风不止，风压超过 1.05 MPa 时，安全阀动作，会有很强的排气声和安全阀动作的金属撞击声。

七、故障现象

停放制动不缓解指示灯点亮。

八、处理建议

第一步：将"停放制动控制开关"打到缓解位。

第二步：如还存在停放制动未缓解车辆，检查司机室电气柜中"26-F03 停放制动控制"空气开关是否闭合，将其断合后重新将"停放制动控制开关"打到缓解位。

第三步：如故障不能恢复，打开停放制动缓解旁路开关，司机以 5 km/h 速度动车，感觉是否有制动施加，如感觉无制动施加，就近站清客退出服务。如司机动车感觉有制动施加，报告行调申请清客，手动缓解故障车，空车回库，如图 6.5.6 所示。

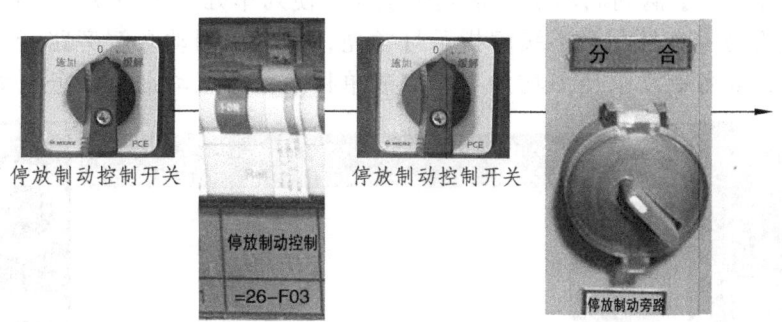

图 6.5.6　停放制动不缓解指示灯点亮处理方法

九、故障现象

HMI 显示总风压力低。

十、处理建议

第一步：观察总风压力表显示，如果总风压力正常，将总风压力旁路开关打至合位，完成单程运营后下线，如图 6.5.7 所示。

图 6.5.7　总风压力和总风压力旁路开关

第二步：如果总风管压力确实低，可尝试用"空压机强迫启动"进行打风，如图 6.5.8 所示。

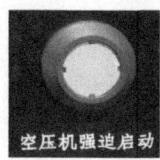

图 6.5.8　空气机强迫启动按钮

第三步：如果总风压力没有正常升高，按照"两台空压机故障"处理。

十一、故障现象

动车时制动不缓解指示灯常亮或 HMI 屏报出"制动不缓解、牵引被阻断"事件（给出牵引指令 2 s 后，列车失去牵引力）。

十二、处理建议

第一步：操作司控器手柄到制动位再推到牵引位，使列车处于牵引状态，查看 HMI 屏制动界面各制动缸压力，如均为零，且制动不缓解指示灯常亮，打常用制动缓解旁路行车，每站动车后查看屏幕制动图标状态，如各制动缸压力均为零，完成单程运营，主动退出服务，如图 6.5.9 所示。

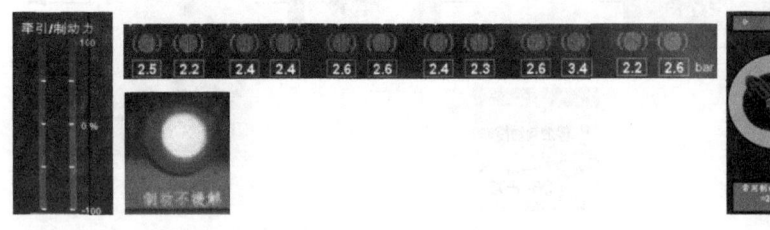

图 6.5.9　制动不缓解处理方法

第二步：如发现个别制动缸压力不为零，按强迫缓解按钮尝试动车，如图 6.5.10 所示，运行至终点站，切除故障转向架，如不能动车，按第三步执行。

图 6.5.10　强迫缓解按钮

第三步：如有一个制动缸压力不为零，需到客室内切除相应转向架，限速 75 km/h，维持全天运营。如有两个制动缸压力不为零，需到客室内切除相应转向架，限速 60 km/h，运行到终点站后主动申请退出服务。如有三个及以上制动缸压力不为零，需到客室内切除相应转向架，限速 45 km/h，到就近站清客后主动申请退出服务。

正常情况下，当列车处于牵引状态时，所有常用制动缸处于缓解状态，如存在个别制动缸压力不为零，即制动不缓解，则可判断为相应的 EPAC2 故障，需切除相应转向架，特殊情况下可以先按强迫缓解行车，待条件允许时再切除转向架，恢复强迫缓解。如果列车牵引时所有制动缓解，但制动不缓解指示灯保持亮的状态，则可判断为 RP 压力开关卡滞导致的故障，需打常用制动缓解旁路行车。

模块六　全列车空调机组不工作

任务书

掌握全列车空调机组不工作时，司机应急处理方法。

一、故障现象

整列车空调操作无效。

二、处理建议

进入 HMI 维修界面重新主复位一次，查看故障是否消除；如故障仍然存在，则观察 HMI 是否显示 ACM 故障，如 ACM 故障，按照相应故障处理，如故障仍然存在，打开通风，报告行调按其指示执行（仅影响乘坐的舒适度），如图 6.6.1 所示。

  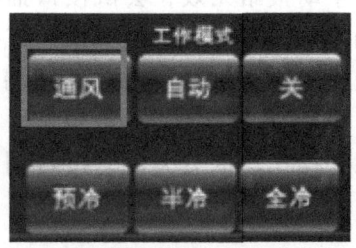

图 6.6.1　整列车空调机组不工作处理方法

模块七　乘客信息显示系统和广播系统故障

任务书

掌握乘客信息显示系统和广播系统故障时司机应急处理方法。

一、故障现象

自动广播、半自动广播和人工广播都故障。

二、处理建议

第一步：当正线运营逻辑报站（半自动报站）故障时，司机将逻辑报站切换到手动模式报站。
第二步：如手动报站无效，尝试按口播报站。
第三步：仍无效，对司机室电气柜"广播主机及终点站"空气开关进行断合，重新设置广播。
第四步：上述操作无效，需断开驾驶端广播主机电源，3~4 s后，重新设置广播，进行报站或口播。换端后，正常设置广播，正常报站。
第五步：以上操作均依然无效，报行调申请就近车站退出服务。

三、故障现象

司机室CCTV监控屏黑屏、显示异常或无法切换。

四、处理建议

断合司机室电气柜"交换机及媒体服务器"空气开关。如故障未恢复，不影响正常行车，可维持全天运行。

模块八　辅助系统故障

任务书

掌握电客车辅助系统故障时司机应急处理方法。

一、故障现象

升弓状态下，1个或多个ACM图标状态显红。

二、处理建议

1. 升弓状态下，1个ACM图标状态显红

维持当天运营，如需使用电暖，只能打到"半开"位。终点站停车进行主复位，如故障不能恢复，重新升降弓，继续运营，如图6.8.1所示。

图6.8.1　1个ACM图标状态显红处理方法

2. 升弓状态下，2个ACM图标状态显红

就近站停车进行主复位，如故障不能恢复，电热全关，维持到终点主动申请退出服务，如图6.8.2所示。

图6.8.2　2个ACM图标状态显红处理方法

3. 升弓状态下，3个ACM图标状态显红

停车进行主复位，如故障不能恢复，重新升降弓。如故障不能恢复，维持运行至就近站退出服

务。故障清客后，随时监视主风缸压力，退出运营过程中合上"26-S05 总风压力低旁路"开关继续限速运行，并随时监视主风缸压力，如图 6.8.3 所示。

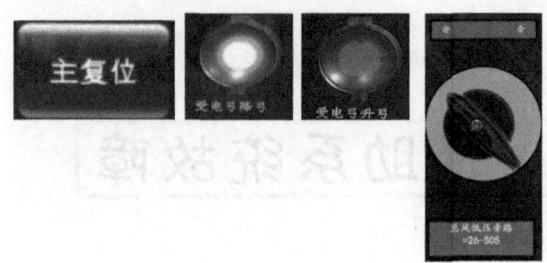

图 6.8.3　3 个 ACM 图标状态显红处理方法

正常行车时司机尽可能少施加制动，此时应持续监控气压表，当气压接近 500 kPa 时停车，避免列车在运行时施加停放制动。

ACM 显灰参照显红处理，降弓之前关闭高压负载。

三、故障现象

升弓状态下，1 个或多个 BCM 状态显红。

四、处理建议

1. 升弓状态下，1 个 BCM 状态显红

继续运行，至终点站进行主复位操作，如图 6.8.4 所示。

图 6.8.4　1 个 BCM 状态显红处理方法

无论故障是否排除，皆可继续全天运营。

2. 升弓状态下，2 个 BCM 状态显红

第一步：就近站进行主复位操作，若故障排除，列车可继续运营。

第二步：若故障未排除，申请就近站退出服务，如图 6.8.5 所示。

图 6.8.5　2 个 BCM 状态显红处理方法

两个 BCM 显红，由蓄电池为整车 110 V 电路进行供电，辅助 ACM 可工作 45 min，可维持运行至终点站。

模块九　车门故障

任务书

（1）掌握主要的车门故障种类。
（2）掌握各种车门故障的基本处理程序。

一、故障现象

整侧门无法打开（ATO 模式）。

二、处理建议

第一步：将"开门侧选择"置于当前站台侧，进行手动开门作业。
第二步：如仍无法打开，按照"整侧门无法打开（非 ATO 模式）"处理方法处理。

三、故障现象

整侧门无法打开（非 ATO 模式）。

四、处理建议

第一步：检查"开门侧选择"是否在 L/R 位；检查司机室电气柜"车门控制电源"空气开关是否正常闭合，如图 6.9.1 所示。

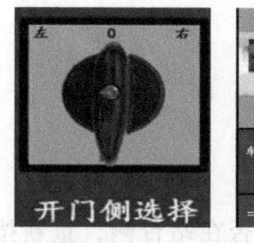

图 6.9.1　开门侧选择开关和车门控制电源开关

第二步：检查 DMI 屏是否有"开门允许"信号，若无则操作"强制开门按钮"，再次按下司机台上"开左/右门"按钮开关，如未恢复，重新按压侧墙上的"开左/右门"按钮开关，如图 6.9.2 所示。

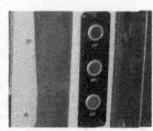

图 6.9.2　处理方法

第三步：操作"制动施加旁路"开关（见图 6.9.3），开关打到旁路位，进行开关门操作，能够进行正常开关门操作时，在运行一段时间后，在适当时机进行两次或以上制动施加和缓解的操作，然后把开关复位，开关复位后如果能够进行正常开关门操作，则车辆继续运行，无须将开关再打到旁路。

图 6.9.3　制动施加旁路开关

第四步：将模式开关打到 NRM 位，检查"门模式开关"是否在 MM 模式位，再次按压"开左/右门"按钮开关，如图 6.9.4 所示。

图 6.9.4　门模式开关

第五步：上述操作无效，司机到客室打开开门侧的所有紧急解锁，报行调，申请退出服务，如图 6.9.5 所示。

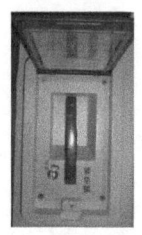

图 6.9.5　紧急解锁

五、故障现象

整列车门无法关闭（非 ATO 模式）。

六、处理建议

第一步：确认"开门侧选择"开关是否在站台侧，重新按压侧墙上的"关左/右门"按钮开关，如未恢复，再按下司机台上"关左/右门"按钮开关；查看司机室后屏柜内"81-F01"门控电源空气开关是否正常，如断开，则重新闭合此空气开关，如图 6.9.6 所示。

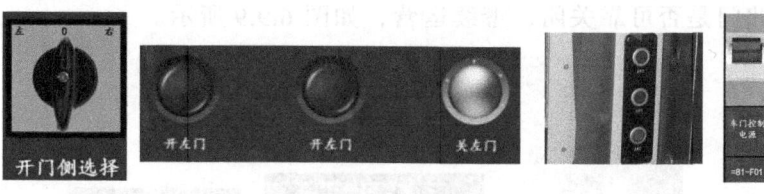

图 6.9.6　门开关

第二步：打到 NRM 模式，重新尝试关门，如仍不能关闭，报行调，申请在当前站退出服务，打车门旁路可不限速退出服务，如图 6.9.7 所示。

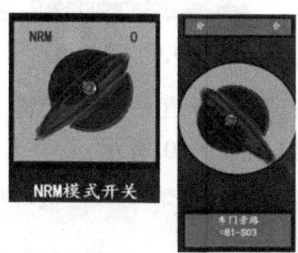

图 6.9.7　NRM 模式开关和车门旁路开关

七、故障现象

单个车门无法打开。

八、处理建议

第一步：重新按下司机台上"开左/右门"按钮，观察门是否正常打开。如正常打开，继续运营。

第二步：如无法打开，正常关门作业后通过 HMI 屏观察此门是否可靠关闭，门关好指示灯正常亮起，继续运营，当天如故障门再次发现此故障，马上隔离此门。如未可靠关闭，将影响正常牵引，司机须手动隔离此车门，继续运营。

九、故障现象

单个车门无法关闭。

十、处理建议

第一步：观察 HMI 屏门界面确认故障门具体位置，然后按下关门按钮，观察 HMI 屏此门是否正常关闭，门关好指示灯是否点亮，如正常，继续运营，如图 6.9.8 所示。

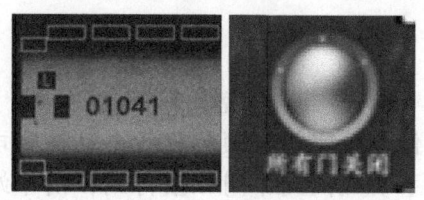

图 6.9.8　门界面和门关闭按钮

第二步：如无法关闭，司机进行手动关闭并隔离此车门，然后通过司机台上 HMI 屏和"所有门关闭"指示灯确认此门是否可靠关闭，继续运营，如图 6.9.9 所示。

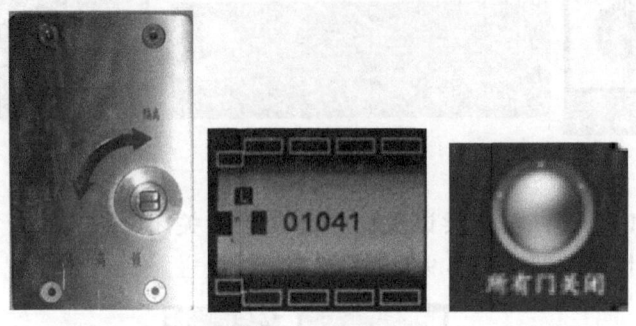

图 6.9.9　隔离门

第三步：若车门无法手动关闭，查看内滑道是否有异物，再次尝试手动关门，如仍无法关闭，报行调，申请在当前站台退出服务，如图 6.9.10 所示。

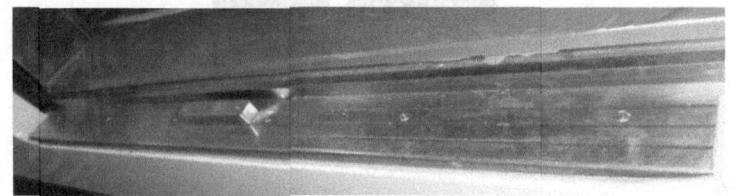

图 6.9.10　内滑道

十一、故障现象

司机室侧门无法关闭。

十二、处理建议

第一步：重新按下司机台上"关左/右司机室门"按钮；如正常关闭，继续运营。

第二步：如还未能关闭，打开紧急解锁，然后进行手动关闭此门，继续运营。如手动仍然无法关闭，则车门超限，不能行车，报行调，申请车辆检修人员立即派人处理此故障。

十三、故障现象

司机室侧门无法打开。

十四、处理建议

第一步：重新按下司机台上"开左/右司机室门"按钮。

第二步：若无法打开，则操作司机室门解锁装置后手动拉开司机室侧门。

第三步：如仍无法打开，则手动隔离此车门，报行调，由车站人员配合司机了解站台情况。

十五、故障现象

车门状态显示白色或红色。

十六、处理建议

进行重新开关门，若车门状态恢复正常，可继续运营，若仍无法恢复，司机进行手动隔离此门，继续运营。

十七、故障现象

所有车门关闭但所有车门关闭指示灯不亮。

十八、处理建议

第一步：首先按下试灯按钮，无问题后重新开关门，再次观察门关好指示灯是否正常，若正常，继续运营，如图 6.9.11 所示。

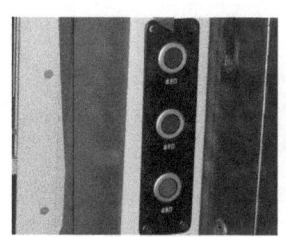

图 6.9.11　门关闭指示灯

第二步：查看 HMI 屏是否报出故障提示"XX 门安全回路故障"，依据故障提示位置，进行切除操作。

第三步：如列车无法牵引，按照"列车无法牵引"故障执行。

十九、故障现象

开门侧选择旋钮损坏，无法开门。

二十、处理建议

换端至列车的另一端，转换为 NRM 模式进行开关门作业；报行调，申请退出服务，清客后返回另一端，按行调命令运行至终点站退出服务，联系检调安排检修人员登车处理。

二十一、故障现象

单个车门启防夹。

二十二、处理建议

第一步：按下关门按钮，观察所有门关好指示灯是否点亮，如正常，继续运营。
第二步：若所有门关好指示灯和 HMI 屏显示此门均不正常，则隔离此门继续运营。

模块十　TCMS 网络故障

任务书

掌握电客车 TCMS 网络故障应急处理方法。

一、故障现象

HMI 屏显示通信中断。

二、处理建议

第一步：如 10 s 左右通信异常消失，可维持全天运营。

第二步：如未恢复，运行至前方站，停车重启 HMI 电源空气开关，等待 1 min，如恢复可维持全天运营，如图 6.10.1 所示。

图 6.10.1　HMI 电源开关

第三步：如 1 min 后仍不能恢复，立即清客主动申请退出服务。

第四步：如不能正常动车，转至 NRM 模式，打到备用模式动车，如图 6.10.2 所示。

图 6.10.2　备用模式

模块十一　DMI 屏故障

任务书

掌握 DMI 屏故障应急处理方法。

一、故障现象

DMI 花屏、黑屏、死机（ATO 模式）。

二、处理建议

第一步：司机报行调，若 ATO 模式有效，继续运行，维持运行至前方最近的有道岔车站。

第二步：司机在有道岔站重启信号车载设备，待设备重启完成后，确认信号车载设备是否重新启动完成且 DMI 显示正常，如图 6.11.1 所示。

图 6.11.1　信号设备电源开关

第三步：DMI 显示正常后，以 ATO 模式继续运行，如 DMI 仍未恢复正常，则报行调申请切除 ATP 以 NRM 模式运行至终点退出服务，如图 6.11.2 所示。

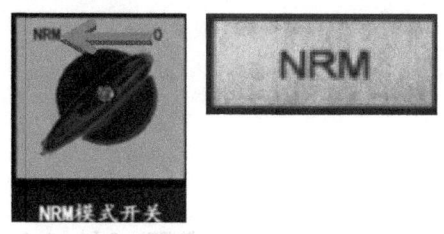

图 6.11.2　NRM 模式

三、故障现象

DMI 花屏、黑屏、死机（ATP 模式）。

四、处理建议

第一步：若 ATP 模式，司机报行调申请切除 ATP，将驾驶模式转为 NRM 模式，维持运行至前方最近的有道岔车站。

第二步：司机在有道岔站重启信号车载设备，待设备重启完成后，确认信号车载设备是否重新启动完成且 DMI 显示正常。

第三步：DMI 显示正常后，以 ATP 模式继续运行，如 DMI 仍未恢复正常，则报行调申请切除 ATP 以 NRM 模式运行至终点退出服务。

模块十二　MVB 网络故障

任务书

掌握电客车 MVB 网络故障应急处理方法。

一、故障现象

HMI 屏连续报出类似"冗余 CCU 或硬件通信故障、MVB DCU/M 通信故障、DX 模块故障"等多条故障提示，同时可能伴随受电弓和高断状态异常。

二、处理建议

第一步：司机按压受电弓升弓、高断合按钮。若高断合指示灯亮，但降弓指示灯仍然闪烁，HMI 双弓图标仍然显红，可进行受电弓降弓、升弓操作，如图 6.12.1 所示

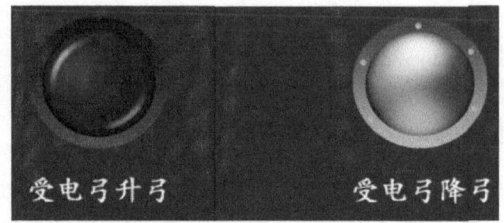

图 6.12.1　受电弓升弓、降弓按钮和高断合按钮

第二步：若列车无法升弓，则按照"受电弓降弓处理"，若升弓、高断合后网压仍为 0，则按照"HMI 显示网压为 0"处理。

模块十三　车载电台故障

任务书

掌握车载电台故障应急处理方法。

一、故障现象

车载台终端白屏、花屏、无时间显示。

二、处理建议

司机汇报行调，征得行调同意后，手动重启车载台终端，如图 6.13.1 所示。

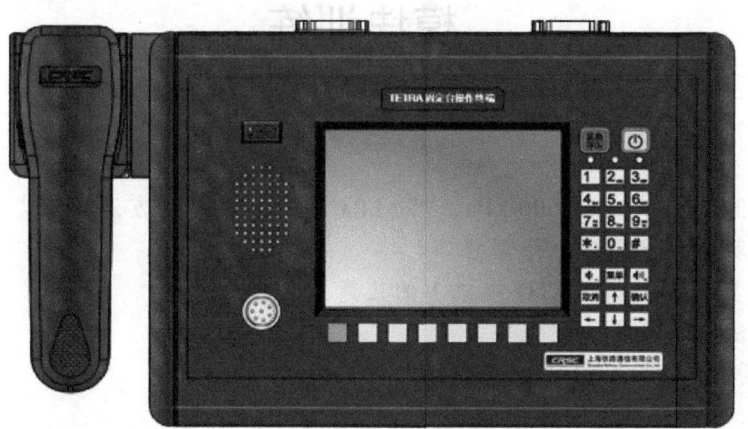

图 6.13.1　车载台终端

重启车载台终端的操作步骤：长按车载台操作终端开机/关机键 3~5 s，进入重新启动模式，等待重启完毕，终端白屏，自动进入开机自检模式，重启后列车的车次号需汇报行调，由行调指示司机手动更改输入车次号或由行调进行车次号的更改。

三、故障现象

车载台无时间显示。

四、处理建议

停站时进入车载台设置界面点击时间同步。

五、故障现象

车载台终端无故自动重启而导致车载台终端无车次号，如图 6.13.2 所示。

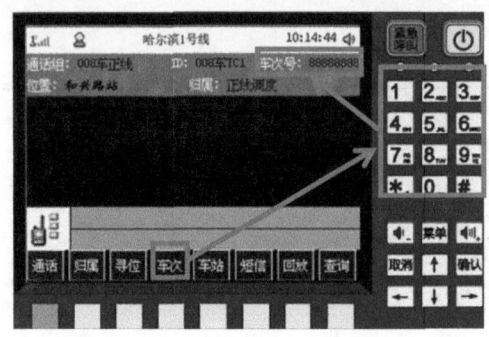

图 6.13.2　车载台终端无车次号

六、处理建议

司机发现车次号异常时，需汇报行调，由行调指示司机手动更改输入车次号或由行调进行车次号的更改。

模块训练

任务训练

1. 主风缸压力低于 500 kPa、600 kPa，750 kPa 时的应急处理方法。
2. 出现紧急制动后，司机应急处理程序。
3. DMI 花屏、黑屏、死机（ATO 模式）的应急处理程序。
4. 单个车门无法打开应急处理程序。
5. 整侧门无法打开（非 ATO 模式）应急处理程序。
6. 升弓状态下，1 个 ACM 图标状态显红司机应急处理程序。

项目自测

简答题

1. 正线运营中车辆两个受电弓降弓如何处理？
2. 运营中列车无法牵引如何处理？
3. 动车时制动不缓解指示灯常亮或 HMI 屏报出"制动不缓解、牵引被阻断"事件（给出牵引指令 2 s 后，列车失去牵引力）如何处理？
4. 整侧门无法打开（非 ATO 模式）司机如何处理？

项目七　运营安全及突发事件应急处理

课程导入

轨道交通运营工作是一个复杂的组织系统，既牵涉到城市轨道交通运营企业中的车辆、车站、信号、供电、调度指挥、客运服务、设备维护等各种部门，又与社会环境、自然环境等外部环境密切相关。这个系统中的任何一个环节发生故障或事故，都会给运营工作带来不利影响。电客车司机是运营主体，其工作质量直接影响乘客的安全和地铁运营公司的整体服务水平。对于电客车司机来说，遇到各种突发现象时应急处理能力是其核心的职业能力，需要认真学习、反复演练和牢固掌握。

该项目共分10个部分：主要介绍了事故事件调查处理规定、电客车司机作业安全准则、突发事件、运营中信号和供电设备故障、路外伤亡、公共安全事件、恶劣天气与自然灾害、火灾、运营中列车事故、车辆段/停车场突发事件的应急处理。在应急处理中，主要以运营生产类为主，兼顾公共安全类和自然灾害类突发事件。通过该项目的学习，可以使电客车司机对运营过程产生的突发事件有明确的认识，并掌握应急处理的方法和技能。

能力目标

（1）了解事故事件调查处理规定。
（2）了解电客车司机作业安全准则。
（3）了解突发事件应急处理原则。
（4）掌握运营中信号、供电设备故障的应急处理方法。
（5）掌握在运营中发生路外伤亡、公共安全事件、恶劣天气与自然灾害的应急处理原则。
（6）掌握列车在隧道、车站发生火灾的应急处理方法。
（7）熟知各种突发列车故障的应急处理。
（8）能处理车辆段/停车场突发事件。

学习任务

（1）掌握突发事件处理原则。

（2）按应急处理程序处理运营中信号、供电设备故障。
（3）学习并理解各种路外伤亡、公共安全事件的应急处理措施。
（4）理解恶劣天气与自然灾害对列车运营干扰时的应急处理措施。
（5）按规定程序处理列车和车站发生火灾的应急处理程序。
（6）理解运营中发生列车事故的原因、处理程序和应急处理方法。
（7）掌握按应急处理程序处理车辆段/停车场突发事件。

第一部分 运营事故事件调查处理规则及电客车司机作业安全准则

模块一 运营事故事件调查处理规则

任务书

（1）了解运营事故事件调查处理规则。
（2）了解发生事故事件调查处理程序。

为及时、准确地处理哈尔滨地铁集团有限公司运营公司的运营事故（事件），严肃追究事故（事件）责任，维护地铁运营秩序，减少事故（事件）损失，控制安全隐患，始终坚持"安全第一、预防为主、综合治理、全员参与"的运营安全生产方针，不断加强"抓小防大、安全关前移"和"不断夯实安全基础、强化员工红线意识"的安全管理指导思想，持续深入贯彻落实"人、机、环、管"和"查、治、控、救"相结合的矩阵式安全控制体系，充分调动广大干部职工防止运营事故（事件）的积极性，使地铁更好地服务社会，特制定本规则。

一、总则

运营安全生产事故（事件）管理本着"抓小防大、安全关前移"的安全管理思想，加大对一般事件的管理力度，遏制严重违章行为，减少和控制较大事故，进而避免重大事故及以上事故的发生，实现地铁运营安全可控。

发生运营事故（事件），应采取积极措施，迅速组织救援，以"先通后复"的原则，尽快恢复运营，尽量减少事故（事件）损失。

处理事故（事件）要以事实为依据，以有关法规、规章为准绳，坚持"四不放过"的原则，认真调查分析，查明原因，分清责任，吸取教训，制定对策。

对事故（事件）责任者，应根据事故（事件）性质和情节，予以批评教育、经济处罚、行政处分直至追究法律责任。事故（事件）性质、情节严重的，要按有关规定逐级追究领导责任。

对事故（事件）的调查、分析、处理拖延、推脱责任、姑息纵容、隐瞒不报或不如实反映事故情况者，应予以严肃批评教育或纪律处分。

二、工作规范

1. 定义

（1）运营事故（事件）。

凡在运行线和车场线范围内由于地铁自身原因造成乘客伤亡、车辆和设备损坏、中断行车或其他危及运营安全的情况，均构成运营事故（事件）。但在地铁对外营业区域范围内，由于乘客自身原因或发生治安案情造成的伤亡或不良后果，均不列入地铁运营事故（事件）统计范围。

（2）调度值班人员。

调度值班人员指生产调度员、车场调度员、信号楼值班员、检修调度员、派班员、行车值班员、值班站长、值班主任、行车调度员、设备（操作）、维修设备（操作）。

（3）部门负责人。

部门负责人指职能部门部长、分部部长、中心主任或指定的负责人。

（4）"以上"和"以下"表述，本规则中"以上"含本数，"以下"不含本数。

2. 运营事故（事件）的分类

按照事故（事件）损失及对生产造成的影响和危害程度，结合地铁安全管理现状，将事故分为特别重大事故、重大事故、较大事故、一般事故、运营事件（A~E）。

（1）特别重大事故。

在运营生产中，有下列情形之一的为特别重大事故：

① 死亡 30 人以上，或者重伤 100 人以上；
② 直接经济损失 1 亿元以上；
③ 连续中断正线行车 48 h 以上；
④ 构成特别重大火灾事故。

（2）重大事故。

在运营生产中，有下列情形之一的为重大事故：

① 死亡 10 人以上 30 人以下，或者重伤 50 人以上 100 人以下；
② 直接经济损失 5 000 万元以上 1 亿元以下；
③ 连续中断正线行车 24 h 以上 48 h 以下；
④ 构成重大火灾事故。

（3）较大事故。

在运营生产中，有下列情形之一的为较大事故：

① 死亡 3 人以上 10 人以下，或者重伤 10 人以上 50 人以下；
② 直接经济损失 1 000 万元以上 5 000 万元以下；
③ 连续中断正线行车 6 h 以上 24 h 以下；
④ 构成一般火灾事故。

（4）一般事故。

在运营生产中，有下列情形之一的为一般事故：

① 死亡 1 人以上 3 人以下，或者重伤 3 人以上 10 人以下；
② 直接经济损失 50 万元以上 1 000 万元以下；
③ 连续中断正线行车 2 h 以上 6 h 以下。

（5）运营事件。

运营事件按事件损害程度或对运营造成的影响程度分为 A、B、C、D、E 五类。

① 运营事件 A 类。
在运营生产中，有下列情形之一的为运营事件 A 类：
重伤 2 人以上 3 人以下；
直接经济损失 30 万元以上 50 万元以下；
连续中断正线行车 120 min 以上 180 min 以下；
列车冲突、脱轨、分离；
未办或错办列车手续、凭证发车；
正线擅自冒进信号；
正线线路溜车；
客运列车车门故障无法关闭，且无安全措施行车；
正线运营线路轨行区设备部件（含车辆部件）脱落影响行车安全的；
设备、设施超限，或车辆超限，或装载货物超限、货物装载加固不牢不良开车；
主变电所全所供电中断 120 min 以上；
接触网错送电、漏停电；
因错发操作命令或人员误操作造成 35 kV 和 1 500 V 断路器误动作、接触网误停电等后果的；
正线线路走行轨由轨头到轨底贯通断裂；
运营期间，单个车站照明（含应急照明）全部熄灭 60 min 及以上；
信号升级显示；
起火冒烟引发外部抢险救援；
其他经安委会确定列入本项。

② 运营事件 B 类。
在运营生产中，有下列情形之一的为运营事件 B 类：
重伤 1 人以上 2 人以下；
直接经济损失 10 万元以上 30 万元以下；
连续中断正线行车 60 min 以上 120 min 以下；
未经批准，向占用区间、区段、线路接、发列车；
未准备好进路或错排进路接、发列车；
未办或错办调车手续发车；
擅自改变行车方向行车；
正线线路挤岔；
车辆段、停车场溜车；
车辆段、停车场擅自冒进信号；
车辆段、停车场线路走行轨由轨顶到轨底贯通断裂；
因错发操作命令或人员误操作造成其他断路器误动作等后果的；
起火冒烟未引发外部抢险救援的；
其他经安委会确定列入本项。

③ 运营事件 C 类。
在运营生产中，有下列情形之一的为运营事件 C 类：
连续中断正线行车 30 min 以上 60 min 以下；
漏发、漏传、错发、错传调度命令耽误列车运行的；
车辆段、停车场挤岔；
应停客运列车未停站通过；
运行中开门和未停稳开门；

未按规定撤除防溜措施动车；
未验电即挂地线的；
接地线错挂、漏挂、错拆、忘拆的；
错办、误办倒闸工作票；
运营时间，未办理请点手续，进入运营线路轨行区（端门外站台不包含在此要求中，以站台边缘和楼梯外侧划定）；
轨行区内应撤除的物料、工器具、备品备件、标志未及时撤除；
无特种作业操作证操作特种设备，或无证违章操作；
自动消防设施在火灾情况下不能正常启动；
其他经安委会确定列入本项的。

④ 运营事件 D 类。

在运营生产中，有下列情形之一的为运营事件 D 类：
中断正线行车 20 min 以上 30 min 以下；
电客车错进供电区的；
擅自切除客运列车的车载 ATP 开车；
擅自切除客运列车其他车载安全装置开车；
错开车门；
全线 AFC 设备停用 30 min 及以上；
运营期间，单个车站正常照明（仅剩应急照明）全部熄灭 60 min 以上；
变电所保护未按照预定功能启动动作保护的；
运营时间行车通信无线系统，中断通信 60 min 以上；
正线给水主管、消防主管爆裂的；
谎报、瞒报突发事件信息造成重大影响的；
其他经安委会确定列入本项的。

⑤ 运营事件 E 类。

在运营生产中，有下列情形之一的为运营事件 E 类：
客运列车夹乘客开车或将乘客关在车门与站台门之间开车；
未经允许列车搭载乘客进入非运营线路；
未按调度命令执行通过列车在站停车；
电梯轿厢滞留乘客 60 min 以上；
单个车站全部 AFC 设备停用 60 min 以上；
人为原因造成设备错送电、漏停电；
运营时间行车通信无线系统，中断通信 20 min 以上；
非运营时间，未办理清点手续，进入运营线路轨行区；
轨行区无施工许可作业，或作业人员物料、设备超出施工区域；
运营线路委外施工无安全协议和现场无甲方（或甲方指定的）安全负责人，或未按规定办理动火作业手续实施动火作业的；
迟报、漏报突发事件信息造成重大影响的；
未履行突发事件处理规定贻误处置；
系统数据记录未按规定存储或数据丢失，对调查造成影响；
擅自调取或查看录音录像资料；
人为原因造成自动消防设施误动作，或在操作过程中出现明显失误；

自动消防设施因检修或故障不具备相关监控功能的情况下，未及时通知相关岗位（或人员）采取相应措施；

其他危及运营安全的事件经安委会或安委办确定列入本项。

3. 运营事故（事件）报告

（1）报告时限。

① 事故（事件）发生后，事故（事件）现场有关人员应当立即向调度值班人员（工班长）报告。调度值班人员（工班长）应当立即向指挥中心调度员和部门负责人报告。

② 指挥中心应立即根据情况发布运营信息，并根据应急预案及程序及时通知有关人员赶赴现场开展救援抢险工作；部门负责人接到报告后，应于 5 min 内向安全监察部和主管领导报告。

（2）报告内容。

① 事故（事件）发生部门、有关人员岗位及姓名。

② 事故（事件）发生时间、地点及事故（事件）现场情况。

③ 事故（事件）简要经过。

④ 事故（事件）已经造成或者可能造成的伤亡人数（包括下落不明的人数）和初步估计的直接经济损失。

⑤ 已经采取的措施。

⑥ 其他应当报告的情况。

（3）报告要求。

① 事故（事件）报告应当及时、准确、完整，任何部门和个人对事故不得迟报、漏报、谎报或者瞒报。

② 因事故（事件）死亡、重伤人数 7 日内发生变化，导致事故（事件）等级变化的，相应改变事故（事件）等级，并及时向上级有关部门报告。

4. 现场应急处理

（1）现场应急处理。

① 事故（事件）发生后，各相关岗位应按《突发事件处理规定》《安全信息管理办法》《人员伤亡事故处理规定》的要求进行报告。事发相关部门应立即向指挥中心、公司主要领导及相关部门报告，并立即形成书面事故（事件）快报提交公司主要领导和相关部门。

② 根据有关各类突发事件的应急处理办法，按《突发事件处理规定》执行，并同时执行各有关专业应急处理方案和应急程序开展救援抢险工作。

③ 各抢险救援负责人、组织机构接到报告后应立即响应，迅速开展救援抢险工作。

（2）抢险现场管理。

① 有关单位和人员应当妥善保护事故（事件）现场以及相关证据，任何单位和个人不得故意破坏现场、毁灭相关证据。

② 因抢救人员、防止事故（事件）扩大以及恢复行车等原因，需要移动现场物件的，应当做出标志，绘制现场简图并做出书面记录，妥善保存现场重要痕迹、物证。

③ 现场员工应组织保护事故（事件）现场，对现场做好标志和记录，采取隔离措施（隔离带、隔离屏障等）封锁现场。

④ 现场员工要维护和控制现场秩序，及时疏导围观乘客或群众远离事故（事件）地点。

⑤ 安排专人负责现场的监控，严格控制进入事故（事件）现场的人员，严禁与事故（事件）或抢险无关人员进入。

⑥ 遇到非事故（事件）调查人员拍照、摄像或有人采访时，及时劝阻和报告。未经集团公司授权，任何人不得对外透露事故情况或接受采访。

⑦ 指挥中心作为运营事故（事件）信息传递中枢，承担事故（事件）信息集散功能，在运营事故处理过程中密切保持与运营事故所涉及的中心（部）、分部和各站、列车、车辆基地、停车场的联系。

⑧ 运营事故（事件）调查处理小组或根据调查等级确定的相关部门到达现场前，列车司机、行车值班员、值班站长（站长）、车场调度员、工班长要尽量保护现场、挽留事故（事件）见证人、保存可疑物证、查找事故（事件）线索及原因，做好记录，积极协助运营事故（事件）调查处理小组做好事故（事件）调查前期工作。

（3）事故（事件）处理。

① 运营事故（事件）若属人为破坏、暴力、恐怖袭击等性质，由安全监察部、相关部门提供事故（事件）调查报告及相关材料，配合地铁公安分局开展调查工作。若属火灾事故，相关部门提供事故（事件）调查报告及相关材料，配合消防公安机关开展调查工作。

② 运营事故（事件）的损失费用，根据以责论处的原则，原则上应由责任部门承担（包括地铁外部责任事故）。

③ 凡涉及地铁外部人员伤亡的，按《人员伤亡事故处理规定》执行。

④ 事故（事件）发生后相关责任人和责任部门要充分认识存在的不足，引以为戒，积极组织或配合开展相关的整改防控工作，及时对广大员工进行安全教育，事故（事件）发生后应在第一时间提出整改防范措施，第一时间教育广大员工。

⑤ 若初步判明属地铁外部单位责任的，通知外部单位对事件采取措施进行处理，给地铁造成损失的，将按相关法律法规追究其责任。

5. 运营事故（事件）的责任判定

（1）对拖延事故（事件）处理、推脱责任、姑息纵容、隐瞒不报或破坏事故（事件）现场、阻挠事故（事件）调查、做伪证、不如实反映情况的责任者及部门的有关领导，将根据事故（事件）影响范围和情况给予通报批评至行政记过处罚；有犯罪嫌疑的，提交司法机关处理。

（2）事故（事件）调查处理小组工作人员调查中不负责任，致使调查工作有重大疏漏或索贿受贿、借机打击报复的，由有关部门给予行政处罚，有犯罪嫌疑的，提交司法机关处理。

（3）运营事故（事件）责任判定的原则：以事实为依据，规章为准绳。

（4）运营事故（事件）责任按责任程度分为全部责任、主要责任、同等责任、次要责任、一定责任和无责任。按责任关系分为直接责任、间接责任、管理责任。

（5）设备（包括零、配件）质量问题造成事故（事件）时，根据设备的质量保证期、使用寿命和损坏情况分析事故（事件）原因判定责任。判明产品供应者责任的，列入产品供应者责任。由于设备原因造成的事故（事件），所属部门或管理部门不认真分析、查不出原因的，认定为该部门责任事故（事件）。

（6）事故（事件）涉及两个及以上部门或单位的，如双方推诿扯皮，不认真配合查找原因进行调查分析，而造成责任难以分清时，事故（事件）调查小组可以裁定各方均负全部责任。

（7）对故意破坏或改变事故（事件）现场、阻挠事故（事件）调查分析的，调查小组可以裁定其负全部责任。

（8）地铁外部单位责任事故列为其他事故（事件），但同时追究有关部门的管理责任，涉及集团公司其他部门的提请集团有关部门处理。

（9）事故（事件）发生部门不认真组织事故（事件）调查分析、调查资料不全，列为非责任事故（事件）依据不足的，定为发生部门的责任事故（事件）。

（10）承包地铁设备的施工、维修而造成的运营事故（事件），定为施工维修承包单位的责任事故（事件）。凡因货物装载不良造成的事故（事件），定为装载部门的责任事故（事件）。

（11）因不可抗力的外因造成的事故（事件），如自然灾害、地铁外部因素、乘客人为故意行为、刑事治安案件等造成的事故（事件），不列为责任事故（事件）、不计事故（事件）指标。若因处理不当造成的次生事故（事件），仍列为责任事故（事件），将按本规定追究有关部门和个人的责任。

（12）当一起事故同时符合两类及以上事故（事件）的定性条件时，按最重的性质定性。

（13）上级安全部门发现下级安全部门对生产安全事故（事件）的定性定责不准确时，有权加以纠正。

（14）对事故（事件）的定性定责和处理如有异议，任何部门和个人均有权向安委会申请复议，安委会是公司内部事故（事件）最终裁定机构。

（15）凡隐瞒事故（事件）、弄虚作假，一经查清，原事故（事件）等级均予升格处理，统计仍按原事故（事件）等级记录。

（16）事故若属人为破坏性质，交由地铁公安分局调查处理。火灾事故以消防部门定性为准，事故（事件）定责比照本规定进行。

（17）运营事故（事件）中承担的责任与事故（事件）件数的关系如下：

① 全部责任100%；
② 主要责任70%、90%；
③ 同等责任50%；
④ 次要责任20%、30%；
⑤ 一定责任10%；
⑥ 若事故（事件）由多方原因造成，按各责任方承担责任比例进行划分。

相关责任认定组合为：全部责任（1）、主要次要责任（7∶3）、主要次要一定责任（7∶2∶1）、主要一定责任（9∶1）、同等责任（5∶5），其他责任组合认定由安委会做出裁定。优先按照具体条款确定事故等级及责任。

模块二　电客车司机作业安全准则

任务书

（1）熟知九必须、九严禁规定内容。
（2）掌握在工作中人身安全准则内容。
（3）掌握列车运行安全及站台作业安全准则内容。
（4）掌握折返作业及进入轨行区安全准则内容。
（5）掌握太平桥车辆段内作业安全。

司机应有高尚的职业道德，要有强烈的责任感、高度的安全意识，确保列车运行、电客车调试作业和车辆段/停车场内调车作业安全。正常情况下的列车操作应确保"准确"，非正常情况下确保"安全"，所有操作均须动作紧凑，快速正确。严禁司机无故延误操作程序时间。

一、九必须

（1）司机必须经考试合格，并取得岗位资格后，方准独立驾驶电客车。

（2）司机在车辆段/停车场内动车前，升降弓、平交道口、遇天气不良以及其他需要鸣笛警示时，必须鸣笛。

（3）整备作业或正线运行时，需要离开司机室必须锁闭司机室门窗，并携带无线手持台。

（4）起动列车前，必须确认信号显示正确，防止冒进信号。

（5）发生交路错乱时必须确保有车必有人，服从司机长及派班员的安排。

（6）使用旁路开关时必须确认符合行车条件及安全后，经行调授权方可使用旁路开关动车，途中还必须要密切留意列车的运行状态，发现异常情况立即采取紧急措施。

（7）行调发布的口头命令，司机必须认真逐句复诵，领会命令内容，记录在《司机日志》上并向接班人员传达，同时做好交班。

（8）班前做好行车预想，班后做好总结。对于行车工作中发生的车辆故障或行车事故/事件，做到准确判断、及时处理、准确汇报。退勤时必须全面、如实反映，并填写《事故/事件、好人好事登记表》（格式详见《车辆中心安全管理制度》）。

（9）电客车在车站故障需要推进运行时，必须有客车引导员在前端司机室引导。司机与引导员必须交接清楚调度命令内容、安全注意事项，具备动车条件后方可动车。运行中通过无线调度电话或司机室对讲加强联系，严格执行呼唤应答制度，按规定速度运行，确保安全。

二、九严禁

（1）严禁未取得"地铁车辆驾驶证"的人员在没有司机的监督下擅自操作列车。

（2）列车运行严格按照规章中规定的速度运行，严禁超速运行。

（3）班前 8 h 以内严禁饮酒。

（4）当班和公寓候班休息时严禁发生接听或拨打私人电话等影响工作的行为（包含收发短信、上网、看电子书、听音乐等）。

（5）严禁携带便携式笔记本计算机、音响、MP3、游戏机等娱乐工具及与工作无关的书籍上车。

（6）列车运行中严禁擅自切除车载安全装置，修改车次号、目的地码等数据。

（7）非正常情况下行车组织，必须服从行调指挥，严禁无凭证动车，需要越过红灯或故障关闭的信号机时须得到行调的同意。

（8）封锁及原路折返时，严禁未得到指令或未确认道岔位置的情况下盲目动车。

（9）严禁擅自带无关人员进入司机室；有人员登乘时，司机必须验明登乘人员的身份及目的，登乘人员原则上不得超过 2 人。

三、人身安全准则

（1）横越线路时，严禁跨越地沟，钻车底；上下列车站稳抓牢，严禁飞乘飞降。

（2）穿越道岔区时，严禁脚踏尖轨与道岔转动部分。

（3）当受电弓升起时，严禁触摸带电电气部分、进行地沟检查及攀登车顶。

（4）升弓前，必须确认所有人员均在安全区域。

（5）在正线或进出段/场线（转换轨），禁止未经行调同意擅自进入线路。

（6）列车在区间故障需要疏散乘客时，必须得到行调同意和车站人员到达后，才能进行。

四、整备作业安全准则

（1）整备作业前必须了解列车停放位置及列车状态。
（2）检查走行部时，需确认电客车已降下受电弓。
（3）列车整备作业应按照"先静态、后动态"的原则，没有整备的列车，严禁动车。
（4）车库内动车前，必须做好"四确认"（即确认股道及列车车组号；确认两侧及地沟无人，无异物侵入限界；确认进路无人或无障碍物侵入限界；确认列车头部及司机室内无"禁动"标志）。

五、洗车作业安全准则

（1）在洗车作业和离开洗车库时，司机必须采用洗车模式人工驾驶限速 3 km/h。
（2）在作业过程中，司机必须打开无线调度电话，随时与操作人员联系或听取操作人员的指令。
（3）司机在清洗机区发现任何危及行车安全情况及清洗设备故障时，应立即停车，报告操作人员。
（4）在洗车过程中司机需确认无任何异物侵入限界。
（5）端洗时应关闭两端司机室雨刮器及门窗。
（6）司机在洗车作业过程中，需要确认洗车设备是否及时收回原位。
（7）列车进洗车库前停车与洗车操作人员联系确认，洗车设备准备完毕，具备洗车条件后，洗车操作人员及时联系司机，司机得到洗车操作人员的通知后，确认入库信号灯显示绿色后方可动车，司机不得擅自动车。
（8）在前或后端洗结束后，司机应及时与洗车机操作人员联系，得到洗车机操作人员的指令后，凭地面信号显示动车；洗车作业结束后，需得到洗车机操作人员的指令后，联系信号楼值班员回库进路，凭地面信号显示动车。

六、列车运行安全准则

（1）严格遵守各种规章制度，服从行调指挥，按照要求操作使用设备和正确执行各项作业程序，确保电客车运行安全。
（2）严格按《运营时刻表》时刻动车，动车前必须确认行车"五要素——信号、道岔、进路、车门、制动"。
（3）在班前注意休息，班中精力集中，保持不间断瞭望。严禁在列车运行中打盹、看书或做与工作无关的事。
（4）运行中密切观察线路、列车等设备设施状态，发现异常立即采取紧急措施，并报行调。列车出现故障时，应立即做出正确判断，沉着冷静应对，按规定及时、正确处理。
（5）操作旁路开关及模式转换开关前，必须确认符合安全条件，并取得行调的授权。操作时必须先确认清楚再操作，操作后再确认操作是否正确。
（6）列车进站时，如正在接收调度命令（紧急呼叫除外），应通知行调列车要进站，进站停车开门后再与之联系。
（7）严格执行"手比眼看"制度，必须确认清楚后再呼唤，做到眼到、手到、心到、口到，严禁流于形式。

（8）学员司机练习驾驶时，司机必须加强监控、指导，遇列车、信号故障等异常情况时要停止学员司机的练习，防止扩大故障对列车的影响及出现安全事件。

七、折返作业安全准则

（1）严格遵守交接班制度，坚持"有车必有人"的原则。
（2）列车到达终点站，按规定程序打开站台门和客室门后，接班司机与交班司机通过司机室对讲台或对讲机进行交接，交接的内容有：
① 列车车次；
② 列车、线路、行车相关设备设施的状态；
③ 行调的命令；
④ 其他行车安全注意事项。
（3）交班司机下车到换乘室待令，原则上不能随意离开换乘室。
（4）下班司机必须等接班司机到达并进行对口交接后方可退勤。
（5）换端后开钥匙前必须确认另一端司机台钥匙关闭。

八、站台作业安全准则

（1）人工开关站台门、客室门时，列车在站台停稳，确认列车停在规定的范围内（停车标 ± 50 cm 内），先开启站台门，然后再开启客室门。必须严格执行"先上站台，后开门"制度，必须认真确认并"手指口呼"站台门、客室门状态。
（2）列车停站后，必须确认列车空气制动施加后才能离开司机座位。
（3）跨出站台开关站台门、客室门时，应注意列车与站台间的空隙，避免摔伤。
（4）关站台门时，先关闭站台门，然后再关闭客室门，关门后应注意确认所有站台门关闭，站台门上方指示灯灭，控制盘上"门关好"指示灯亮。关闭客室门时，应确认车辆显示屏显示所有客室门关好，且确认站台门、客室门无夹人夹物。

九、下轨道安全准则

（1）运营期间需进入轨行区时，必须经行调批准，方可进入。
（2）开行备用车或列车转备用司机需上下线路时，必须报行调并得到同意。
（3）司机在正线下线路行走（作业）时，必须穿着荧光衣，不得侵入邻线，并注意邻线来车。

十、太平桥车辆段内作业安全准则

（1）出、入太平桥车辆段司机必须采用人工驾驶限速 20 km/h，遇大风、大雾等恶劣天气可适当降低速度，确认道岔、信号、接触网安全。
（2）电客车在太平桥车辆段内，严禁其受电弓停在分段绝缘器位置。
（3）列车在停车库门前停留时不得压平交道口。
（4）列车或机车车辆进出停车库、检修库大门、平交道口前应一度停车，确认库门开启正常、平交道口及轮缘槽无障碍物后，方可通过。

第二部分 突发事件应急处置

模块三 处理突发事件总则

任务书

（1）掌握突发事件应急处理方法。
（2）掌握事故应急处理程序。

一、当发生安全事件、事故或其他特殊情况时

当值负责人应立即通知行调、相关安全负责人，组织员工采取积极措施处理。
遵循的原则：维持乘客秩序，保护乘客和员工生命安全，保护国家财产，减少经济损失，保护事故现场，并尽快恢复服务。

二、车辆段及停车场发生事故时

电客车司机、工程车司机、司机长、派班员协同各部门做好事故的处理工作。
事件、事故应急处理程序如下：
（1）报告对象。
① 发生在正线时，由司机向行调报告。
② 发生在车场时，由司机向车场调度员报告。
（2）报告内容。
① 发生时间（年、月、日、时、分）。
② 发生地点（车站、区间、百米标和上、下行正线）。
③ 列车车次、车组号、关系人员姓名和职务。
④ 事故概况及原因。
⑤ 人员伤亡情况及车辆、线路等地铁设备损坏情况。
⑥ 是否需要救援。
⑦ 其他必须说明的内容及要求。

三、处置原则

（1）正线运营时，电客车司机应尽可能将列车运行至前方站，如不能到达前方站，应尽可能在直线路上停车；车辆段/停车场内运行时，应尽量将事故列车停于库内，如不能停于库内，则尽量避免将事故列车停于道岔、平交道口和转换轨处。

（2）正线疏散时以保证乘客安全为原则。

（3）电客车司机应及时进行初期处置，避免引发次生伤害。

（4）电客车司机在初期处置过程中要保持通信畅通，及时将现场情况通知行调；正线运营时，电客车司机的初期应急处置时间为 8 min，如需救援，应立即向行调提出救援申请，并报告故障列车的车次、车组号、故障情况、故障地点（区间以百米标为准）、是否妨碍邻线以及其他必须说明的事项。

（5）事故列车司机要准确把握时间，将事故的影响尽可能降低。

（6）在事故处理过程中，事故列车司机必须严格按照行调或现场指挥的命令执行，非"现场指挥"人员发布的命令为无效命令，电客车司机可以拒绝执行。

（7）车站范围内现场线路异物和尸体的清理，以及伤者的救助由事发车站负责；发生在区间的事故，现场线路异物以及伤者的前期救助由事故列车司机负责，等相关车站人员到达现场后，事故列车司机将上述工作移交现场车站人员，并及时与行调取得联系，听从行调安排。

（8）严禁事故列车司机在未得到行调允许的情况下擅自动车，以防造成次生伤害；因抢险工作需要动车时，现场指挥通知事故列车司机，司机将此信息通知行调，得到行调允许后方可动车。

第三部分 运营中信号、供电设备发生故障的应急处理

模块四 运营中列车到站后不能按时发车的应急处理程序

任务书

（1）掌握向行调汇报的内容。
（2）掌握广播安抚乘客的内容。
（3）准确把握故障发生初期的时间规定

一、由于列车自身原因不能按时发车，司机的应急处置

（1）立即通知行调。
（2）广播安抚乘客，立即打开站台侧客室门和站台门，待发车前关门。
（3）准确把握故障发生初期 8 min 时间，按照《电客车故障处理指南》对列车进行前期处理，如 8 min 内无法及时排除故障，及时向行调申请救援。
（4）如需救援，则立即配合车站人员清客，并做好广播工作。

二、由于其他原因不能按时发车，司机的应急处置

（1）立即通知行调。
（2）广播安抚乘客，立即打开站台侧客室门和站台门，待发车前关门。
（3）如需清客，则立即配合车站人员清客，并做好广播工作。

模块五 运营中发生牵引供电中断故障时司机的应急处理程序

任务书

（1）掌握牵引供电中断故障时司机的应急处理程序。

（2）熟知临时停车广播内容。

司机的应急处理程序

（1）立即通知行调，确认是否是由于接触网断电造成的牵引供电中断。
（2）维持电客车惰行，并广播安抚乘客，稳定乘客情绪，尽可能进站对标停车，若不能进站时，应使列车停于直线路上制动妥当。
（3）随时观察列车状态，如有异常立即停车。
（4）停车后降下受电弓，按行调命令处理。

模块六　当进路防护信号机显示停车信号（包括显示不清或显示不正确）的应急处理程序

任务书

掌握驾驶模式转换的规定。

司机的应急处理程序

（1）立即在该信号机前停车。
（2）通知行调，确认是否是由于信号机故障造成的错误显示。
（3）如果确认为错误显示，根据开放的引导信号或按照行调指示改为"RM"或"NRM"模式按规定速度进站。

模块七　接触网悬挂异物或附近有异物的应急处理程序

任务书

掌握接触网悬挂异物或附近有异物的应急处理程序。

接触网悬挂异物或附近有异物的应急处理程序

（1）司机发现接触网附近悬挂异物不影响行车时，应适当减速，确保安全，并将现场情况报告行调。
（2）司机发现前方接触网上悬挂异物影响行车时：
① 司机应立即按压紧急停车按钮或视情况采取其他制动措施，力争在异物前停车。停车后，将

现场情况和停车位置报告行调,并按其指令处理。

② 异物情况不明或无法判断是否影响行车时,原则上比照影响行车处理。如距离异物较远,且有充分的制动距离时,司机可适当减速慢行,在确保不越过异物的情况下确认异物的状况,必要时在异物前停车确认,然后按照不同情况处理。

模块八　当接触网停电时司机的应急处理程序

任务书

(1) 掌握接触网停电时司机的应急处理程序。
(2) 熟知疏散乘客方法及列车应急逃生门的使用时机及方法。
(3) 掌握当列车不能对标停车时的应急处理方法。

接触网停电时司机的应急处理程序

(1) 司机维持列车惰行进站,并报告行调。
(2) 列车进站能对标停车时,立即打开客室门、站台门,听从行调指挥,如需清客,播放清客广播,组织清客。
(3) 当列车不能对标停车时,广播安抚乘客,听从行调指挥,协助车站人员手动打开进入站台区域的客室门、站台门,组织清客。
(4) 当列车停在区间时:
① 广播安抚乘客,听从行调指挥。
② 需要疏散时,待车站人员到达后,播放疏散广播,打开逃生门,并进入客室引导乘客跟随车站人员向车站疏散。
③ 与站务人员共同确认车厢内乘客疏散完后,关客室灯,并恢复逃生门,在确认逃生门及逃生梯锁好和列车状态后,报告行调,申请降弓、列车断电。
④ 司机留守在前方司机室;接到行调送电通知后,列车上电,激活司机台;确认列车状态正常和进路安全后,报行调,得到其命令后以 RM 模式动车到站台。

模块九　接触网塌网事故的应急处理程序

任务书

(1) 掌握列车在隧道发生塌网的应急处理程序。
(2) 熟知播放临时停车广播内容。
(3) 掌握列车在车站发生塌网的应急处理程序。

一、列车在隧道发生塌网

（1）列车运行司机发现接触网塌网，司机立即紧急停车。
（2）报告行调列车所在位置及现场情况。
（3）司机做好防溜措施，播放临时停车广播，安抚乘客。
（4）得到行调疏散命令，司机明确疏散方向，与车站人员配合指引乘客到达安全地点。
（5）司机在列车上等待行调命令。

二、列车在车站发生塌网

（1）司机立即紧急停车，报告行调列车所在位置及现场情况。
（2）如列车部分车厢在车站时，得到行调清客命令后，播放列车清客广播。
（3）司机拉下车门紧急解锁手柄，配合车站人员清客。
（4）清客完毕后将车门紧急解锁手柄恢复，返回司机室等待行调命令。
（5）待现场指挥人员到达事故现场后，听从其指挥。

模块十　正线运营列车进站不能对标停车的应急处理程序

任务书

（1）掌握列车进站不能对标停车的应急处理程序。
（2）熟知广播安抚乘客内容。

一、列车进站停车越过停车标时

（1）立即报告行调。
（2）广播安抚乘客。
（3）由行调判断列车停站越标距离是否超过前方绝缘节，如未超过，在得到行调允许后列车可以 ATP 模式退行，每次退行最多 5 m，若退行超过 5 m 时列车会施加常用制动，最多可退行 3 次。
（4）如行调判断列车停站越标距离超过前方绝缘节，行调将视情况组织列车越站或指示司机以 RM 模式退行对标。

二、列车进站未到达停车标停车时

（1）若 ATP 模式，确认安全后，再次起动列车对标停车。
（2）若 ATO 模式列车停站时发生未到达停车标情况，信号车载系统会在 5 s 之内自动启动进行二次对标，司机只需观察二次对标是否成功，此时不需进行其他操作（若信号车载系统在 5 s 之内，列车无自动起动迹象，司机应以 ATP 驾驶模式手动对标）；如果二次对标仍然欠标，司机需以 ATP

驾驶模式手动对标。

（3）因列车故障或其他原因不能继续对标停车时，立即通知行调，同时确认站台侧处于站台区车门的数量。

（4）广播安抚乘客。

（5）司机和车站人员手动打开相应的站台门和已进入站台侧的车门；如有必要，打开站台应急门；如需清客，则配合车站人员清客。

（6）及时将现场情况报告行调，根据行调命令办理。

模块十一　列车清客/疏散的应急处理程序

任务书

（1）熟知播放临时清客广播内容。

（2）掌握电客车只有部分停在站台内，不能对标时司机的应急处理程序。

一、正常停在站台时的清客处理

（1）接到行调清客命令后，司机立即广播，打开车门和站台门清客，关闭客室照明。凭站台人员"好了"手信号关门。

（2）如果是救援车未清客完毕，须得到行调的准许方可载客前往救援。

二、电客车只有部分停在站台内，不能对标时，司机的应急处理

（1）接到行调清客命令后，司机立即广播，稳定乘客情绪。

（2）广播完毕后，司机负责手动打开进入站台侧的客室门，车站人员负责手动打开进入站台侧相应的站台门，如有必要，车站人员应打开站台应急门。

（3）相应的车门和站台门打开后，维持清客秩序的任务由车站人员完成，电客车司机返回司机室，进行车辆故障的排查，并与行调保持联系。

（4）清客完毕，电客车司机按行调的指示执行。

三、当电客车在区间停车需要紧急疏散时，司机的应急处理

（1）事故列车司机接到行调清客命令后，向乘客播放清客广播，稳定乘客情绪。

（2）根据事故位置和现场情况，立即组织车内乘客通过逃生门进行疏散，同时将疏散方向报告行调。

（3）确认所有乘客已经离开电客车，通知行调并按照行调的命令执行。

模块十二　列车救援的处理程序

任务书

（1）掌握故障车在 8 min 内不能修复向行调提出救援申请的内容。
（2）熟知广播稳定乘客情绪内容。
（3）熟知故障列车司机在请求救援后的安全防护措施。
（4）掌握电客车故障救援连挂程序。

一、故障列车救援前的准备工作

（1）在列车运行过程中，如果发生列车故障，司机应在 3 min 内判断出故障能否现场应急处理，如需救援，应在 8 min 内向行调提出救援申请，并报告故障列车的车次、车组号、故障情况、故障地点（区间以百米标为准）、是否妨碍邻线以及其他必须说明的事项。

（2）故障列车司机得到行调救援命令后，立即按规定广播稳定乘客情绪；救援列车及故障列车在站清客时，应及时做好广播工作；遇特殊情况及时向行调报告。

（3）故障列车司机确认救援列车开来方向后，施加列车停放制动，并开启救援列车开来方向的前照灯进行防护，做好接车连挂准备，携带无线手持台离开司机室并锁闭间壁门。若因制动系统故障、紧急制动故障、TCMS 网络故障、列车 110 V 故障导致的救援，施加停放制动后，隔离所有车的空气制动；非上述 4 种原因导致救援的，则操作"强迫缓解"按钮。

（4）待救援列车到达，双方司机联系确认可以连挂后，故障列车关闭头灯，准备连挂。

二、列车连挂

（1）救援列车司机必须清楚故障列车的停车位置，在接近故障车的行进过程中，应严格按照行调下达的救援命令执行，列车以 ATP 或 ATO 方式运行至收到 0 速度码处停车，然后以 RM 模式接近故障车（具体行车模式可根据调度命令办理）。

（2）救援列车在接近故障车约 15 m 一度停车，运行至 3 m 处一度停车，得到可以连挂的信号后，确认故障车连挂端头灯关闭后以"洗车"模式不超过 3 km/h 的速度与故障车进行连挂作业。

（3）救援列车与故障列车按规定连挂，确认列车连挂可靠后，通知故障车司机缓解制动。

（4）救援列车司机与故障车司机联系确认列车完全缓解、通信良好，推进运行时由故障车司机通知行调，牵引运行时由救援列车司机通知行调，等待行调的命令。

三、连挂运行

（1）列车牵引运行时由救援列车司机负责指挥，推进运行时由故障车司机负责指挥，得到行调的命令后方可运行。

（2）救援牵引运行时，以 ATP 模式限速 45 km/h 运行，前方进路由救援车司机负责瞭望和确认；推进运行时，以 NRM 模式限速 30 km/h，在故障地点至故障车清客站间限速 25 km/h，前方进路由故障车司机负责瞭望和确认，并用无线手持台通知救援列车司机，遇有危及行车安全的情况应立即通知救援车司机停车，运行中严守速度，加强联控。

（3）按照行调的命令，在规定的位置停车，保持与行调的联系。

四、解钩操作

（1）到达指定位置后，经行调的允许后方可进行解钩操作，解钩前故障列车司机与救援列车司机联系，恢复故障列车停放制动，方可解钩。

（2）故障列车司机进行手动解钩后，通知救援列车司机。

（3）解钩完毕后，救援列车司机及时通知行调，救援列车司机根据行调的命令动车。

五、救援详细流程

电客车故障救援连挂程序如下：

1. 故障车司机

（1）在电客车运行过程中，发生电客车故障，司机原则上对故障的判断处理时间为 8 min，需救援，应立即向行调提出救援申请。

（2）故障车司机在得到行调救援指令后，停止故障处理。开始清客，在清客前，施加停放制动，将方向手柄置于"向后"位，以电客车前照灯作为防护；清客完毕后与行调确认救援车来车方向及救援方式，并做好救援准备（若因制动系统故障、紧急制动故障、TCMS 网络故障、列车 110 V 故障导致的救援施加停放制动，隔离故障车所有车转向架制动隔离塞门。当故障车无法施加停放制动时，连挂前保留故障车所有车的转向架制动隔离塞门不切除，其他故障导致的救援操作"强迫制动缓解"即可），到连挂端等待救援车。

（3）故障车司机接到救援车司机连挂完毕的通知后，返回司机室缓解停放制动，将方向手柄置于"向前"位，主控手柄在非制动区，并按压"强迫制动缓解"按钮后，确认制动已全部缓解（采取隔离转向架制动隔离塞门情况，需将故障车所有车转向架制动隔离塞门切除后，确认 HMI 屏制动已全部缓解），通知救援车可以动车。

2. 救援车司机

（1）救援车司机接到救援命令，广播进行清客；遇特殊情况，经行调允许可带客前往救援；救援列车连挂故障列车后的第一个停靠车站为清客车站，在故障列车没有清客前，须限速 25 km/h。

（2）救援车清客作业完毕后，立即运行至故障车处进行救援连挂作业。

（3）救援车以 ATO/ATP 模式正常运行至 0 码处，转换 RM 模式运行，并在距离故障车 15 m 处一度停车。确认安全后，以 5 km/h 的速度运行至距离故障车 3 m 处一度停车，得到故障车司机允许连挂的通知后，以"洗车"模式与故障车进行连挂作业。连挂后进行试拉，确认连挂妥当。

（4）救援车司机确认连挂妥当后，通知故障车司机。

（5）救援车以行调命令、故障车司机的口头通知及故障车防护灯熄灭通知作为动车的凭证。

（6）救援列车牵引运行时，前方进路由救援车司机负责瞭望和确认，推进运行时前方进路由故障车司机负责瞭望和确认。

（7）救援列车牵引运行采用 ATP 模式驾驶，限速 45 km/h；推进运行时采用 NRM 模式驾驶，限速 30 km/h，在故障地点至故障车清客站间限速 25 km/h。

电客车救援电客车推进运行和牵引运行如表 7.12.1 和表 7.12.2 所示。

表 7.12.1　电客车救援电客车推进运行

步骤	故障列车司机	救援列车司机	备注
1	当行调决定救援时，司机报告行调故障列车的停留位置（区间、里程标、百米标或站名），如停在车站时客室广播安抚乘客，在车站时客室广播协助乘客；得到救援指令后，停止故障处理，做好救援的准备工作	接到救援命令，广播进行清客；遇特殊情况，经行调允许可不带客前往救援；救援列车连挂运行途中带客时，在第一个停靠车站，在故障列车没有清客前，须限速 25 km/h	司机广播安抚乘客，广播词："各位乘客，现在是临时停车，请您耐心等候，切勿擅自打开车门，不便之处，敬请原谅"
2	客室广播，同时施加停放制动；将方向手柄置于"向后"位（目的是打开后端头灯进行防护）	清客完毕，关闭安全门、客室门，确认收到速度码后启动	故障车司机客室广播，广播词："各位乘客，本次列车因故退出服务，请所有乘客在本站下车，不便之处，敬请原谅"
3	若因制动系统故障、紧急制动故障、TCMS 网络故障、110 V 故障导致隔离的救援、或制动隔离导致故障车的转向架制动缓解（非上述 4 种故障导致的救援，直接按第 6 步开始操作）。若随身带好无线手持台，按钮即可，无须隔离客室塞拉门。如故障车因制动隔离导致，故障车司机应广播安抚乘客。 注：当隔离客室塞拉门，如遇放电制动隔离时，必须保留所有转向架制动隔离后再电源隔离	以 ATO/ATP 模式驾驶至"0"码处停车，立即转换成 RM 模式，继续手动驾驶前进。 注：特殊情况需手动驾驶（如钢轨湿滑等）	故障车司机隔离常用制动隔离客室塞拉门锁闭有两个转向架制动隔离后，1 辆车要注意，以免遗漏
4	故障车司机将转向架制动隔离、隔离客室塞拉门全部隔离后，立即回到连挂端 Tc 车，等待救援车司机的通知	以 RM 模式运行至距故障列车前 15 m 处，一度停车，确认安全后，以 5 km/h 的速度运行至距故障车 3 m 处，得到故障车司机允许连挂通知后，以"洗车"模式与故障车进行连挂作业。连挂后手动连挂妥当	(1) 救援车司机以 RM 模式运行，控制速度，防止瞭望不良、停车不及（特别是曲线） (2) 在连挂过程中，如两车处于下坡道，救援车司机要控制连挂速度
5	故障车司机听到救援车司机无线电连挂完毕的通知后隔离制动	连挂完毕后，通过无线手持台询问故障车司机是否具备动车条件	救援车标准用语："连挂妥当，可以隔离制动"
6	到司机室，缓解停放制动，方向手柄置于"向前"位，观察 HMI 上制动图标，全列车空气制动都隔离完毕，制动缸压力表降到"0"缓解，具备动车条件。列车制动已缓解，具备动车条件	通过无线手持台询问故障车司机是否具备动车条件。联控完毕后，切除 ATP，按行调命令动车	救援车司机标准用语："故障列车是否具备动车条件。故障车司机标准用语：'故障车制动已缓解，XX 灯、道岔好，可以推进'。救援车司机进行复诵"

续表

步骤	故障列车司机	救援列车司机	备注
7	推进运行时，在前端负责进路的瞭望，注意监听救援列车司机与行调的通话内容，与救援车司机保持联系，发现异常及时通知救援车司机采取停车措施。推进运行中遇信号异常，故障车司机必须通过无线手持台提前预报信号按钮（备注：列车在运行过程中，不得松开瞥扬按钮）	采用NRM模式驾驶，限速30 km/h推进运行，途中加强与故障车司机联系，行调联系无线电，发现异常紧急停车。动车后及时报汇调	（1）故障车司机要提前报告前方进路状态，监督列车运行速度，及时联系救援车司机主控手柄禁止在制动区 （2）运行过程中，故障车主控手柄禁止在制动区
8	如故障列车需要车站清客时，指挥救援列车司机按照三、二、一车的限速使故障列车准确对标停放，得到救援车司机同意后，故障车司机再开安全门、车门进行清客	故障列车需要在车站清客时，严格按故障列车司机指令控制速度，准确停车后，施加停车制动并通知故障车司机可以进行清客作业	速度要求：三车（60 m），两车（40 m），一车（20 m）限速8 km/h，5 km/h，3 km/h
9	清客完毕，关安全门、车门，缓解停放制动，通知救援车司机动车	接到故障车司机："清客完毕，可以动车"的指令后，立即动车	
10	若救援车司机需要在中途车站停车，救援车司机需要将故障车头部位置及时报给救援车司机，便于其控制速度，准备停车	救援车司机必须控制好速度，按规定的信号行驶，保证救援车接近停车位置10 m时的限速为3 km/h运行，并随时做好停车准备，当故障车司机通知后，立即停车，将手柄置全制动位	（1）位置预报用语："XX站，待命"，"头部到达站台尾（中）部"，"控制速度待命"，"停车"等。 （2）救援列车在车站停车待命时，不需要对标停车
11	进入存车线或折返线后，执行"三、二、一车的限速要求"。当故障车接近停车位置时，听故障车司机通知后，规定停妥后，将手柄置全制动位		
12	故障列车在规定位置停妥后（若操作"强迫缓解"按钮，无须操作制动隔离塞门），施加停放制动，穿好反光衣，带好方孔钥匙和无线手持台，通知救援列车司机可以进行解钩作业。解钩完毕后，报行调联系接触网隔离塞门，返回列车恢复所有的转向架制动隔离塞门，报行调并按其指示执行	得到救援列车的解钩指令并复通后，将方向手柄置于向后位，退行约50 cm后停车，立即联系行调按行调的指示执行	标准用语："列车已做好防溜措施，可以解钩。"解钩作业时，注意人身安全

表 7.12.2 电客车救援电客车牵引运行

步骤	故障列车司机	救援列车司机	备注
1	当行调决定救援时，司机报告调故障列车的停留位置（区间、里程标、百米标或站名），如列车停在车站或区间注意安抚乘客；在车站时客室广播协助清客；故障车司机得到救援指令后，停止故障处理，做好救援的准备工作	接到救援命令，广播进行清客；遇特殊情况，经行调允许后可带客前往救援；救援列车连挂站为清客站，在故障列车后的第一个停靠车站，须限速 25 km/h	司机要广播安抚乘客，现在是临时停车，请您耐心等候，广播词："各位乘客，切勿擅自打开车门，不便之处，敬请原谅"
2	客室广播清客，同时施加停放制动；将方向手柄置于"向后"位（目的是打开后端头对开进行防护）	清客完毕，关闭安全门、车门，确认收到速度码后动车	故障车司机客室广播："各位乘客，广播词，本次列车因故退出服务，请所有乘客在本站下车，不便之处，敬请原谅"
3	若因制动系统故障、紧急制动故障、TCMS 网络故障、110 V 故障导致无法救援，则随身带好无线手持台；隔离导致故障的制动塞门，所有的转向架制动缓解（若非上述 4 种故障直接按第 6 步开始操作）。如故障车在区间内，故障车司机应按"强迫操作"按钮即可，无须再进行放时，故障车转向架制动隔离塞门，或无 1 500 V 电源时，必须保留所有转向架制动隔离塞门，等连挂好后再电源隔离	正常情况下以 ATO/ATP 模式驾驶至停车，立即转换成 RM 模式，继续前进处。注：特殊情况需手动驾驶（如钢轨湿滑等）	故障车有 2 个转向架隔离塞门时，要注意漏每辆车有 2 个转向架隔离塞门，以免遗漏
4	故障车司机将转向架制动隔离塞门全部隔离后，等待救援车司机的通知挂接 Tc 车	以 RM 模式运行至距故障车前 15 m 处，一度停车，确认离故障车 3 m 处后，以 5 km/h 的速度运行至故障车安全连挂；连挂后得到故障车司机允许连挂作业的通知后，以"洗车"模式与故障车连挂，确认连挂后进行试拉。连挂好后进行调正	(1) 救援车司机确认故障车位置，控制速度（特别是曲线、坡道下坡道）。(2) 在连挂过程中，瞭望不良，停车不及，如两车处于下坡道，救援车应控制连挂速度，防止冲车。(3) 连挂电连接线，按正列车连挂试验，缓解（同时确认车辆状态是否正常），异常情况及时汇报行调
5	故障车司机无线电连挂完毕的通知，可以隔离后制动	连挂完毕后，通过无线电手台通知故障列车司机可以隔离	救援车司机标准用语："连挂妥当，救援车条件已缓解，可以隔离制动"
6	到司机室，缓解停放制动，方向手柄置于"向前"位，观察 HMI 上制动图标，全列制动"0"，列车具备动车条件；制动缸压力表降到"0"，列车空气制动已缓解，具备动车条件。司机："故障车制动已缓解，具备动车条件"	通过无线电手台询问故障列车司机是否具备动车条件。联控完毕后，按行调命令动车	救援车司机标准用语："故障列车准备动车，具备动车条件，XX 灯、道岔好，救援列车可司机进行复诵。救援车司机推进，应注意车内有无乘客，应关好司机室间壁门"

续表

步骤	故障列车司机	救援列车司机	备注
7	注意监听救援列车司机与行调通话内容，与救援列车司机保持联系，发现异常紧急停车。牵引运行过程中，不得松开警惕按钮（备注：列车在运行过程中，不得松开警惕按钮）	采用ATP模式驾驶，限速45 km/h牵引运行。途中加强瞭望，注意监听无线电、行调联系，发现异常紧急停车。牵引运行时反时汇报行调，牵引运行时，必须通过无线手持台提前预报信号机、道岔，道岔状态	如救援列车需经过道岔时，限速25 km/h，救援列车必须待全列车都过岔后，方可加速。故障列车司机要及时联控救援列车监动故障列车司机
8	如故障列车需要在车站清客时，指挥救援列车按照一、二车的限速要求，使故障列车准确对标。列车停稳后，施加停车制动，得到救援列车司机同意，故障列车司机再开安全门、车门进行清客	如故障列车需要在车站清客时，严格按故障对标。一车（20 m）限速8 km/h，5 km/h，3 km/h。故障列车司机可以进行清客作业	速度要求：三车（60 m），两车（40 m），一车（20 m）限速8 km/h，5 km/h，3 km/h。故障列车清客过程中救援列车严禁动车
9	清客完毕后，关闭安全门、客室门，满足动车条件，通知救援列车故障车具备动车条件	接到故障列车司机："清客完毕，可以动车"的指令后，立即汇报行调指令动车	
10		若救援列车司机需要在中途车站停车待命时，救援列车不得通过关闭的信号机	注意：救援列车站停车待命时，不需要对标
11	进入存车线或折返线后，要向救援列车司机通报运行距离，控制好速度，故障列车通知救援列车司机进入存车线或折返线，当故障接近停车位置10 m时，限速3 km/h运行，并随时做好停车准备。故障列车司机通知后，立即停车。规定位置停车，将手柄置停安，将手柄置全制动位		位置预报用语："XX 站，待命""头部到台尾""头(中)部到站台尾"等标准用语：救援列车在车站停车待命，如不牵涉到清客时，不需要对标
12	故障列车在规定位置停安后（若操作"强迫缓解"按钮，则此时恢复"强迫缓解"按钮，无须操作制动隔离塞门），施加停车制动，穿好荧光衣，带好方孔钥匙和无线手持台，通知救援列车司机可以进行解钩作业。解钩完毕后，通知故障车的转向架制动隔离塞门，返回列车恢复所有的转向架制动隔离塞门，报行调并按其指示执行	得到故障列车的解钩指令并复调后，将方向手柄置于向后，退行约50 cm后停车，立即联系行调按行调的指示执行	标准用语："列车已做好防溜措施，可以解钩。"解钩作业时，注意人身安全

模块十三　列车退行时的应急处理程序

任务书

掌握列车退行速度要求及驾驶模式。

司机的应急处理程序

（1）列车需要退行时，必须通知行调，得到行调的允许后方可动车退行。
（2）列车退行速度要求，RM 模式下限速 10/25 km/h，NRM 模式下限速 10/35 km/h。
（3）列车退行进站时，至站台头端墙一度停车，司机严格按照车站人员的引导手信号行车。

模块十四　有障碍物侵入限界时司机的应急处理程序

任务书

掌握有障碍物侵入限界时，司机的应急处理程序。

司机的应急处理程序

（1）立即紧急停车并通知行调。
（2）广播安抚乘客。
（3）电客车司机根据障碍物的具体情况初步判断是否能够独自处理，并恢复运营；如果可以独自处理，立即通知行调，在得到行调的允许后，施加列车停放制动，穿戴好防护用品后进行处理；如不能独自完成，立即通知行调请求支援。
（4）处理完毕后，将处理结果通知行调，并向行调说明是否需要派人进一步处理，如需进一步处理，将障碍物的具体情况向行调说明。

第四部分　意外伤亡应急处理

模块十五　列车撞、轧人时的应急处理程序

任务书

（1）掌握列车在区间撞、轧人时司机的应急处理程序。
（2）掌握列车在站内撞、轧人时司机的应急处理程序。
（3）熟知广播安抚乘客用语。

一、列车在区间撞、轧人时司机的应急处理

（1）立即紧急停车，并报告行调。
（2）广播安抚乘客，得到行调的允许后，打开列车尾车前照灯进行防护，施加列车停放制动，保管好电客车钥匙并下车查看。
（3）若被撞人仅受轻伤且能够登车，司机迅速协助伤者登车至列车车厢，按行调指令将被撞人移交前方车站值班站长。若司机无法协助伤者登车，司机应立即报行调请求支援，同时保护现场，根据事故现场的具体情况对伤员进行一定的救治；若列车已越过被撞人所在的区域，且一时无法找到被撞人，司机报行调，按行调指示办理。
（4）听从现场指挥的命令，若伤者处于列车下部，且移动伤者较困难需要稍微移动电客车时，确认好现场人员处于安全位置后，按照现场指挥要求配合动车。
（5）保持与行调的联系，如需清客，严格按照行调命令执行；司机广播后方可打开相应的紧急逃生门进行疏散，司机协助做好安全防护工作。
（6）得到现场指挥线路出清的通知后，司机报告行调，得到行调的允许后确认进路安全，方可继续运行。

二、列车在车站范围内撞、轧人时司机的应急处理

（1）立即紧急停车，并报告行调。
（2）广播安抚乘客，得到行调的允许后，打开列车尾车前照灯进行防护，施加列车停放制动，

保管好电客车钥匙并下车查看；保护现场，根据事故现场的具体情况对伤员进行一定的救治；待车站人员到达现场后，将现场处置交给车站人员。

（3）听从现场指挥的命令，若伤者处于列车下部，且移动伤者较困难需要稍微移动电客车时，确认好现场人员处于安全位置后，按照现场指挥要求配合动车。

（4）保持与行调的联系，如需清客，严格按照行调命令执行；司机广播后协同车站人员确认是否具备正常开门清客的条件，如不具备则手动打开站台门和客室门进行清客，必要时打开站台门端门或应急门进行疏散。

（5）现场指挥通知线路出清后，司机报告行调，确认进路安全，对标停车，开门上下客，按照行调的指示恢复正常运营。

当班司机长根据事故列车司机实际的精神状态，考虑是否利用备用司机替换事故列车司机值乘，保证地铁列车安全整点运营。

第五部分　运营中列车车门、站台门发生突发事件应急处理

模块十六　逃生门操作程序

任务书

（1）掌握逃生门打开程序。
（2）熟知逃生门关闭程序。

一、逃生门打开程序

（1）将红色门解锁手柄向左扳动 90°到解锁位置。
（2）握住门把手将门向外推，此门将自动弹开到打开位置。
（3）门到位后，将坡道解锁手柄向左扳动 90°到解锁位置。
（4）向外推出坡道上部位置，此后坡道依靠重力自行展开。

二、逃生门关闭程序

（1）从门扇上取下回收装置并展开，将回收布带两挂钩分别挂至门把手上，将布带拴到任意一根气弹簧上。
（2）将坡道逐级折叠回收，四节坡道全部折叠完毕后，将坡道限位机构的定位叉放在定位柱上，扳动解锁把手至关位。
（3）把气弹簧上的旋钮拉出，并拉动回收装置将门板拉回，直到锁舌滑入锁片内，将门解锁把手向右扳动到锁定位置，穿上铅封。
（4）将门回收装置折叠好放回其原来位置。

模块十七　司机室门不能打开的应急处理程序

任务书

掌握用紧急解锁打开司机室侧门的应急处理程序。

司机室门不能打开的应急处理

（1）尝试用紧急解锁打开司机室侧门。
（2）如正常打开，则按正常程序操作继续运营；如不能打开，通知行调，车站接到行调的通知后立即派人配合司机开/关站台门并广播安抚乘客。
（3）司机确认车站人员打开站台门后，开客室门。
（4）司机确认 DTI 显示 13～15 s 时，通知车站人员关站台门，司机确认站台门关闭后关客室门。
（5）司机确认所有门关闭灯亮、得到车站人员无夹人夹物的通知并通过 CCTV 确认站台安全后方可动车。

模块十八　运营中列车车门故障的应急处理程序

任务书

（1）掌握运营中列车车门故障的应急处理程序。
（2）熟知广播安抚乘客内容。
（3）熟知列车车门故障后驾驶模式。

一、列车运行中车门突然打开（包括车门自行打开和乘客紧急解锁）时的应急处理

（1）立即实施紧急制动，通知行调。
（2）广播安抚乘客。
（3）通过 HMI 屏确认车门的位置，得到行调的准许，施加停放制动，打开车辆尾部前照灯进行防护并携带好手电筒、方孔钥匙和无线手持台。
（4）到达故障车门处，通过询问和观察确认是否有乘客坠落到轨行区，如有乘客伤亡及时通知行调。需下到轨行区确认有无人员伤亡时，必须得到行调的准许。死者或伤者的处理工作，在车站人员到达现场后移交车站人员。
（5）手动关闭故障车门后将该门隔离，同时将隔离车门位置向行调报告，得到行调准许后方可动车运行。列车到站后由车站人员对隔离车门张贴故障标识。如无法关闭车门，立即通知行调安排车站人员支援，司机留在故障门处防护。车站人员到达故障车门进行防护后，司机以 RM 模式将列车运行至前方站。

二、列车在站内时，车门无法正常开闭的应急处理

（1）发现某车门故障不能正常打开时，待乘客正常上下车后再次开车门一次；发现某车门不能正常关闭时，按压关门按钮重新关车门一次，如故障仍然存在，重新开关门一次，如果依然无效，则立即打开车门通知行调。

（2）广播稳定乘客情绪，保持其他车门打开状态。

（3）得到行调允许后，到故障车门处按照《电客车故障应急处理指南》进行处理。若故障仍未消除，手动关闭故障车门并将该车门隔离，由车站人员贴上故障标识，提示乘客此门不通。

（4）如手动仍无法关闭车门，立即报告行调，得到行调清客命令后，进行清客。

模块十九　发生错开车门事件的应急处理程序

任务书

（1）掌握列车车门故障应急处理程序。
（2）熟知列车车门故障广播安抚乘客内容。

列车车门故障应急处理

（1）在发现错开车门后，并且是人为操作失误造成时，则立即向行车调度员汇报车门错开和列车停车位置，如司机无法判断是人为原因造成的错开车门还是列车故障造成的错开车门，则应组织清客，再关上靠站台侧的车门，然后确认有无物品、乘客跌落轨行区。

（2）做好客室广播："列车车门错开，请不要靠近，如发现有人跌落，及时通知站台上的车站人员"。

（3）施加停放制动，等待车站人员赶到规定位置后打开正确一侧车门，与车站人员一起组织乘客有序下车同时阻止站台乘客上车，防止事故的进一步扩大。

（4）得到行车调度员允许后离开司机室查看前三节车厢是否有人坠落（司机离开司机室，需锁闭司机室门并携带无线手持台）。

（5）若未发现有人员伤亡，司机返回司机室关闭错开车门并将现场情况报告行车调度员，按照行车调度员命令行车，同时将站台侧车门、站台门打开，让在站台等候的乘客上车；若发现有人员伤亡，司机立即将人员伤亡的情况报告行车调度员，如需清客，司机返回司机室打开站台侧车门，配合车站人员清客；如不需要清客，电客车具备运行条件，在得到行车调度员允许后打开站台侧车门，让乘客上车。

（6）再次利用广播及时向列车乘客通报运营信息。

（7）听从行车调度员的指示动车。

模块二十　站台门故障时司机的应急处理程序

任务书

（1）掌握站台门故障时司机的应急处理程序。

（2）熟知站台门故障广播安抚乘客内容。

一、整侧站台门无法正常开/关时的故障处理

（1）将专用钥匙插入PSL允许/禁止面板的钥匙孔，将开关打到允许位。
（2）打到允许位后，钥匙位置保持。
（3）当需开门时按下PSL开门按钮打开整侧站台的站台门。
（4）当需关门时按下PSL关门按钮关闭整侧站台的站台门。
（5）观察全关闭锁紧指示灯是否点亮，如果点亮，证明整侧站台的站台门为门关闭且锁紧状态。
（6）确保整侧站台的门关闭且锁紧后，再将插在允许位开关位置的专用钥匙恢复到禁止位。
（7）打到禁止位后拔出专用钥匙，并妥善保管。
（8）观察站台候车区域及列车与站台门的间隙，确保行车安全后列车离站。
（9）将故障信息通报给行车调度。
（10）如果PSL开、关门按钮都无法打开、关闭站台门，司机先将PSL恢复到禁止位，然后由站务人员配合操作尾端PSL或单操站台门。
（11）如需"互锁/解除"操作，由站务人员配合司机进行操作。
（12）司机动车前凭车站人员好了信号及地面信号显示动车。

二、整侧站台单扇/多扇ASD无法正常打开/关闭时的故障处理

（1）司机立即将情况报告行车调度员。
（2）司机站台立岗注意观察车站人员及站台情况，确认安全后，凭车站人员好了手信号及地面信号显示动车。
（3）如车站处理时间较长超过1 min，及时播报临时停车广播，超过2 min及时汇报行调。

模块二十一　站台门与车门间滞留乘客时司机的应急处理程序

任务书

（1）掌握站台门与车门间滞留乘客时司机的应急处理程序。
（2）熟知PSL盘操作方法。

一、站台车站人员/保安人员发现时

（1）立即按压站台紧急停车按钮，并通知行调及司机。
（2）紧急停车后，司机播放临时停车广播。

二、司机发现时

（1）立即按压紧急停车按钮。

（2）报告行调，并播放临时停车广播。

（3）列车停稳后，司机操作 PSL 盘打开站台门或车站人员手动打开站台门，司机重开一次客室车门；列车停下后，如列车头部已离开站台，由车站人员负责站台门的操作，并按照车站的指挥进行处理。

（4）乘客安全回到站台后，司机确认站台显示"好了"手信号关闭站台门、车门，并报告行调。

（5）若列车已越过乘客且乘客掉落轨道，迅速按列车轧人处理程序进行处理，寻找 2 名以上目击证人。与车站人员确认安全后，将受伤或是死亡乘客移交车站处理，关闭站台门、客室门，得到行调的准许后继续运行。

第六部分　公共安全事件应急处理

模块二十二　人员擅自进入隧道（线路）的应急处理程序

任务书

熟知人员擅自进入隧道（线路）的应急处理程序。

人员擅自进入隧道（线路）的应急处理

（1）司机发现有人在隧道，立即按下紧急停车按钮，报行调并做好广播，安抚乘客。
（2）在车站人员入隧道找人的过程中加强与行调的联系。
（3）人找到后，按照行调指示动车，运行中加强对事发区间的瞭望。
（4）人没找到，按照行调指示执行。

模块二十三　乘客报警时的应急处理程序

任务书

（1）掌握列车在区间运行接到乘客报警时司机的应急处理方法。
（2）掌握列车在车站或尚未完全离开车站接到乘客报警时的应急处理方法。

一、列车在区间运行接到乘客报警时，司机的应急处理

（1）接到列车上存在可疑物品报警时，通过乘客紧急对讲器稳定该报警乘客情绪，了解可疑物品特征，并提醒其远离可疑物品；如果接到报警车上有乘客突发疾病时，了解病人状况及具体位置。
（2）接到报警后，立即报告行调。
（3）列车到达前方站后，事故列车司机严格按照现场指挥和行调命令执行救援工作，严禁擅自动车。
（4）确认列车上有可疑物品后，报告行调，待公安部门到达后交其处理，需清客时，播放清客广播进行清客。

（5）公安处理完毕，与值班站长、公安共同确认可恢复正常运营时，报告行调，按照行调的指示恢复运营。

二、列车在车站或尚未完全离开车站接到乘客报警时，司机的应急处理

（1）立即停车，报告行调。
（2）广播安抚乘客；在得到行调清客命令后，及时协助车站人员组织清客，如列车需要退行，在得到行调退行的命令后，按规定退行。
（3）及时通知行调现场情况，伤病乘客或可疑物品的处理移交车站人员处理，按照行调的命令行车。

模块二十四　列车发生劫持人质事件司机的应急处理程序

任务书

（1）熟知列车发生劫持人质事件司机的应急处理方法。
（2）掌握司机被劫持时的应急处理方法。

一、乘客被劫持时

（1）司机得到通知后，立即报行调，并做好安全防护，防止被歹徒劫持或歹徒进入司机室。
（2）当列车停在车站时，不动车，同时车门、站台门维持开放状态。
（3）列车在运行中时，维持进站停车。

二、司机被劫持时

（1）当列车停在车站时，人为设置故障导致不能动车，并尽量将歹徒引离驾驶室较远的地方。
（2）当列车在运行中时，以尽可能低的速度驾驶，以引起行调或车站的警觉，同时尽量维持进站停车。
（3）被劫持时的报警方式：不能直接报警时可采取长时间按压对讲设备以将对话传出；或人为制造故障、低速驾驶、在进站时连续鸣笛等方式进行报警。

模块二十五　列车发生爆炸灾害时司机的应急处理程序

任务书

（1）掌握列车在区间发生爆炸时司机的应急处理方法。

（2）熟知在车站发生爆炸时司机的应急处理方法。
（3）熟知列车发生爆炸灾害时广播安抚乘客内容。

一、在区间发生爆炸时

（1）事故列车司机立即紧急停车并报告行调。
（2）广播安抚乘客，让乘客远离爆炸地点，同时降下受电弓，施加停放制动。
（3）立即携带无线手持台和防护用品赶赴爆炸现场进行处理；如事态不能控制时，立即向行调请求支援。
（4）保护好现场，疏导乘客，抢救伤员。
（5）根据事故位置和现场情况，立即组织车内乘客通过逃生门进行疏散；当确认火势或现场情况失控或严重危及乘客人身安全时，则立即打开客室门进行疏散，同时将疏散方向报告行调。
（6）确认列车上乘客疏散完毕后，报告行调，按其指示办理。

二、在车站发生爆炸时

（1）司机接到爆炸信息，立即报告行调。
（2）在已经关门的情况下，立即打开客室门、站台门，降下受电弓，施加停放制动。
（3）广播安抚乘客，保护好现场，配合车站人员疏散乘客，抢救伤员。

模块二十六　发生毒气事件时司机的应急处理程序

任务书

（1）熟知车站发生毒气事件时司机的应急处理方法。
（2）掌握列车发生毒气事件时司机的应急处理方法。
（3）熟知广播通知乘客进行疏散内容。

一、车站发生毒气事件时司机的应急处理

（1）事故车站站停列车司机接到通知后立即停止客运服务，列车扣停在事发车站。
（2）施加列车停放制动，得到行调的准许后降下列车受电弓。
（3）广播通知乘客进行疏散。
（4）事发车站后续列车司机接到行调通知后，按行调的要求退回后方站。
（5）来不及扣停的列车，在得到行调的准许后限速通过事发车站，并做好乘客广播。

二、列车发生毒气事件时司机的应急处理

（1）司机立即佩带好防毒面具，并向行调报告事件信息，维持列车运行至前方车站，同时做好乘客广播，要求乘客捂住口鼻，远离事件车厢。

（2）列车到达车站后，播放列车清客广播，配合车站人员疏散乘客，并做好个人防护。

（3）清客完毕后，报告行调，关闭车门、站台门，做好列车安全防护后再撤离至安全地点待令。

（4）事态严重，必须停在区间时，根据事故位置和现场情况，立即组织车内乘客通过疏散门向电客车两端、前方或后方进行疏散，同时将疏散方向汇报行调。

模块二十七　乘客打架的应急处理程序

任务书

熟知乘客在列车打架时的应急处理方法。

乘客打架的应急处理程序

（1）列车在运行中，及时报告行调，交由前方站处理。

（2）列车在站台，及时通知车站到现场处理。

第七部分　恶劣天气与自然灾害应急处理

模块二十八　发生水灾时司机的应急处理程序

任务书

（1）熟知列车运营中发生水灾时司机的应急处理方法。

（2）熟知司机广播安抚乘客内容。

司机的应急处理程序

（1）列车在运营中遇暴风雨天气或汛期水害、管线破损危及行车安全时，司机应立即采取减速或停车措施，及时将轨行区水淹情况向行调报告。

（2）广播安抚乘客。

（3）保持与行调的联系；如需在区间疏散乘客，必须得到行调的命令。

（4）按照行调指示行车。

（5）列车停在车站时，配合车站人员利用列车疏散站内的乘客，立即关门动车前往下一站。

（6）在防洪抢险站的后方站被扣列车，司机在站台开门待令，并做好乘客广播。

（7）决定在防洪抢险站通过时，司机做好乘客广播并加强瞭望，确认进路。

模块二十九　发生地震灾害时司机的应急处理程序

任务书

（1）熟知列车运营中发生地震灾害时司机的应急处理方法。

（2）熟知发生地震灾害时司机广播安抚乘客内容。

司机的应急处理程序

（1）发生地震灾害时，立即减速或紧急停车。

（2）迅速报告行调现场情况，内容包括时间、地点、人员伤亡、设施设备和建筑物损坏等，并广播安抚乘客。

（3）按照行调的命令执行，在得到行调清客命令后，立即降下受电弓，施加停放制动，组织乘客疏散。

（4）待救援队伍到达后，积极参加救援工作，听从现场指挥的命令。

第八部分　火灾应急处理

模块三十　正线运营列车火灾的应急处理程序

任务书

（1）熟知列车在站台发生火灾司机的应急处理方法。
（2）掌握列车在区间火灾司机的应急处理方法。
（3）熟知正线运营列车火灾司机广播安抚乘客内容。

一、列车在站台火灾应急处理（包括列车区间火灾后运行到车站的情况）

（1）接到火警信息后，立即打开客室门、站台门，到现场确认是否发生火灾，报告行调。
（2）确认列车发生火灾后，广播指引乘客疏散，立即降下受电弓，施加停放制动。
（3）做好个人防护，到现场进行灭火。
（4）严格执行行调的指挥，配合现场指挥的工作。
（5）火灾扑灭后动车前，负责确认车况，并报行调。

二、列车在区间火灾应急处理

（1）接报警信息后，通过CCTV确认火情，迅速向行调报告，并广播安抚乘客，指引乘客使用车厢灭火器进行灭火，尽量维持运行到车站处理。
（2）当列车维持运行到车站后，按照列车在站台火灾处理。
（3）列车被迫停在区间后，立即降下受电弓，施加停放制动。
（4）做好个人防护，到火灾点进行初期扑救。
（5）判断火势不可控制后，停止扑救，引导乘客疏散。
（6）根据事故位置和现场情况，立即组织车内乘客通过逃生门进行疏散，当确认火势或现场情况失控严重危及乘客人身安全时，则立即打开客室门进行疏散，同时将疏散方向报告行调。
（7）确认车上乘客疏散完毕后，报行调，按行调的指令处理。
（8）火灾扑灭后动车前，负责确认车况，并报行调。

模块三十一　车站发生火灾的应急处理程序

任务书

（1）熟知车站发生火灾司机的应急处理方法。
（2）熟知车站发生火灾时司机广播安抚乘客内容。

车站发生火灾应急处理程序

（1）行调通知在火灾站的后方站扣车时，在站台开门待令，并做好乘客广播。
（2）决定在火灾站通过时，司机做好乘客广播并加强瞭望，确认进路。
（3）列车停在火灾站时，根据行调命令立即关门动车开往下一站。

模块三十二　隧道发生火灾的应急处理程序

任务书

（1）掌握司机接到前方隧道火警的信息或发现隧道内发生火灾时的应急处理方法。
（2）熟知隧道火灾时司机广播安抚乘客内容。

隧道火灾应急处理程序

（1）司机接到前方隧道火警的信息或发现隧道内发生火灾时，立即对列车进行快速制动，迫使列车在起火点前停车。
（2）如不能停车，维持运行到前方站，并报告行调；如能停车，报告行调，广播安抚乘客，按照行调命令退回后方车站。
（3）如能退回，进行清客，并按照行调命令待命，待恢复运行后动车；如不能退回，立即降下受电弓，施加停放制动，组织车内乘客通过逃生门向列车后方进行疏散，同时将疏散方向汇报行调。
（4）确认列车上乘客疏散完毕后，报行调，按其指令处理。

第九部分 运营中列车发生事故应急处理

模块三十三 正线运营列车脱轨时司机的应急处理程序

任务书

（1）掌握列车正线运营脱轨时司机的应急处理方法。
（2）熟知正线运营列车脱轨时司机广播安抚乘客内容。
（3）熟知正线运营列车脱轨时司机的应急处理方法。

司机的应急处理程序

（1）立即施加紧急制动并通知行调。
（2）广播安抚乘客，确认有无人员伤亡。
（3）确认受电弓已降下，打开列车尾部前照灯，做好电客车防护。
（4）确认事故现场是否影响其他线路。
（5）得到行调疏散命令时，司机按照《区间乘客疏散应急预案》的有关规定组织疏散。
（6）保护现场，坚守岗位，严禁擅自动车，等现场指挥到达事故现场后将指挥权移交现场指挥人员，并将现场情况汇报现场指挥。

模块三十四 列车冲突的应急处理程序

任务书

（1）掌握列车在运营中发生冲突时的应急处理方法。
（2）熟知运营中发生列车冲突司机广播安抚乘客内容。

列车冲突应急处理

（1）立即紧急停车。
（2）报告行调。
（3）做好乘客安抚广播，如接到行调的疏散命令，按照《区间乘客疏散应急预案》的规定执行，疏散完毕确认列车内无乘客滞留。
（4）确认有无人员伤亡。
（5）确认事故现场是否影响邻线，做好列车防溜措施。
（6）保护现场，坚守岗位。
（7）待现场指挥人员到达事故现场后，听从其指挥。

模块三十五　列车挤岔的应急处理程序

任务书

（1）掌握列车挤岔的应急处理方法及注意事项。
（2）熟知列车挤岔后司机广播安抚乘客内容。

列车挤岔的应急处理

（1）司机发现挤岔立即紧急停车，禁止动车，确认现场情况后，报告行调列车车次、列车位置、道岔编号。
（2）广播安抚乘客，按行调命令组织清客。
（3）清客完毕后，听从现场指挥人员的指挥动车。
（4）抢修完毕按行调指示执行。

第十部分　车辆段/停车场突发事件应急处理

模块三十六　车辆段/停车场内发生火灾、爆炸的应急处理程序

任务书

（1）熟知车辆段/停车场内发生火灾、爆炸时派班员的应急处理方法。
（2）熟知车辆段/停车场内发生火灾、爆炸时司机的应急处理方法。

一、派班员的应急处理

（1）根据车场调度员指示，立即通知住在附近休息、下班的员工回段/场支援，向乘务车间专业副总汇报。
（2）通知运用库内人员协助灭火或撤离。
（3）协助车场调度员工作。

二、司机的应急处理

（1）根据车场调度员指示，迅速将受影响的车辆调离现场。
（2）如电客车、机车车辆发生故障不能移动时，及时向车场调度员汇报。

模块三十七　车辆段/停车场内车辆挤岔的应急处理程序

任务书

（1）掌握车辆段/停车场内车辆挤岔司机的应急处理方法。
（2）熟知车辆段/停车场内车辆挤岔派班员的应急处理方法。

一、司机的应急处理

（1）司机在车辆运行过程中发现走行部有异响或信号楼值班员电台呼叫"紧急停车"后，立即紧急制动，停车后下车确认道岔，报车场调度员或信号楼值班员。

（2）确认已挤岔后，严禁动车；司机主动配合处理，听从现场指挥的命令，严格按照负责人指示的运行方向、规定速度和运行距离进行动车，并密切监视机车车辆动态，发现异常及时采取措施。

（3）属于严重挤岔，列车脱轨，启动《列车事故应急预案》。

（4）当机车车辆移出事故地点，具备运行条件后，按照车场调度员的计划将机车车辆开到指定地点停车。

二、派班员的应急处理

（1）派班员接到挤岔报告后，配合车场调度员按《运营应急信息发布管理规定》报相关人员。

（2）向出勤司机传达相关信息和安全注意事项。

模块三十八　车辆段/停车场内车辆脱轨的应急处理程序

任务书

车辆段/停车场内车辆脱轨司机的应急处理方法。

一、司机的应急处理

（1）发生脱轨时，司机立即紧急停车，严禁擅自动车并报告车场调度员。

（2）做好事故现场的防护工作，收集现场情况，待车场调度员赶到现场时做好交接工作。

二、派班员的应急处理

接到车场调度员的通知后，根据要求立即安排备用司机和列车上线运营，保证正线正常运营。

模块三十九　车辆段/停车场内接触网停电的应急处理程序

任务书

（1）掌握车辆段/停车场内接触网停电司机的应急处理方法。

（2）掌握车辆段/停车场内接触网停电时派班员的应急处理方法。

一、司机的应急处理

（1）立即报告车场调度员。
（2）维持电客车惰行，尽可能使列车停于平直线路上制动妥当（尽量避免列车停于道岔咽喉区）。
（3）停车后降下受电弓，听从车场调度员的指挥。

二、派班员的应急处理

（1）向出勤司机传达和布置重点事项。
（2）协助车场调度员做好汇报工作。

模块四十　车辆段/停车场内撞/轧人时的应急处理程序

任务书

熟知车辆段/停车场内撞/轧人时司机的应急处理方法。

车辆段/停车场内撞/轧人时的应急处理程序

（1）按照救人第一的原则进行处理。
（2）司机立即向车场调度员报告，关闭主控钥匙，了解事故原因，尽可能找目击证人（2人以上），待公安到场后移交公安。

模块四十一　车辆段/停车场内接触网悬挂异物的应急处理程序

任务书

熟知车辆段/停车场内接触网悬挂异物司机的应急处理方法。

车辆段/停车场内接触网悬挂异物的应急处理程序

（1）司机发现车场内前方接触网上悬挂的异物影响行车时，应立即紧急停车，并报告车场调度员。
（2）若列车在异物前停车时，报告车场调度员，听从车场调度员或现场指挥的指令。
（3）若列车未能在异物前停车时（判断前端受电弓已越过异物），且网压显示正常的，报告车场调度员，并听从车场调度员或现场指挥的指令。

（4）若列车未能在异物前停车时，受电弓已越过异物，网压显示不正常的或有其他异常情况的，司机按照《电客车故障处理指南》进行列车的操作，听从现场指挥和车场调度员的指令。网压显示正常时，由司机密切监控列车状态及网压变化情况。

（5）若司机发现接触网附近悬挂异物不影响车辆的出入段/场内调车作业，司机应适当减速，确保安全地越过异物，并将现场情况报告车场调度。

模块四十二　车辆段/停车场内接触网挂冰的应急处理程序

任务书

掌握车辆段/停车场内接触网挂冰的应急处理方法。

车辆段/停车场内接触网挂冰的处理程序

（1）司机发现前方进路接触网挂冰，立即采取停车措施，并报告车场调度。
（2）待车场调度员确认电客车可利用换弓方式，在车场调度员的引导下通过该区段。

模块四十三　车辆段/停车场内接触网塌网事故的应急处理程序

任务书

掌握车辆段/停车场内接触网塌网事故的应急处理方法。

车辆段/停车场内接触网塌网事故的应急处理程序

（1）司机发现塌网时，立即紧急停车、施加停放制动，报告车场调度员。
（2）待维修人员到达现场听其指示。

模块训练

任务训练

1. 了解事故事件调查处理规定。
2. 了解电客车司机作业安全准则。
3. 了解突发事件应急处理原则。
4. 掌握运营中信号、供电设备故障应急处理方法。

项目自测

一、填空题

1. 接到列车上存在可疑物品报警时，通过（　　　　　）稳定该报警乘客情绪，了解（　　　　　），并提醒其（　　　　　）；如果接到报警车上有乘客（　　　　　）时，了解（　　　　　）及（　　　　　）。

2. 司机室门不能打开时，尝试用（　　　　　）打开司机室侧门；如正常打开，则按正常程序操作继续运营；如不能打开，通知（　　　　　），（　　　　　）接到行调的通知后立即派人配合（　　　　　）开/关（　　　　　）并（　　　　　）；司机确认车站人员打开（　　　　　）后，开（　　　　　）；司机确认（　　　　　）显示（　　　　　）秒时，通知车站人员关（　　　　　），司机确认（　　　　　）关闭后关（　　　　　）；司机确认（　　　　　）灯亮、得到车站人员（　　　　　）的通知并通过（　　　　　）确认站台安全后方可动车。

3. 司机发现有人在隧道立即按下（　　　　　）按钮，报（　　　　　）并做好广播，（　　　　　）；在（　　　　　）入隧道找人的过程中加强与（　　　　　）的联系；人找到后，按照行调指示动车，运行中加强对（　　　　　）的瞭望；人没找到，按照行调指示执行。

4. 列车发生冲突时，立即（　　　　　）；报告（　　　　　）；做好乘客安抚广播，如接到行调的疏散命令，按照（　　　　　）的规定执行，疏散完毕确认列车内（　　　　　）；确认有无（　　　　　）；确认事故现场是否影响（　　　　　），做好列车（　　　　　）；（　　　　　）（　　　　　）；待（　　　　　）到达事故现场后，听从其指挥。

5. 确认列车上有可疑物品后，报告行调，待公安部门到达后交其处理，需清客时，播放清客广播进行清客；公安处理完毕，与（　　　　　）（　　　　　）共同确认可恢复正常运营时，报告行调，按照行调的指示恢复运营。

6. 有障碍物侵入限界时，司机立即（　　　　　）并通知行调；广播安抚乘客；电客车司机根据障碍物的具体情况初步判断是否能够（　　　　　），并恢复运营；如果可以独自处理，立即通知行调，在得到行调的允许后，（　　　　　），穿戴好（　　　　　）后进行处理。

7. 司机发现接触网附近悬挂异物不影响行车时，应（　　　　　），确保安全，并将现场情况报告行调。司机发现前方接触网上悬挂异物影响行车时司机应立即（　　　　　）或视情况（　　　　　），力争（　　　　　）。停车后，将（　　　　　）和（　　　　　）报告行调，并按其指令处理；异物情况不明或无法判断是否影响行车时，原则上比照影响行车处理。如距离异物较远，且有充分的制动距离时，司机可适当（　　　　　），在确保不越过异物的情况下确认异物的状况，必要时在异物前停车确认，然后按照不同情况处理。

8. 发生地震灾害时，立即减速或（　　　　　）；迅速报告行调现场情况，内容包括（　　　　　）、（　　　　　）、（　　　　　）、（　　　　　）和（　　　　　）损坏等，并广播安抚乘客；按照行调的命令执行，在得到行调清客命令后，立即（　　　　　），（　　　　　），组织（　　　　　）。待救援队伍到达后，积极参加救援工作，听从（　　　　　）的命令。

9. 司机发现挤岔立即（　　　　　），禁止动车，确认现场情况后，报告行调（　　　　　）、（　　　　　）、（　　　　　）；广播安抚乘客，按行调命令组织清客；乘客清客完毕后，听从（现场指挥人员）的指挥动车；抢修完毕按行调指示执行。

10. 列车在车站发生塌网，司机立即（　　　　　　　），报告行调（　　　　　　　　）及（　　　　　　　）；如列车部分车厢在车站时,得到行调清客命令后,播放列车(　　　　　　　)；司机拉下（　　　　　　），配合（　　　　　　　）清客；清客完毕后将（　　　　　　）恢复，返回（　　　　　　）等待行调命令。

11. 列车需要退行时，必须通知行调，得到行调的允许后方可动车退行；列车退行速度要求，RM 模式下限速（　　　　　　），NRM 模式下限速（　　　　　　　）。列车退行进站时，至（　　　　　　）一度停车，司机严格按照（　　　　　　）的（　　　　　　　）行车。

二、简答题

1. 简述电话闭塞法的定义。
2. 列车运行过程中车辆双弓降弓如何处置？
3. 运营中列车无法牵引如何处置？
4. 动车时制动不缓解指示灯常亮或 HMI 屏报出"制动不缓解、牵引被阻断"事件（给出牵引指令 2 s 后，列车失去牵引力）如何处理？
5. 整侧门无法打开（非 ATO 模式）司机如何处理？

参考文献

[1] 宁波市轨道交通集团有限公司运营分公司. 电客车司机[M]. 成都:西南交通大学出版社,2017.
[2] 广州市地下铁道总公司. 地铁列车司机[M]. 北京：中国劳动社会保障出版社，2014.

附录　哈尔滨地铁 1 号线线路图和车场线路

哈尔滨地铁 1 号线线路图和车场线路见插页。